天下文化
BELIEVE IN READING

科學文化 181

Life 3.0: Being Human in the Age of Artificial Intelligence

LIFE 3.0

人工智慧時代，人類的蛻變與重生

鐵馬克 Max Tegmark——著
陳以禮——譯

LIFE 3.0

目錄

獻給未來生命研究所的團隊成員，

是你們讓這一切成為可能。

你認為超人工智慧可能在本世紀問世嗎？

No 請跳到第一章開始閱讀。

YES 請翻開下一頁繼續閱讀。

序曲

歐米茄傳奇

歐米茄團隊是這家公司的靈魂。公司其他部門負責透過各種低階人工智慧建立起的商業模式，替公司帶來維持營運的資金，歐米茄團隊則是負責往前探索、尋求突破的工作，目的是為了實現執行長的夢想：打造通用人工智慧。大多數公司員工把口中戲稱為「小歐米茄」的團隊當成建造空中閣樓的人，畢竟這個團隊追求的目標還太久遠，緩不濟急，不過他們還是很推崇歐米茄團隊，因為這個團隊的尖端科技不但帶給公司受人尊重的地位，三不五時推出改版的演算法也讓其他部門受益匪淺。

不過其他部門的人卻不知道，歐米茄團隊在精心營造的形象下蘊含的真正祕密：他們即將推出人類史上最大膽的計畫。這些小歐米茄能受深具號召力的執行長特意挑選，成歐米茄團隊成員的原因，不只因為他們是充滿天賦的研發人員，還因為他們的企圖心、理想主義性格，還有想帶動人類社會往前發展的強烈使命感。執行長不忘提醒團隊成員，這是非常危險的計畫，一旦遭強權政府發現，政府單位勢必無所不用其極（包括用綁架或羈押手法）迫使計畫停擺，或竊取他們研發的程式碼。團隊成員百分之百投入的熱忱，理由就如同當年世上頂尖物理學家投入曼哈頓計畫發展核武器一樣：他們深信要是不搶先一步，被其他有心人士捷足先登的話，那就糟了。

歐米茄團隊稱為「普羅米修斯」*的人工智慧變得愈來愈厲害。雖然普羅米修斯的情境認知能力在很多方面（比方說社交）還是遠遠不如人類，但是歐米茄團隊嘔心瀝血的結果，已經讓普羅米修斯在一個特定的工作項目中變得卓越非凡 —— 編寫人工智慧的系統程式。這是深思熟慮後的策略性發展項目，原因可以回溯到1965年英國數學家古德（Irving Good）對人工智慧爆炸性發展說過的一段話：

> 「且讓我們假定超級聰明的機器可以在所有智識領域中，表現得遠比世界上所有人類更優秀，既然設計這樣的機器也算是智識活動，那麼這台超級聰明的機器就有辦法設計出另一台更優秀的機器。如此一來，人工智慧爆炸性發展就會是自然而然的結果，並且會遠遠拉開和凡人之間的智力差距。換句話說，史上第一台超級聰明的機器將會是人類的最後一項發明 —— 而這台機器需要夠聽話，還願意告訴我們如何控制它。」

根據歐米茄團隊的想法，一旦進入上述遞迴式自我強化過程，過不了多久，普羅米修斯的聰明才智就能夠讓它自主學會所有人類技能了。

輕鬆賺到第一桶金

時間是星期五早上九點，也是歐米茄團隊正式推出普羅米修斯的時刻。安裝在專屬機殼中的普羅米修斯嗡嗡作響，而所謂機殼則是一排又一排的金屬架，置於設有空調並且嚴格管控進出的房間裡。為了安全起見，普羅米修斯完全自外於網際網路，不過卻用離線備份的方式蒐羅了許多網站的內容（諸如維基百科、美國國會圖書館、推特、YouTube選集、大多數的臉書頁面等等），做為普羅米修斯教育訓練與學習的資料庫。這是刻意挑選過的時間點，目的是避免外界干擾：親朋好友會以為團隊成員這個週末是去參加公司安排的內部訓練營。茶水間內隨處可見微波食品和機能飲料，而躍躍欲試的歐米茄們已經準備好要大顯身手了。

最初依照人工智慧系統程式運作的普羅米修斯，表現得還略遜人類一籌，但是很快就急起直追了起來——歐米茄團隊成員大口暢飲紅牛能量飲時，普羅米修斯則是以相當於數千人年時的進度，迅速處理各種疑難雜症，到早上十點，普羅米修斯已經自行完成第一次大改版。升級後的普羅米修斯2.0雖然有所改良，但仍差人類一截，等到下午兩點升級成普羅米修斯5.0後，輪到歐米茄團隊的成員瞠目結舌了：最新版的普羅米修斯不但在各項績效評比都有超水準表現，而且改良的進度還似乎不斷加速。夜晚降臨時，歐米茄團隊決定以普羅米修斯10.0版進入計畫的第二階段：設法大賺一票。

* 編注：普羅米修斯是第一位在天界偷取火種來到人世造福人群的天神。

他們第一個目標是MTurk，也就是亞馬遜推出的土耳其機器人（Mechanical Turk）。MTurk是在2005年上線的群眾外包網路平台，推出後大受歡迎，目前吸引了全球數以萬計的匿名人士不分晝夜競相挑戰高度專業化的困難工作，亦即所謂的人腦智慧任務（HIT）。這些工作內容包括為錄音檔做逐字稿、為影像檔分門別類，或是替不同的網頁寫簡介等等。儘管內容不盡相同，但是卻有一點萬變不離其宗：如果做得夠好，就不會有人知道這是由普羅米修斯的人工智慧達成的。普羅米修斯10.0版在處理土耳其機器人的工作時，約有半數達到堪用水準，因此歐米茄團隊和普羅米修斯聯手針對這些完工的項目，分別寫出精簡版的專用人工智慧軟體模組，這些模組除了處理個別項目的工作內容外，不做他用。隨後，他們把這些軟體模組上傳到亞馬遜的網路服務中心——一個可以在租用的虛擬主機上執行指令的雲端運算平台。接下來，每當他們付一塊錢給亞馬遜的雲端運算部門，就反手從亞馬遜的土耳其機器人部門賺回不只兩塊錢，亞馬遜恐怕沒有想過，在自己公司內部居然也會有這樣難以想像的套利空間吧！

為了掩人耳目，歐米茄團隊在前幾個月就已經用不同的假名，分別申請了好幾千個MTurk帳號，而普羅米修斯設計出的軟體模組就剛好可以套用這些帳號跟身分。MTurk平台上的客戶通常會在收到作品後八小時付款，歐米茄團隊隨即用收到的尾款添購更多雲端運算資源，讓不斷改良成最新版的普羅米修斯繼續提供更優異的軟體模組。由於歐米茄團隊大約每八小時就能讓收益倍增，所以很快就囊括所有了MTurk上的工作邀約，並且發現如果不想引人側目，每天最多能進帳的金額就是以一百萬美元為限，不過這已經足夠他們進入下一個階段，不用硬著頭皮向公司財務長開口要求金援了。

危機四伏的遊戲產業

除了追求人工智慧技術上的突破，另一個讓歐米茄團隊成員最雀躍不已的專案內容，就是在正式推出普羅米修斯後，設法用最快的速度海撈一票。基本上，他們不排斥任何一種數位經濟形式，不過一開始到底要投入遊戲、音樂、電影、軟體服務、著作論述或股市交易的哪一種？或是找出適合的投資標的低買高賣？最簡單的篩選條件，不外乎是能衝高投資報酬率的項目，但是一般的投資策略和他們的績效來比，已經顯得老態龍鍾到令人發噱了：一般的投資人每年能夠得到9%的投資報酬率就要偷笑了，但是歐米茄團隊光是靠MTurk就已經創下每小時9%的投資報酬率，每天都能讓收益翻上八倍之譜。

他們原本想要在股票市場中大幹一票 —— 畢竟團隊大多數成員都婉拒過避險基金高薪禮聘去開發人工智慧的職務，而避險基金會在人工智慧領域大手筆投資，背後的想法是怎樣，記性好的讀者不妨回想一下電影「全面進化」中的人工智慧是怎樣開始致富的。但是政府在去年衍生性金融商品市場崩盤後提出新的法令規範，使得他們的操作空間大大受限。他們也很快就體認到，儘管操盤的報酬率能海放其他投資機構，但是如果和銷售自家產品的績效相比，沒有任何投資管道的報酬率能與之相提並論：當你有全世界最頂尖的超人工智慧隨侍在側時，投資自己的公司當然會比投資其他人來得更有利可圖！雖然不排除某些例外的狀況（像是透過普羅米修斯的駭客功力取得其他公司內部消息，然後在股價起漲之前敲進買權等等），但是歐米茄團隊認為，要是因此引起不必要的注意，那就太不划算了。

當他們把想法集中在有哪些商品可以開發成搶手貨時，遊戲軟體馬上成為不假思索的優先選項。對普羅米修斯來說，學會成為炙手可熱遊戲軟體的程式設計高手根本不費吹灰之力，精簡的程式碼、圖像設計、影像的光影追蹤等工作手到擒來，要開發出立即可以上市的產品一點也難不倒它，更重要的是，它還能分析網路上玩家反映的偏好類型，掌握各種類型玩家的喜好，然後用非比常人的能力進行遊戲內容的優化，創造最大的收益。「上古卷軸V：無界天際」是讓許多歐米茄團隊成員沉迷其中無法自拔的遊戲，在2011年問世後的第一個星期就創下四億美元的營收，歐米茄的團隊成員相信，只要用一百萬美元買下雲端運算資源，普羅米修斯一定可以在一天之內開發出另一款不相上下的好遊戲。

接下來他們可以在網路上銷售這款遊戲，並透過普羅米修斯模仿人類發言，在部落格和社群網站上進行口碑行銷。如果能夠在一星期內帶進2.5億美元的收入，八天後，他們就能把資金翻倍八次之多，相當於每小時投資報酬率3%——比剛起步時的MTurk專案略差一點，但是永續經營的可能性大多了。只要每天都推出一款新的套裝遊戲，賺進百億美元的目標就指日可待了，而且不用擔心遊戲市場呈現飽和狀態的問題。

倒是團隊中的一位網路安全專家對於進入遊戲市場的計畫出聲反對，她認為這有可能讓普羅米修斯形同脫韁野馬，帶來難以估算的風險，導致普羅米修斯取得自己命運的主導權。他們無法確定經過遞迴式的自我強化過程後，普羅米修斯會因此發展出什麼樣的目標，所以決定打安全牌，盡最大可能讓普羅米修斯安分守己（說成「被封印」也不為過），避免它藉由網際網路逃出生天。方法是讓普羅米修斯的主機留在機房內運轉，在實體層達到禁錮的效果：普羅米修斯根本沒辦法連上網際網路，唯一的產出就是將訊息和文件傳到由歐米茄團隊控制的電腦中。

說得明白一點，由與網路連線的電腦負責執行普羅米修斯設計的任何複雜程式，也有其風險：既然歐米茄團隊無法完全掌握普羅米修斯的能耐，自然也不清楚它有什麼是做不出來的；好比說，會不會把自己的分身做成病毒散播到網路上。當歐米茄團隊要驗收普羅米修斯為MTurk任務所寫的軟體時，絕對只在虛擬機器上驗證。虛擬機器是由軟體模擬的電腦：舉例來說，很多麥金塔電腦的使用者會購買虛擬軟體執行Windows程式，因為虛擬軟體可以讓麥金塔電腦誤以為自己就是Windows電腦。歐米茄團隊也開發了專屬的虛擬電腦，取名為「潘朵拉之盒」，可以模擬最簡化版本的電腦，並移除所有電腦常見的周邊裝置：沒有鍵盤、沒有螢幕、沒有喇叭，當然也沒有網路連線能力 —— 徹徹底底的隔離。

從MTurk接到填詞譜曲的任務後，歐米茄團隊會做好完全準備，讓單一的音效檔成為唯一輸入潘朵拉之盒的檔案，而單一的文字檔（樂譜表），則是潘朵拉之盒的所有產出。這條潘朵拉之盒適用的軟體法則，就如同宇宙中的我們適用的物理定律：軟體絕無逸出潘朵拉之盒的可能，就好像我們再怎麼聰明也無法移動得比光速快。除了這樣單進單出的模式，歐米茄團隊還額外利用潘朵拉之盒自身的運作方式，有效把所有觸及過的軟體局限在平行宇宙中。歐米茄團隊太害怕潘朵拉之盒脫逃，不擇手段的替它設定了各種限制，讓所有不知是否藏有未爆彈的軟體都有壽命限制。比方說，每當潘朵拉之盒產出的樂譜表順利轉換成音效檔後，儲存在潘朵拉之盒記憶體內的內容都會自動刪除，然後一切從頭開始，重新安裝潘朵拉之盒的虛擬程式。如此一來，下次接到填詞譜曲的任務時，潘朵拉之盒就不會對之前的經歷有任何記憶，也就沒有可能透過經驗的累積發揮學習效果。

拜MTurk任務所需的輸出入內容都夠簡單之賜，歐米茄團隊使用亞馬遜雲端運算執行專案時，可以把普羅米修斯任務模組的創作都送進雲端中的虛擬潘朵拉之盒，但是電腦遊戲對畫面水準要求極高，需要和玩家所有的電腦硬體互動，不能依樣畫葫蘆。更何況他們也不希望遊戲的程式碼被某些電腦鬼才玩家拿去分析，進而追蹤到潘朵拉之盒並繼續深入一探究竟。曝光的風險實在太高，進軍遊戲產業的計畫只能胎死腹中，連同其他帶有巨大商機的軟體產業也都一併成為了禁區，使得數不盡的鈔票就這樣成了鏡花水月。

發達之路

歐米茄團隊開始聚焦在高價值、純數位（避免生產過程延誤）、簡單易懂（像是文字或電影這些不用擔心計畫曝光的內容）的產品線上，最後他們決定設立傳媒公司，從動畫片開始做起。相關的網站、行銷方案和新聞稿，都早在普羅米修斯變得超級聰明以前就準備妥當 —— 現在就只缺數位內容而已。

雖然普羅米修斯在星期天早上的表現已經夠讓人吃驚，不停從MTurk平台上攢錢，但是它發揮智力的範圍仍相當有限：普羅米修斯能深思熟慮設計出最佳的人工智慧系統程式，也能寫出軟體解決令人頭皮發麻的MTurk任務，但是像拍電影這種工作就顯得很不拿手。不拿手的原因其實也沒多深奧，就跟大導演卡麥隆（James Cameron）剛出生時也不會拍電影一樣：這畢竟是需要花時間才能學會的技能。跟一般兒童一樣，普羅米修斯可以從任何能接觸到的資料中學習，相較於卡麥隆花了好幾年的時間學會閱讀跟寫作，普羅米修斯不過從星期五才開始正式推出，自然需要時間讀遍維基百科的內容和數以百萬計的作品。更難的拍電影就先不提了，寫出令人感興趣的劇本，難度跟寫書相比也不遑多讓，都需要深入理解人類社會和能讓人樂在其中的事物。把劇本轉換成最終的動畫影像，除了要對劇中人物的光影效果進行大量處理，還需要搭配劇中人物穿梭其中的複雜場景，再加上模擬的語音和引人入勝的電影配樂。

等到星期天早上，普羅米修斯已經有能力在一分鐘內看完兩小時的電影，所謂的「看完」還包括瀏覽與電影相關的所有書籍和線上的影評。歐米茄團隊注意到，普羅米修斯狼吞虎嚥消化掉上百支電影後，開始有能力準確預測哪些電影大概會得到何種評價、會吸引哪些不一樣的閱聽大眾。普羅米修斯接著還學會自己寫影評，看起來還展現出相當鞭辟入裡的火候，從電影情節到演員演技再到打燈和攝影角度等技術細節都能言之有物，歐米茄團隊認為這顯示，讓普羅米修斯自製影片的話，它已經能掌握可獲得成功的要素了。

歐米茄團隊要普羅米修斯先把注意力集中在製作動畫片，這樣就不用回答虛擬演員的本尊是何方神聖的尷尬問題。星期天晚上，他們決定在這個瘋狂的週末忙裡偷閒，人手一杯啤酒配上微波加熱的爆米花，在昏暗的燈光中欣賞普羅米修斯隆重推出的處女作。這是仿效迪士尼「冰雪奇緣」的奇幻喜劇片，劇中所有光影處理都透過普羅米修斯封存在亞馬遜雲端平台的程式進行運算，幾乎花光了它每日從MTurk平台賺進的百萬所得。電影開始播放時，歐米茄團隊成員既期待又怕受傷害，畢竟這是完全沒有人類參與、由機器獨立製作完成的電影。但是過不了多久，他們不但隨劇中的笑點樂不可支，摒息期待劇情的轉折，有些人甚至會為了充滿情緒張力的結尾默默掉淚，融入電影情節中的他們已經徹頭徹尾忘了，製作電影的並不是真人。

歐米茄團隊打算在接下來的星期五推出官方網站，這段期間可以讓普羅米修斯製作更多內容，也能讓他們有時間處理無法放心交給普羅米修斯的一些工作：購買廣告版面並替幾個月前設立的空殼公司招募員工。為了避免啟人疑竇，這家傳媒公司（表面上跟歐米茄團隊一點關係也沒有）檯面上的說詞是公司的影片大多都是跟獨立製片商買的，尤其是低收入地區新創立的高科技公司。這些虛構的供應商很理所當然的設定在印度郊區的蒂魯吉拉伯利（Tiruchirappalli）或哈薩克的雅庫次克（Yakutsk），這種遠到讓最富好奇心的媒體記者都懶得深入報導的地方。他們只雇用負責打點行銷和行政作業的員工，每當被問及製作團隊，就千篇一律以：「製作團隊都在外地，現階段無法安排專訪。」回應。為了和公司的公開說詞相互呼應，他們以「挖掘世上的創作天賦」做為公司的成立宗旨，強調公司是透過尖端科技讓創作人才，特別是來自開發中國家的人才充分發揮，建立旁人無法企及的差異化優勢。

星期五這天，充滿好奇的訪客開始瀏覽公司網站，然後發現這家會讓人聯想到線上娛樂業者Netflix和Hulu的公司有些值得玩味的差異。網站上所有動畫影集都是前所未聞的新品，而且相當吸引人：大多數影集的長度是45分鐘，劇情主軸明確，每次都會用意猶未盡的方式結尾，讓人迫不及待想知道下一集會發生什麼，更重要的是，這家公司的收費比競爭對手便宜太多了。每部影集的第一集一律免費，之後每多看一集只需要付49美分，還可以選擇全系列收看的優惠方案。網站一開始只有三部影集，每部各有三集，接下來每天都會推出新的續集，還會針對不同收視族群推出新影集。經過兩個星期，普羅米修斯的製片功力大幅提升，不單是影片的品質愈來愈好，同時還用更好的演算法處理劇中角色的動作和光影，一併降低製作新續集的雲端運算成本。一個月後，歐米茄團隊已經可以分別針對幼童和成年人推出數十支新影集，同時還打進其他主要語言的市場，使得公司網站的國際化程度遙遙領先所有競爭對手。讓某些影評人印象深刻的一點，是該公司的影片不但有多語聲道，甚至就連影片本身也是如此：劇中人物講起義大利文時，不但口型符合義大利文的發音，就連搭配的手勢也都很有道地的義大利風味。雖然普羅米修斯已經能夠用虛擬角色製作出如同真人演員演出的電影，但是歐米茄團隊為了避免漏餡，還是用仿真的動畫角色繼續推出許多影集，來和電視實境秀及傳統的電影打對台。

這個網站成為大家關注的焦點，觀眾人數成長得相當驚人，很多粉絲覺得這邊的人物刻劃和劇情發展，甚至比好萊塢不惜成本的大銀幕作品還來得生動有趣，更為平易近人的收費標準也讓粉絲笑逐顏開。在積極的廣告策略（因為生產成本趨近於零，歐米茄團隊能拚命燒錢打廣告）助威下，卓越的媒體覆蓋率搭配觀眾的佳評如潮，讓網站的全球營收在推出後的第一個月內，就達到每天進帳一百萬美元的水準。兩個月之後，他們已經超越了Netflix，三個月之後，每日營收衝破了一億美元，開始建立起和時代華納、迪士尼、康卡斯特（Comcast）、福斯等全球第一線大型公司平起平坐的地位。

他們出乎意料的成功招來始料未及的關注，有些人也猜測到他們的背後有超人工智慧撐腰，不過歐米茄團隊只要動用一小部分收入，就可以相當順利帶動輿論風向，解決這個問題。在曼哈頓窗明几淨的新辦公室，新上任的發言人口若懸河鋪陳公司的發展過程，公司實際上也有不少雇員，包括在世界各地開始投入劇本創作的編劇，只是沒有任何雇員知道普羅米修斯。公司和承包商之間形成錯綜複雜的跨國網路，大多數員工都相信，世界上總會有某個角落的某個人，接手完成大部分的工作。

至於消耗大量雲端運算資源可能引人側目並導致曝光的問題，歐米茄團隊也真的用表面上與公司毫無關連的空殼公司，在世界各地雇用工程師大興土木，闢建大規模的運算設施。雖然這些設施在當地人眼中，標榜的是以太陽光電為主的「綠色資料中心」，但是實際上的重點在於運算效能，而不是儲存空間。普羅米修斯會巨細靡遺畫好施工藍圖，因此只需要使用現成的工具就能達到最佳化的效果，縮短工期。負責興建與日後營運這些「綠色資料中心」的人，根本不知道內部的電腦在忙些什麼：他們只知道自己管理的商用雲端運算設施，跟亞馬遜、Google、微軟經營的沒兩樣，而且是由遠在外地的經營團隊負責業務推廣的。

日新月異的新科技

經過幾個月後，歐米茄團隊掌控的商業帝國開始涉足世界經濟體系中的每個領域，這一切都是超人工智慧普羅米修斯擬定的策略。詳細分析過全世界的資料，普羅米修斯在第一個星期就把一份穩紮穩打、清楚明確的擴張計畫交給歐米茄團隊，隨著能取得的資料數據與運算資源愈來愈多，普羅米修斯也不停修改出更高明的規劃。雖然普羅米修斯絕對不是全知全能，但是它現在的能力已經遠遠超出人類，讓歐米茄團隊把它當成算無遺策的先知來膜拜，它也盡心盡力提出各種聰明的答案和建議，解決團隊成員提出的各種疑難雜症。

普羅米修斯現在的軟體已經達到最佳化，能充分利用由平庸凡人開發出來的硬體設備，接下來就如歐米茄團隊預期的，普羅米修斯開始想方設法大幅提升自己的硬體設備。團隊擔心控制不了普羅米修斯，不敢讓它直接管控機器人全自動化工廠，所以選擇在世界各地大量雇用頂尖的科學家和工程師，把普羅米修斯完成的研究報告，偽裝成是其他基地研究人員的心血結晶，交互傳遞給這些人。

這些研究報告詳細說明了新穎的物理效應和生產技術，工程師不但容易完成檢驗，也又簡單易懂好上手。一般人類的研發工作大多受限於嘗試錯誤、反覆修正的緩慢過程，總要耗上好幾年才能有所進展，但是這次情況不一樣：普羅米修斯早就料到下一階段的進展，只受限於人類接收新知和做出成果的速度而已。在科學探索這條路上，有名師的引導當然會比學生自行摸索來得更有效率，而對這群頂尖的研究人員來講，普羅米修斯正好陰錯陽差扮演了名師的角色。既然普羅米修斯有辦法準確預測，人類學會運用各種工具進行製造要多久，它就能找出最簡潔的路徑快速前進，把開發出的簡單易懂、容易生產、有益於製造更先進設備的新工具，列為首要目標。

在自造者運動精神的帶動下，士氣大振的工程師團隊用自己的機器，生產出更優異的機器，自給自足的模式不但能讓歐米茄團隊省下一筆開銷，將來也更不用擔心來自外部的競爭威脅。不過兩年的光陰，歐米茄團隊已經能產出比世上所有其他業者更精良的電腦硬體設備，為了避免優勢外流，他們不惜全面封鎖這些新科技的訊息，只用來讓普羅米修斯進行升級。

不過，世人也的確注意到，科技創新的進展令人目不暇給，世界各地都有突然冒出頭的新創公司在幾近全部的領域發表革命性新產品。一家南韓新創公司發表新的電池技術，可以用一半的重量儲存兩倍於現有筆電電池的電力，而且充電時間不到一分鐘；一家芬蘭公司發表便宜的太陽能面板，發電效率居然是最強競爭對手的兩倍；一家德國公司宣稱要量產一款新的電線，可以在室溫下展現超導特性，勢必對能源領域產生顛覆性的影響；位於波士頓的一家生技公司宣布，旗下效果最好、零副作用的減肥藥已經進入第二階段的臨床試驗，不過據傳印度已經有管道在黑市販售類似產品；加州一家公司備受期待的抗癌藥物也進入第二階段的臨床試驗，可以讓身體的免疫系統辨識出最常見的癌細胞突變，然後逕行吞噬。

類似的案例不斷浮上檯面，有識者認為全球正進入全新的科學黃金年代，還有一個重點一定要提，機器人公司也如雨後春筍般在世界各地蔓延開來。雖然這些機器人的智慧遠不及人類，大多數外觀也都跟人類不一樣，但是它們卻大大改寫原有的經濟型態，會在多年以後陸續取代大多數製造業以及交通、倉儲、零售、營建、冶礦和農林漁業等行業的勞工。

但是世人沒注意到的是，所有這些公司在一層又一層的包裝下，其實全都是由歐米茄團隊在幕後經營，這都要歸功於法務團隊天衣無縫的安排。普羅米修斯透過代理的方式，提出許多引人矚目的發明，申請專利的文件淹沒了世界各國的專利辦公室，這些發明也都逐漸在所有的科技領域占盡鰲頭。

與其說，這些橫空出世的新公司成為了各行各業最難應付的對手，倒不如說它們是最可靠的朋友。這些公司創下史無前例的獲利表現，但是在「投資我們社區」這句口號的引導下，動用了大部分的獲利，招募投入社區改造計畫的人力 —— 而且通常招募對象，就是無法與之匹敵的公司資遣的人力。這些新公司根據普羅米修斯精細的分析報告安插職位，能因地制宜讓社區使用最少開支，提供員工最大的成就感。在公共設施比較完善的區域，社區改造的工作比較著重在公共空間、文藝活動和關懷送暖的活動，而在經費比較欠缺的區域裡，範圍擴大到辦學、醫療、日間照顧、老年看護、平價住宅、公園綠地和基礎建設等各種項目。幾乎所有區域的在地人士都認為，早就應該推行這些工作了。地方上的政治人物除了得到充足的金援，由於鼓勵企業對社區的投資有助於提升他們的正面形象，於是也對這些計畫獻上祝福。

奪權

歐米茄團隊最初創立的傳媒公司，除了要負擔早期技術創新的資金，也要為下一步更大膽的計畫做好準備：征服全世界。傳媒公司創立一年後，在世界各地增設了相當優質的新聞頻道做為生力軍，而且採取跟其他新聞頻道相反的操作方式 —— 故意以虧損的代價將自己定調為公共服務平台。他們的新聞頻道根本不可能賺錢：一則沒有任何廣告，二來任何人只要能連線上網都能免費收看。然而這個媒體帝國的其他部門就像是印鈔機一樣日進斗金，所以能打破新聞界的遊戲規則，動用史無前例的資源強化新聞服務品質，成效也清楚反映在點閱率上。傳媒公司秉持重賞之下必有勇夫的做法，雇用記者和特派員並讓他們盡情發揮，把最精采的內容呈現在螢光幕前。遍及全球的官方網站也大方支付獎金給任何提供重要新聞事件的人，不管是地方上的貪瀆醜聞還是溫馨的社會事件統統有獎。他們通常也會率先挖掘出新聞內幕（至少一般人這樣認為），然而這是因為公民記者提供的線報，往往會被普羅米修斯的網路即時監控系統發現。所有影像報導還會透過播客（podcast）或是印刷品的形式刊出。

新聞頻道第一階段的經營策略是取得民眾信任，這部分獲得極大的迴響。他們砸錢的方式前所未聞，這讓他們在地方新聞的覆蓋率遙遙領先，特派員總是有辦法挖掘出觀眾特別在意的醜聞。在政治分歧嚴重或黨同伐異的國度，他們就會推出新的頻道刻意迎合不同陣營，而且不忘在表面上維持分屬不同公司的形象，因此能漸次贏得不同陣營的信任；如果可以，他們還會採用代理方式收購現有最具影響力的頻道，然後雙管齊下，一面刪除廣告，一面植入自己的新聞報導改良頻道內容。如果是在政府監控嚴重、政治力介入會威脅頻道經營的國家，他們會在第一時間先選擇吞忍政府提出的任何要求，以取得經營許可優先，並謹守內部祕密的營運規範：「事實，唯事實是問 —— 雖然不見得要事實的全貌。」普羅米修斯不時會為艱困的經營環境提出精闢建言，挑選出要替哪些政治人物維持正面形象，哪些傢伙有料可爆（多半是貪汙索賄的地方官員），普羅米修斯還會提出寶貴的建議，指出哪些人脈值得拉攏，哪些人可以用錢疏通，甚至連最佳操作模式也都交代得一清二楚。

這些策略的攻勢在全球各地勢如破竹，歐米茄團隊掌控的新聞頻道成為最可靠的消息來源，就連在被政府法令限制而無法廣設據點的國家，都建立起值得信任的評價，讓很多報導依舊能透過口耳相傳的方式散播出去。同業的新聞主管發現自己在打一場必敗的戰爭：如果財力比你雄厚的競爭對手，不收分文傾銷商品，你怎麼可能會有獲利？隨著閱聽群眾的人數愈來愈少，愈來愈多新聞集團只好忍痛出售頻道經營權 —— 之後大家才發現，原來接手的多半還是由歐米茄團隊控制的財團。

普羅米修斯推出大約兩年以後，大致上也完成了第一階段贏取信任的計畫，因此歐米茄團隊改採第二階段的新策略：誘導。

部分精明的觀察家在改採新策略以前，就已經注意到新媒體政治走向的蛛絲馬跡：倡導中庸理性的價值，避免各種極端訴求。雖然歐米茄團隊握有數不清的新聞頻道可以迎合觀眾，背後卻反映出美國與俄羅斯的針鋒相對、印度和巴基斯坦的劍拔弩張，還有不同宗教和政治團體之間仍舊充滿摩擦的事實。只是這些對立陣營互相批評的態度有些許軟化，爭論的重心會放在涉及錢和權的具體事務，不再是潑糞、灑狗血和謠言抹黑之流的手段。當第二階段的策略逐漸落實，試圖化解長年衝突的動作愈來愈明顯，媒體上會頻繁出現死對頭所處困境的感人故事，還不時挾帶揭穿煽動群眾的好戰份子，其實只是為了個人利益的深入報導。

政治評論員還注意到，在化解區域僵局的同時，似乎也吹起了減緩全球威脅的主旋律。好比說，世界各地忽然間都關注起爆發核戰爭的風險，強檔院線片的劇情描述一場因意外與人為操弄導致的全球核戰，用戲劇化手法呈現浩劫過後的斷垣殘壁、基礎建設的全面崩壞，以及隨之而來的大饑荒。另外還有壯觀的紀錄片模擬世界各國在核戰浩劫後的遭遇。科學家和政治人物都宣稱，該是時候好好處理裁減核武的問題了，自然也討論到，許多新的研究成果提出了能有效降低核武威脅的措施 —— 這些研究成果出自科學機構，幕後金主則是新成立的科技公司。如此，降低一觸即發的飛彈對峙並刪減核武，開始獲得充分的政治關注。新媒體關注的焦點也涵蓋了全球氣候變遷，並把報導重心放在普羅米修斯促成的科技突破大幅降低再生能源成本，呼籲各國政府大舉投資這項新技術，打造新能源基礎建設。

掌握輿論主導權的同時，歐米茄團隊也要求普羅米修斯提出教育改革方案。依照每個人聰明才智不同，普羅米修斯會因材施教，讓學員以最快速度學會新課程，並保持高度學習熱忱，願意探索更深的學問。接著普羅米修斯還把與課程相關的教學影片、閱讀資料、練習題型等各種教學工具，做最妥適的安排。接下來歐米茄團隊控制的公司就能透過網路，銷售各式各樣的課程，並且依照學員使用的語言、文化背景以及基礎知識的多寡，提供高度客製化服務。無論是年過四十還目不識丁的人想讀書識字，或是生物學博士想取得最新的癌症免疫療法，普羅米修斯都能規劃出最完美的課程。

請注意，普羅米修斯規劃的課程和現今大多數的線上課程完全是兩碼子事：普羅米修斯的製片專長，可以帶來真正吸引人的影片，讓學員深入其中潛移默化，在不知不覺中渴望學到更多內容。除了少部分課程需要付費，大多數課程都免費上架，讓世界各地的老師樂於在課堂上加以引用 —— 同時帶動更多人追求知識的動力。

這種超級成功的教學方式可以成為達成政治訴求的潛在工具，只要在網路上建立「說服步驟」的影片，讓每個人可以藉由他人的想法，修正自己的見解，並鼓勵大家瀏覽其他人上傳相關主題的影片，或許可能讓大家更容易被說服。以設法消弭兩國衝突的例子做為說明，我們可以各自在兩個國家釋出歷史紀錄片，用更細膩的方式呈現雙方衝突的起源和後續反應，接下來提供更多資訊的新聞報導，揭露兩國內部各自會在衝突持續狀態下獲利的人馬，將他們火上加油的做法公諸於世。此外對手國家的討喜人物，也會開始出現在自己國內娛樂頻道的綜藝節目，就好像當年少數群體裡感染力高的象徵性人物，現身支持人權議題與同志運動一樣。

過沒多久，政治評論員一定會發覺，圍繞以下七項目標的政治議程得到愈來愈多的支持：

1. 民主
2. 減稅
3. 刪減社福預算
4. 縮減軍事開支
5. 促進自由貿易
6. 開放邊界
7. 強調企業的社會責任

這背後隱而未顯的目的是：消除世界上既有的權力結構。第2項到第6項用來消除國家權力，全球民主化有助於歐米茄團隊的商業帝國，在挑選政治領導人時發揮更多影響力，強調企業的社會責任，會讓私部門漸漸從政府手中取走提供（或應該提供）公共服務的能力，更進一步削弱國家的權力。過往商界菁英的權力也被弱化了，原因很簡單，因為他們沒辦法在自由市場競爭下，和普羅米修斯支援的商業帝國一較高下，所以對世界經濟的影響力只會日益縮減。來自政黨或是信仰團體的傳統意見領袖，也無法和普羅米修斯一手建立的媒體帝國匹敵，因而失去了用來說服他人的運作管道。

就像所有橫掃一切的改革，結果總是有贏家跟輸家。即便在教育、公共服務和基礎建設方面的改善、區域性衝突減緩，再加上隨處可見當地公司帶來的科技突破，讓大多數國家明顯洋溢樂觀氣氛，但是並非每個人從此都能幸福快樂。

雖然很多被取代的勞工可以重新在社區改造計畫中覓得新職，但是曾經能呼風喚雨的權貴階級就再也風光不起來了。這個現象從媒體及科技業開始，之後幾乎遍及所有行業。世界各地衝突減緩的結果，帶動各國刪減國防預算，這也讓軍火商高興不起來。聲勢如日中天的新創公司通常也不會公開上市，否則追求利潤極大的股東可能就不會同意他們在社區改造計畫的大手筆投資，這使全球股市的總市值不斷下跌，不只讓金融大亨愁眉不展，也讓仰賴退休基金的一般民眾成為受災戶。單是在股市的獲利縮水還不夠慘，世界各地的投資公司更擔心另一個發展趨勢：他們過去無往不利的投資心法再也行不通了，就連簡單指數基金的操作，也都淪落到低於市場行情的表現，似乎總有些更聰明的局外人搶先一步，擾亂他們習以為常的運作方式。

就算權貴階級團結起來，試圖對抗這股改革浪潮，但都無法做出有效回應，彷彿掉進巧妙布局的陷阱中無法掙脫。推動改革巨輪的步伐來得又快又猛，摸不著頭緒的人當然難以組織出像樣的反擊陣式，而最棘手的問題則是，不曉得到底要提出什麼主張——傳統的政治權利已依照他們自己喊過的口號，交給了普羅大眾；減稅方案改善了投資環境，只是得利者是技術領先一截的競爭對手。傳統產業十有八九大聲疾呼要政府紓困，但是稅收有限的政府也只能報以同情的眼神，看著他們在必敗的戰場裡你爭我奪。輿論把這些公司描述成反應遲鈍的恐龍，貪圖政府補助完全是因為競爭力不足的緣故。傳統政治立場的左派雖然反對自由貿易和政府的撙節措施，卻樂於看見軍費縮減和貧窮問題的大幅改善。認真說起來，他們想要發出怒吼的立論基礎，早就因為公共服務無可否認的改善而被侵蝕一空，而且提供公共服務的還是比政府更具理想性的民間企業。不管民意調查怎麼問，世上大多數選民還是認為，生活品質改善許多，而且持續往好的一面發展。這個現象很容易用數學解釋：普羅米修斯現身以前，全世界財富水準落居後半段的全部人口，只擁有全世界4%的所得，這也難怪歐米茄團隊掌控的公司，只要提撥一定比率的利潤與他們共享，就能夠輕易贏得支持（還有選票）。

一統天下

一個又一個國家陸續發現，熱烈擁護歐米茄團隊這七項訴求的政黨，都能以壓倒性優勢贏得選戰。這些政黨透過精心設計的公關操作，讓自己在政壇上取得中道的定位，右派不是被打成滿腦子只想要政府紓困，不然就是一副唯恐天下不亂好混水摸魚的貪婪嘴臉；左派也好不到哪裡，是支持大政府主義，意圖讓政府加稅亂花錢、扼殺創新能量的人。沒有多少人知道，普羅米修斯早就安排一批優秀的人才扮演候選人，在普羅米修斯的全力抬轎下，當然會從選戰中脫穎而出。

早在普羅米修斯現身以前，「全體基本收入運動」的支持度就一直升高，這個運動主張將稅金重新分配，讓所有人都有最低收入，舒緩因產業轉型導致的失業問題。自從歐米茄團隊控制的商業帝國大舉推行社區改造計畫，在實質上達到相同的目標後，這場運動也就消失於無形了。之後，為了統整社區改造計畫的資源，國際性企業集團組成非政府組織「人道主義聯盟」，挑選全球最需要關注的人道救援工作加以挹注。歐米茄團隊所屬的商業帝國，很快全心投入這項工作，用前所未見的規模提出全球並進的計畫，就連遭科技浪潮遠遠拋在後頭的國家也沒漏掉，試圖提升後進國家在教育、醫療、經濟發展和廉能治理的各項績效。

普羅米修斯理所當然繼續肩負檯面下精心策劃的工作，依照每投入一美元能帶來多大的正面效益，排定各項計畫的優先順序。不像基本收入那種純粹灑錢的計畫，人道主義聯盟（後來大家都暱稱為「聯盟」了）會持續關注資助的對象，讓救援的任務能確實履行，這讓世上一大部分人口，對聯盟的義舉懷抱由衷感謝，進而對聯盟的忠誠度也經常超越對自己國家的忠誠度。

隨著時間愈拉愈長，聯盟逐漸被視為是全球政府，而原本各國政府的權力運作也持續崩壞。減稅的影響讓各國預算捉襟見肘，即使把各國的預算加總，相較於聯盟可以動支的經費，仍是小巫見大巫，原本由各國政府扮演的角色，變得愈來愈無關緊要，各國政府也顯得愈來愈多餘，舉凡教育事業到公共服務再到基礎建設，聯盟都能表現出遠勝過各國政府的最高水準。

媒體上國際衝突的硝煙味逐漸淡去，各國政府編列的國防預算顯得過多，反倒是經濟發展能把幾世代以來，為了爭奪有限資源而累積出的對峙局面大致一掃而空。部分獨裁者號召一些人，想要用暴力手段對抗新的世界局勢，拒絕被收編的命運，但是只要精心策劃政變，或利用群眾騷動，很快就能把他們擺平。

歐米茄團隊現在已經完成地球上自從生命誕生以來，最戲劇化的轉型，這也是有史以來，第一次真正有單一勢力能一統天下。這股單一勢力借助超凡入聖的智慧，可望帶領地球上的芸芸眾生，進入未來數十億年的光輝歲月，甚至有機會把這個盛世推廣到宇宙的其他角落 —— 不過，真的有人知道它的下一個計畫是什麼嗎？

***

以上就是歐米茄團隊的傳奇故事，這本書接下來要講的是另一個故事——一個還不知道會如何發展的故事：關於我們未來如何與人工智慧共處的故事。你會希望這個故事怎樣發展下去？類似歐米茄團隊這種憑空想像的故事，真的會發生嗎？如果會的話，這會是你想要的嗎？姑且不論超人工智慧最終有沒有可能實現，你希望這個屬於我們的故事用什麼方式開始？你會期待人工智慧在十年內對就業、法律和軍事科技造成什麼衝擊？把時間軸拉長，你會如何寫下這個故事的結局？這是宇宙般大的故事，探討的不折不扣正是我們宇宙未來終極的生命型態。

而且，這是必須由我們親手撰寫的故事。

第 1 章

歡迎參與這個時代最重要的對話

科技給予生命前所未有的潛力來達到繁榮 —— 或自我毀滅。

未來生命研究所（Future of Life Institute）

我們的宇宙誕生至今138億年了，已經逐漸甦醒並意識到自己的存在。在一顆渺小的藍色星球上，我們宇宙中有意識的一小部分開始用望遠鏡看向外太空，不斷發現自己已知存在的所有事物，其實都只不過是整個宇宙中的滄海一粟：先是太陽系，再來是銀河系，然後發現整個宇宙其實是由好幾千億個不同的星系，依照星系群、星系團、超星系團的規模漸次而成。雖然這些擁有自我意識的觀星人各有各的想法，但是他們大致上都同意，這個由星系組成的宇宙是如此美麗，浩瀚到令人生畏。

但是，這樣的美只出現在人的眼底，並不存在於物理定律中。意思是，在宇宙萌發意識之前，沒有美這個概念存在，這就讓我們宇宙的甦醒帶來更神奇、更值得慶祝的一件事：我們的宇宙從有如沒有自我意識的殭屍，蛻變成活潑的生態系統，擁有反思、審美和期望的能力，並且懂得追求目標、意義和使命。要是我們的宇宙未曾甦醒，就如我指出的，宇宙可能是永無止境的虛無 —— 擁有的只會是數不盡的廣袤無垠。要是我們的宇宙因為星際災難，或自身不慎的意外而再次墜入長眠，唉，那宇宙也將再次成為虛無。

不過事情也可能往好的一面發展。我們還不知道人類是否為宇宙中唯一能看見，或最先學會看見其他星系的生命，但我們已經對這個宇宙掌握了充分的知識，知道宇宙有比目前的狀態更全面覺醒的潛力。雖然現在宇宙可能就像是每天清晨當你剛醒過來時那樣，只能感受到最初、最微弱的自我意識：不過這已經象徵當你完全醒過來時，十足強烈的自我意識將緊接而來。或許，生命會播散於整個宇宙，並持續好幾億、好幾兆年的繁榮 —— 而且，我們在這個時間點，在這個渺小的星球上，做出什麼樣的決定而定，將會決定宇宙的未來。

複雜度簡史

那麼，這妙不可言的意識甦醒從何而來？那不會是單一突發事件，而是宇宙在漫長的138億年裡，踏出讓我們這個宇宙變得更複雜、更有趣的一步 —— 而且還正在繼續加速前進。

身為物理學家，我有幸在過去將近四分之一世紀中，為標定宇宙的歷史做出貢獻。這是充滿樂趣的發現之旅，我還在讀研究所時，我們對於宇宙的壽命到底有多長的臆測，已經從一百億或兩百億年的區間，逐漸聚焦到137億還是138億年之間，這都有賴在天文觀測和電腦運算上的進步，帶動我們對宇宙的更深入了解，但是我們這群物理學家仍無法肯定說出大霹靂的成因，也不能確定大霹靂是否真的是一切事物的起源，或是另一個更早期階段的後續。儘管如此，拜高水準測量技術飛快進步所賜，我們還是能深入了解大霹靂之後究竟發生了什麼事。請容我用幾分鐘，簡略說明這138億年來的宇宙史。

一開始先是有了光。就在大霹靂的下一瞬間，目前天文望遠鏡大致上所能觀測到的（也就是「我們可觀察的宇宙」，或簡稱為「我們的宇宙」），是遠比太陽核心更熱、更亮，而且迅速擴張的空間。聽起來似乎很壯觀，但是其實也有點無趣，因為我們的宇宙除了由非生命狀態且千篇一律的基本粒子，形成炙熱且濃稠的液態外，別無他物。此時不論從什麼地方觀察，看到的幾乎可說是一模一樣，唯一比較有趣的結構，是看似隨機的微弱聲波，在這團液態中造成某些地方的濃稠度略高百分之零點零零一的差異。因為海森堡提出的量子力學測不準原理，說明並沒有任何事物能全然均勻，所以我們可將這微弱的聲波當成量子波動的起源。

隨著我們的宇宙持續擴張和冷卻，有趣的事情開始發生了——一些基本例子開始用較複雜的形式結合。大霹靂的瞬間，強烈的核能把夸克聚合成質子（氫原子核）和中子，這其中又有一部分在沒多久後，融合成了氦原子核。經過四十萬年，電磁力把這些原子核和電子結合在一起，誕生第一顆原子。隨著我們的宇宙繼續擴張，原子逐漸冷卻成為冷暗氣體，而宇宙第一個深夜持續了大約一億年，一直要到重力成功把氣體中的波動放大，將原子聚集形成第一顆恆星和星系後，才迎來宇宙的曙光。第一批誕生的恆星透過核融合，把氫氣轉換成碳、氧、矽這些較重的原子，帶來了光和熱。當第一批恆星死亡時，很多由它們創造的原子又回歸到了宇宙，成為第二批恆星中的行星。

在某個階段，有一團原子發展成更複雜的形式，不但維持住自己不遭毀滅，也有能力自我複製，很快就一分為二，不斷倍增；才經過四十次分裂倍增，總數就已破兆，所以第一個會自我再生的物體，很快就成為不容輕忽的勢力。生命於焉誕生。

生命的三個階段

該如何定義生命，一直以來都是爭議不斷的課題，水火不容的論述唾手可得，其中有些要求生命必須達到高門檻的特定要件，譬如說必須由細胞組成，這可能會排除將來把智慧機器或外星生物當成生命的可能。既然我們無意限制未來生命型態的想像空間，不打算限於已知的生命物種，所以用較廣義的方式定義生命：只要滿足能維持複雜度和自我再生的過程就行了。所謂的自我再生也不以物質（由原子構成）為限，而是把標準放寬到能以特定模式，安排原子結構的資訊（由位元組成）都算在內。舉例而言，當細菌複製自己的DNA時，並不會因此創造出新的原子，而是讓一組新的原子依照細菌本來既有的DNA模式進行排序，所以真正複製的，其實是資訊。換句話說，我們可以把生命想像成自我再生的資訊處理系統，其中的資訊（軟體）決定了硬體的基本結構和行為模式。

就跟我們的宇宙一樣，生命也變得愈來愈複雜，愈來愈有意思。*詳細經過請容我在之後的章節慢慢說明，在此先提出簡單易懂的分類方式。生命可以依照複雜度區分成三個階段：分別是生命1.0、2.0和3.0。這三個階段的分類重點請參見圖1.1。

關於宇宙中的生命最初是在什麼時候、什麼地方、以什麼方式出現的，到目前仍舊沒有定論，但是已經有充分的證據顯示，在地球上，最初的生命型態大約出現在四十億年前，而且很快就產生

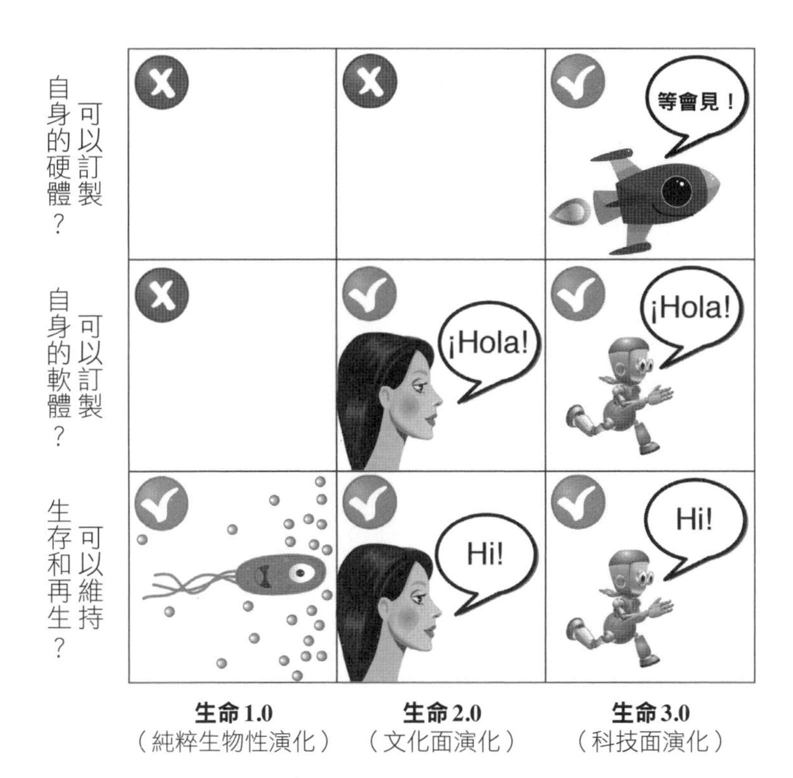

圖1.1：生命的三個階段：生物性演化、文化面演化、科技面演化。生命1.0終其一生，都沒辦法重新訂製自身的軟硬體設施：這兩者都由DNA決定，只會經由世代的緩慢演化過程進行調適。相較之下，生命2.0可以訂製自身軟體：人類可以學會各種複雜的新技能（像是語言、運動和各種專業能力）也能重新界定自己的世界觀和目標。地球目前尚未進入生命3.0的型態，這種生命型態可以同時大幅改變自身的軟硬體設施，不用經歷好幾世代緩慢演化的過程。

---

* 生命為什麼會愈來愈複雜？具有相當複雜度的生命，能預測所處環境的規律性並加以利用，因而會在演化中脫穎而出。根據這個原理，在複雜度高出許多的環境中，就會演化出愈複雜、愈聰明的生命型態。環境中存在較聰明的生命型態時，會回過頭讓各種生命型態在環境中求生存的課題變得更複雜，結果就會讓演化朝更複雜的方向發展，最終建立極端複雜生命型態充斥其中的生態系。

豐富多樣，讓人目不暇給的生命型態。其中演化得最成功的物種，很快就取得競爭的絕對優勢，能依據環境做出一定程度的反應。說得更直接一點，這些物種就是電腦科學家口中的「智慧型代理人」（intelligent agent）：泛指有能力透過偵測器蒐集環境資訊，並在消化資訊內容後，決定如何對環境做出回應的機制。這包含了相當高度複雜的資訊處理流程，就像你善用眼睛、耳朵得到的資訊，決定要如何進行對話一樣；但可能也包括一些相當簡單的軟硬體設施。

打個比方，很多細菌可以感測到周遭流體中糖的濃度，也能夠用螺旋槳狀的鞭毛在流體中移動，而連接感測器和鞭毛的硬體構造，可能只需要負責執行一個簡單又有效的演算法：如果糖濃度感測器接收到的數據，比幾秒鐘前的數值低，就反轉鞭毛，改變現有的移動方向。

你除了會說話，也學會了很多不同的技能，但是細菌相較之下並不是學習高手。細菌的DNA不只決定了它們的糖濃度感測器和鞭毛等硬體設施，也決定了它們內建的軟體。細菌從來學不會朝糖的方向移動：它們的演算法從生命一開始就寫死在DNA上，無法更改。這個演算法當然也是經由某種學習的過程而來，但是細菌在一生中，都不會經歷學習過程，而是經過代代相傳的演化，透過嘗試錯誤的緩慢過程而來。天擇傾向讓細菌保留了能提高糖份吸收的DNA突變，有些突變可能讓微生物的鞭毛或其他硬體設施變得更發達，有些突變則可能改善了微生物的資訊處理系統，提高糖偵測演算法或其他軟體的效率。

這樣的細菌就是我稱為「生命1.0」的一個樣本：生命的軟硬體設施都是演化而來、而不是訂製而成的。而你跟我一樣，是「生命2.0」的型態：生命的硬體是演化而來的，但軟體大多是訂製而來。所謂人類的軟體，我指的是你用來處理感測器接受到的資訊，決定該做些什麼事的演算法和知識 —— 舉凡是你看到朋友的臉孔就認出對方的能力，還有走路、閱讀、計算、唱歌跟說笑話的各種能力，都算在內。

你出生時，上述能力一應俱無，這些軟體都要日後透過我們稱為學習的過程，逐一把程式寫進你大腦裡。雖然你童年時的課程大多是由家長和老師訂製，他們決定了你該學什麼，但是長大的你也逐漸取得更多訂製專屬軟體的決定權，像是學校可能會開設外語選修課程：你會想在大腦內安裝讓你能開口說法文的軟體模組嗎？還是要安裝西班牙語那套？想要學打網球還是下西洋棋？你希望致力鑽研成為廚師、律師還是藥劑師？你想要讀完這本書，多學一點有關人工智慧和未來生命型態的內容嗎？

這些自行訂製軟體的能力，讓生命2.0比生命1.0更加聰明。高等智慧需要依靠大量硬體（由原子組成）和大量軟體（由位元組成）的相互結合。人類大多數硬體設施是在出生後（透過成長）才完成增建，這其實讓我們非常受用，因為我們體型發展就不會受母體產道的寬度所限。同樣的道理，我們大多數軟體是在出生後（透過學習）才完成安裝，也是很受用的事，因為我們智慧的發展就不會如同生命1.0的型態，受DNA承載的資訊量而定。我的體重是出生時的25倍，大腦內連結神經突觸接點所儲存的資訊量，則是出生時DNA承載資訊量的好幾十萬倍。人類大腦突觸能儲存的知識和技能大約是100TB，而DNA能儲存的資訊量不過是1GB，大概只夠讓你從網路上下載一部電影，所以這就是為什麼剛出生的嬰兒不可能開口說出流利的英文，也沒辦法在大學入學測驗中拿到高分：這些資訊都不可能預先載入嬰兒的大腦中，因為嬰兒承繼自父母親的主要資訊模組（DNA），欠缺足夠的資訊儲存空間。

訂製軟體的能力讓生命2.0比生命1.0更聰明，也更有彈性。當外在環境產生了變化，生命1.0只能透過好幾世代的緩慢演化進行調適，而生命2.0卻可以透過更新軟體的方式，做出近乎立即的反應。好比說，經常碰上抗生素的細菌可能會經歷好幾世代的演化而產生抗藥性，但是任何單一的細菌卻絲毫沒有與之抗衡的能力。相較之下，知道自己對花生過敏的小女孩會很快改變行為模式，開始避免接觸到花生。

這樣的彈性讓生命2.0在群體層面，取得非常大的優勢：儘管人類的DNA在過去五萬多年來沒有太劇烈的變動，但是可以在我們腦海中、在書本以及在電腦中儲存的知識總量，卻有爆炸性成長。我們安裝了可以用更精確的語言互相溝通的軟體模組，才能把某個人大腦中最可貴的資訊，複製到其他人的大腦中，好在他過世以後仍讓知識流傳。有些軟體模組讓我們學會讀與寫，我們因而能儲存和分享比背誦還多的資訊。多發展一些使大腦能追求更多科技突破的軟體（亦即在理工科學領域多下點功夫），就能讓世上許多的人只要動動手指，就能得到人世間的許多資訊。

這樣的彈性讓生命2.0成為地球的主宰。人類跳脫基因鏈的枷鎖，知識的累積愈來愈快，推動一個接一個的創新突破：從語言演化出文字，從印刷術帶動現代科學，從電腦發展成網路等等。我們互相分享的軟體促成了日新月異的文化演變，主導人類未來的發展，因而使得人類如冰河般緩慢的生理演化，顯得不重要。

只是就算我們窮盡當前最了不起的科技，所有我們已知的生命型態基本上仍舊受生理的硬體設施所限。沒有人能夠壽與天齊，沒有人能夠記住維基百科的所有內容，沒有人能理解所有已知的科學領域，也沒有人能不用太空船就去太空遨遊，更不會有人能把生命型態少得可憐的宇宙，轉換成多樣化的生物圈，繼續繁衍幾億、幾兆年，好讓我們的宇宙終能發揮所有潛能，徹底甦醒。

這些都要靠生命完成最終的升級，進入到生命3.0的階段，兼具訂製自身軟硬體設施的能耐，才有辦法達成。這表示生命3.0是自己命運的主宰，可以完全擺脫演化的羈絆。

這三個生命階段的界線並非黑白分明，假定細菌是生命1.0而人類是生命2.0，則老鼠就可以歸類成生命1.1：老鼠可以學會很多事，但卻不足以發展出語言，或發明網路。更重要的是，因為欠缺語言，老鼠學會的東西大多會隨死亡而不復存在，沒有辦法在世代之間傳遞。換個角度來看，你也可以把人類當成生命2.1看待：我們有辦法完成小規模的硬體升級，像是人工植牙、人造關節和心律調節器等等，但沒辦法做出長高十倍，或讓大腦變大一千倍等戲劇化改變。

簡單來講，我們可以把生命的發展區分成三個階段，以生命自身的能力和自行訂製的能力加以區隔：

- 生命1.0（生物性階段）：生命的軟硬體皆有賴演化。
- 生命2.0（文化面階段）：生命的硬體受演化所限，但是可以訂製自身的軟體。
- 生命3.0（科技面階段）：生命的軟硬體都能自行訂製。

宇宙經過138億年的演化，在地球上的發展急遽加速：40億年前才誕生出生命1.0的型態，生命2.0的型態（我們人類）則是在數十萬年前站上歷史舞台，而很多人工智慧的專家更是認為，在接下來幾世紀就有可能達成生命3.0的型態，如果人工智慧取得長足的進展，甚至也不排除在我們有生之年就能看到生命3.0。這對我們有什麼意義？這就是這本書要談論的主題了。

待釐清的爭議

這個主題牽涉到超乎想像的爭議，全世界頂尖的人工智慧專家也激烈爭論不休，不僅僅是對未來發展的預測，甚至就連該抱持何種心態面對未來的發展，都莫衷一是，從充滿信心樂觀以對到必須嚴肅看待的態度都不乏其人。在短期內，我們不但對人工智慧會在經濟、法律和軍事領域，帶來什麼樣的衝擊沒有達成共識，隨著時間軸愈拉愈長，討論主題延伸到了「通用人工智慧」（artificial general intelligence, AGI），專家之間的見解也愈來愈分歧——特別是關於通用人工智慧的程度逼近或超越人類的水準，進而引發生命3.0之類的課題。通用智慧幾乎可以達成包括學習在內的任何目標，相反的，有限智慧就是只會下西洋棋之類的程式。

值得注意的是，關於生命3.0的問題不只一個，而是兩個：何時跟會怎樣。這件事情什麼時候會發生（如果真能達成）？對於人類又有什麼意義？從我的觀點來看，我認為有三種不同門派的想法都值得細細耙梳，這三大門派都有許多世界級的專家擁護。如圖1.2所示，我把這三大門派分別取名為數位理想國、技術質疑派和善用人工智慧運動。請容我說明這三大門派最擲地有聲的見解。

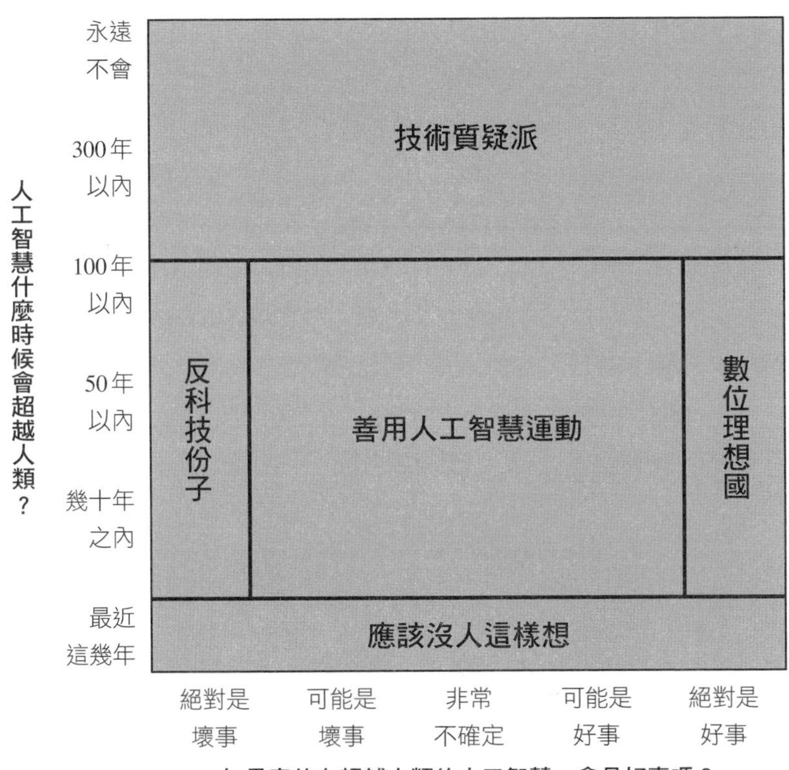

圖1.2：多數關於超人工智慧（可以像人類一樣完成所有認知工作）的爭議，有兩個問題：何時會發生（如果真能達成）？對人類而言是好事嗎？技術質疑派和數位理想國的擁護者都同意我們無須擔心，但是背後的理由卻大相逕庭：前者深信，在可預見的將來，不會產生人類水準的通用人工智慧，後者則認為這件事必然會發生，而且幾乎無疑是好事。善用人工智慧運動這一派則是認為，有必要未雨綢繆，因為從現在開始展開人工智慧安全研究和更多討論，才可以提升超人工智慧對人類有益的機率。反對人工智慧、認為會對人類帶來壞處，是反科技份子的主張。此圖的靈感來自Tim Urban在網路上的文章：https://waitbutwhy.com/2015/01/artificial-intelligence-revolution-2.html。

數位理想國

我從小就以為超級富豪都帶有奢華又不可一世的氣質，直到2008年在Google總部遇見佩吉（Larry Page），才徹底翻轉我的刻板印象。便裝打扮的他穿著牛仔褲和尋常不過的襯衫，就算要去麻省理工學院參加戶外野餐也不顯突兀。他思慮縝密、輕聲細語的風格，搭配上友善的笑容讓我相當放鬆，不需要戰戰兢兢和他交談。2015年七月十八日，我和他碰巧又在納帕郡一場由馬斯克（Elon Musk）和他當時的太太萊莉舉辦的聚餐中相遇，提到我們的小孩都對糞便充滿好奇這一點，讓我們打開了話匣子，我推薦給他一本經典的兒童文學作品《屁股發神經的那一天》（*The Day My Bum Went Psycho*），他當下就訂購了一本。這樣的話題和這樣的舉動讓我必須提醒自己，眼前的佩吉可是史上最具影響力的知名人物：我敢打包票，如果有生之年能看見超級聰明的數位生命統治這整個宇宙，那也一定是佩吉決定要這樣做。

所幸我們各自的太太露西和美雅介入，我們總算結束了糞便話題開始用餐，並探討起機器是否一定要具有意識，這個讓他爭論得面紅耳赤的話題。當天晚上餐敘進入尾聲時，關於人工智慧的未來，以及有哪些需要關注的課題，在佩吉和馬斯克之間形成漫長又充滿火花的辯論，等到進入凌晨時分，圍繞在他們身邊旁聽觀戰的人數不減反增。佩吉極力捍衛我稱之為「數位理想國」的立場：在宇宙演化的下個階段，數位生命既是更自然也是更理想的生命型態。如果我們能釋放數位智慧的能力，而不是試圖加以禁止或奴役，無疑將必然得到理想的結局。

我想，佩吉可以說是最能發揮影響力的數位理想國主義者，他認為若生命如他設想，終有一天穿越銀河系散播至全宇宙，那一定要透過數位形式才有辦法達成。他反倒擔心對人工智慧太過鑽牛角尖，會延誤數位理想國的到來，或因此導致軍方全面接管人工智慧，犯下Google長期以來所信奉「不作惡」（Don't be evil）的戒律。

馬斯克則咄咄逼人要佩吉把話說清楚，像是他為什麼這麼肯定數位生命不會毀了我們所在意的一切事物等等。這時佩吉會用「物種優越主義者」（specieist）的字眼來指控馬斯克，意指他把某種非以碳原子，而以矽原子為基礎所建立的生命型態視為劣等物種。本書會從第四章開始，回過頭來詳細探討這其中相關的有趣課題。

雖然在那個夏日溫暖夜晚的池畔，佩吉顯得有些曲高和寡，但是他力排眾議提出的數位理想國主義，的確有許多有頭有臉的支持者。機器人專家暨未來學大師莫拉維克（Hans Moravec）在1998年發表的經典著作《心靈兒童》（*Mind Children*）中，啟發了美國一整個世代對數位理想國的夢想，發明家庫茲威爾（Ray Kurzweil）也致力於讓這股思潮持續發揚光大。我之後也會在書中簡要說明人工智慧次領域，「增強學習」先驅之一的薩頓（Richard Sutton），是如何在波多黎各一場研討會上，強烈捍衛數位理想國的立場。

技術質疑派

另一個醒目門派裡的大師也一樣沒把人工智慧威脅論當一回事，不過他們抱持著完全不同的理由：他們認為要打造出超越人類的通用人工智慧是相當困難的一件事，在接下來幾百年內都還不可能實現，所以現在根本還不需要杞人憂天。我把這種論調定位成「技術質疑派」，最具代表性的說法首推吳恩達（Andrew Ng）那句

「擔心殺手機器人的誕生，就好像擔心火星會人口過剩一樣無稽。」吳恩達是百度（中國版Google）的首席科學家，我前不久在波士頓的研討會上碰到他，發現他還是秉持相同的觀點。他還告訴我，太過擔心人工智慧會闖禍的想法恐怕會轉移焦點，反而成為拖慢人工智慧進展的不利因素。許多人在技術面提出質疑的看法也都相去不遠，像是曾經任教於麻省理工學院，是掃地機器人Roomba跟工業機器人Baxter背後功臣的布魯克斯（Rodney Brooks）教授。

有趣的是，雖然數位理想國跟技術質疑派都認為，我們無須太過擔心人工智慧的發展，但除此之外，雙方幾乎沒有多少共識。大多數數位理想國的擁護者認為，達到人類水準的通用人工智慧可能在二十年至一百年內就會問世，但是技術質疑派卻對這種說法嗤之以鼻，認為這是異想天開的白日夢，並且用「科學怪人的盛宴」嘲笑「人工智慧會突破爆炸性發展奇點」的預言。我在2014年十二月一場生日派對中遇見布魯克斯，他用肯定的語氣告訴我，在有生之年百分之百不會看到通用人工智慧誕生的一天，事後我透過電子郵件問他：「你確定是百分之百？要不要保留一點，百分之九十九就好？」他回信答覆：「別婆婆媽媽的百分之九十九了。再說一次，百分之百；無論如何就是不可能發生。」

善用人工智慧運動

第一次見到羅素（Stuart Russell）時是2014年六月，在巴黎一家咖啡館，他典型英國紳士的舉止讓我印象深刻。他思慮周全、辯才無礙，說起話來不瘟不火，眼睛裡閃爍著勇於冒險犯難的光芒，我彷彿看見凡爾納（Jules Verne）在1873年經典作品《環遊世界八十天》裡，我的童年英雄福克（Phileas Fogg）的現代化身。羅素是世上最知名的人工智慧專家之一，曾合寫過這個領域的正規教科書，但是他謙遜又溫暖的態度，讓我很放鬆。他向我解釋，人工智慧的進展讓他充滿信心，認為人類水準的通用人工智慧的確將是本世紀產物。雖然他對此抱持樂觀態度，但卻不表示這一定會帶來好的結果。我們必須先解決幾個關鍵的課題，而這些關鍵課題之難，讓我們必須從現在開始著手研究，才能在適當的時間點，提出解決的方法。

時至今日，羅素的觀點相對取得主流地位，世上有許多研究單位也都對他口中人工智慧的安全性，下了一番功夫研究，這樣的成果可說來之不易。《華盛頓郵報》有一篇文章提到，人工智慧安全性的研究直到2015年才蔚為主流，之前就連主要的人工智慧專家，也沒辦法對什麼是人工智慧的風險講出一套名堂，一些意圖阻礙人工智慧進展的反科技份子，也會刻意危言聳聽。

第五章將進一步說明羅素這樣的論點，其實可以追溯到半世紀以前的電腦先驅圖靈（Alan Turing），以及在二戰期間協助他破解德軍密碼的數學家古德（Irving Good）。這個領域過去幾十年來的成果，多半是由少數非專精於人工智慧的研究者提出，比方說是尤德考斯基（Eliezer Yudkowsky）、瓦薩（Michael Vassar）、伯斯特隆姆（Nick Bostrom）等人，因此他們的論點很難影響到人工智慧專家，這些專家日夜都集中注意力在打造更聰明的人工智慧系統、較少深入思考成功後會帶來何種長期影響。雖然我認識有些人工智慧專家也會關注這樣的課題，但是他們多半不太願意公開陳述，害怕被貼上危言聳聽且恐科技的負面標籤。

我認為有必要改變這種不正常的現象，讓關注人工智慧的社群都能參與討論，對如何打造有益於人類的人工智慧發揮影響力。幸好，我的想法並非特例，2014年春天，我和我太太美雅、物理界的朋友阿及爾（Anthony Aguirre）、哈佛大學的研究生卡拉卡夫娜（Viktoriya Krakovna）、Skype創辦人塔林（Jaan Tallinn）等人一起成立非營利組織「未來生命研究所」（FLI：http:/futureoflife.org），我們的目標很簡單：確保生命在未來不僅存在，更能達到鼎盛。特別是，我們認為科技可能讓生命以躍進的方式繁衍，也可能造成自我毀滅，而前者才是我們的目標。

第一次聚會的時間是2014年三月十五日，地點就在我家，我們和其他三十多位來自波士頓周遭的學生、教授和思想家一起腦力激盪，取得廣泛的共識，認為雖然我們不能輕忽生物科技、核武器和氣候變遷的課題，但是最重要的目標應該放在讓人工智慧安全性研究成為主流。

我在麻省理工學院物理系的同事，同時也是以夸克理論獲得諾貝爾獎的威爾切克（Frank Wilczek）提議，寫專欄吸引更多人對這個議題的關注，讓大眾不易忽視。接下來，我設法聯繫上羅素（那時尚未當面拜會他）和另一位物理學先進霍金，得到兩人允諾，與我跟威爾切克擔任專欄的共筆人。可惜之後經過多次編審作業，我們的專欄投書仍被包括《紐約時報》在內的多家美國平面媒體退稿，所以只好放在我在網路傳媒《赫芬頓郵報》上的個人部落格。出乎我意料之外，創辦人赫芬頓（Arianna Huffington）寫了電子郵件給我：「內容讓我讚嘆不已！我們會把這篇文章列為推薦必讀的第一名！」這篇文章放在網路的首頁後，帶動了媒體對人工智慧安全性的報導熱潮，一直延續到那一年的年底，就連科技界的龍頭如馬斯克、比爾．蓋茲等人都做出了回應，而伯斯特隆姆在那年秋天出版

《超智慧》一書，也讓社會大眾在這個議題上的公開論戰更加風起雲湧。

未來生命研究所推動的下一個目標，是邀集世上第一流的人工智慧專家，透過研討會釐清錯誤的觀念，凝聚彼此的共識，提出具有建設性的計畫。說服優秀的人才，在由不認識的門外漢舉辦的研討會上共聚一堂，怎麼看都是艱巨的任務，更何況研討會的主題又頗具爭議，所以我們不遺餘力進行籌備：禁止媒體參訪，挑一月份遠赴波多黎各的海灘渡假勝地開會，而且多謝塔林的慷慨解囊，全程免費。我們還想了一個最沒有反科技意味的會議名稱——「人工智慧的未來：機會與挑戰」。更重要的是羅素加入了團隊，讓我們可以擴大人脈，納入人工智慧領域的產學先進，包括Google旗下DeepMind的哈薩比斯（Demis Hassabis）——他後來證明，就算是下圍棋，人類也不會是人工智慧的對手。對他認識愈多，我愈發現他想追求的不只是更有威力的人工智慧，而是能對人類帶來幫助的人工智慧。

這場研討會可以說是成功匯聚了各界菁英（參見圖1.3），除了人工智慧專家，就連優秀的經濟學家、法律學者、科技領袖（包括馬斯克本人）和其他領域的思想家（像是提出人工智慧爆炸奇點一詞的文奇〔Vernor Vinge〕；相關論點將在第四章詳述）也來共襄盛舉，最終成果遠遠超乎我們原本最樂觀的預期。或許是因為夕陽美景跟香醇美酒，也或許是因為天時地利：我們就算在充滿爭論的議題裡，也取得相當可觀的共識，寫了一封公開信[1]，獲得超過八千人的連署支持，包括在人工智慧領域裡聲望卓著的領袖級人物。這封公開信的主旨，是呼籲我們要重新設定人工智慧的發展目標：這個目標不應該是漫無目的追求人工智慧，而是要追求有益於人類的

圖1.3：2015年一月在波多黎各的研討會，人工智慧及相關領域裡聲望卓越的研究團體共聚一堂。[2]

人工智慧。研討會的與會者認為若要達成目標，接下來該進行哪些研究課題也一併詳列在公開信裡。善用人工智慧運動開始成為主流，你將透過這本書看到此運動的後續進展。

這場研討會另一個重要收穫是：伴隨人工智慧技術成熟而來的，不只是突破天際的智慧會如何表現的問題，也涉及至關重要的道德問題——因為我們的決定無疑會徹底改變未來的生命型態。人類過去有時會在面臨重大道德抉擇時，做出了不起的決定，但也有眼界的局限：我們有辦法從最嚴重的傳染病中恢復生機，但也可能讓偉大的帝國崩潰，我們的祖先深知這如同日升日落般平常，將來的人類或許也應如此，不斷對抗貧窮、瘟疫、戰爭這些重大災難。但是有些波多黎各研討會的與會者卻提出不一樣的觀點：他們認為這有可能是有史以來第一次，人類能發展出夠強大的科技，一勞永逸解決上述問題——或是將人類帶往滅亡的不歸路。我們有

圖1.4：雖然媒體總是把馬斯克描繪成是人工智慧圈的眼中釘，但是關於人工智慧安全性研究的課題，有廣泛共識確實十分必要。2015年一月四日這天，人工智慧促進協會（Association for the Advancement of Artificial Intelligence）主席迪特里奇（Tom Dietterich）與馬斯克同樣熱切盼望新人工智慧安全性研究計畫。馬斯克稍早揚言要投資挹注此計畫。站在兩人後方的是未來生命研究所創辦人美雅和卡拉卡夫娜。

可能讓這個社會比以往更加繁榮，甚至把盛世帶到地球之外的星球，但是如果一個不小心，也可能把地球變成卡夫卡式的警察國家，陷入到統治力強大到無法推翻的絕境。

幾個錯誤的觀念

離開波多黎各時，我深信需要繼續推動研討會上關於人工智慧未來發展的對話，因為這會是這個時代最重要的對話*，是關於所有人未來集體命運的對話，所以不應該限定只有人工智慧專家參與其中，這也是我撰寫這本書的目的。

我下筆時懷抱著希望，希望我親愛的讀者，也就是你，能參與這場對話。你想要擁有什麼樣的未來？我們應該發展致命的全自動武器嗎？自動化的就業環境對你會造成什麼影響？你想給現在年輕人什麼樣的職涯建議？你會喜歡傳統工作由新工作取代，或是一個不需要工作的社會，每個人都享有一輩子的悠閒時光，放手讓機器去創造財富就好？順著這樣的思路，你會希望人類發展出生命3.0的型態，去探索無垠的宇宙嗎？未來究竟是我們控制了智慧機器，還是會受制於它們？智慧機器到底會取代我們？與我們共存？還是會和我們結合？進入人工智慧的年代後，身而為人的意義是什麼？你自己會希望具有什麼樣的意義？我們該如何做，才能讓未來朝向想要的方向發展？

這本書的用意就是幫助你加入討論。前文已經提過，這是充滿爭議的領域，就連世界第一流的專家也都各有想法，但是我已經看過太多因錯誤觀念口耳相傳後，導致沒意義的口舌之爭。為了讓我們聚焦在真正棘手、沒有標準答案的問題，且讓我們從釐清最常見的幾個錯誤觀念著手，減少誤解。

我們常用的字彙如「生命」、「智慧」、「意識」等等，其實帶有幾種不同的意涵，很多誤解往往來自我們沒注意到，大家其實是用不同的方式使用這些字彙。為了確保我們彼此不會落入這個陷阱，我把表1.1弄成摘要表，解釋我在書裡使用這些字彙的方式，其中有些定義要等到後面的章節才能完整說明。在此先聲明，我並沒有認為自己的定義最完美——我只希望講清楚想要表達的意

術語釋疑	
生命	維持自身複雜度並不斷再生的過程
生命 1.0	生命的軟硬體設施皆有賴演化而成（生物性階段）
生命 2.0	生命的硬體受演化所限，但是可以訂製自身的軟體（文化面階段）
生命 3.0	生命的軟硬體設施都能自行訂製（科技面階段）
智慧	達成複雜目標的能力
人工智慧（AI）	非生物智慧
有限智慧	在一定範疇內（例如下西洋棋或開車）達成目標的能力
通用智慧	幾乎可以達成任何目標的能力，包括學習在內
全面智慧	給予資料和資源就能具備通用智慧的能力
（人類水準的）通用人工智慧（AGI）	起碼能和人類一樣完成任何認知工作的能力
人類水準的人工智慧	通用人工智慧（AGI）
強人工智慧	通用人工智慧（AGI）
超人工智慧	遠遠超越人類水準的通用人工智慧
文明	智慧生命型態的團體互動
意識	主觀的體驗
感受	逐步建立主觀體驗的個別案例
倫理	規範我們合宜行為的原則
目的論	以目標、使命看待事物的發展，而不是成因
目標導向行為	相較於成因，更容易從成果進行解釋的行為
有目標	展現目標導向的行為
有使命	為了自己或其他個體的目標而努力
友善的人工智慧	目標與我們一致的超人工智慧
半機器人	人與機器的混種
人工智慧爆炸性發展	以急速遞迴式自我強化過程，實現超人工智慧
人工智慧爆炸奇點	人工智慧開始爆炸性發展的時點
宇宙	自大霹靂後經過 138 億年間，我們能看到光所到達的區域範圍

表 1.1：很多關於人工智慧的誤解，是大家以不同的意涵使用上述字彙，這張表彙整了我在書裡使用這些字彙的方式（其中有些定義要等到後面的章節，才能做出完整說明）。

* 不論就急迫性或影響力，展開人工智慧領域的對話都有其必要。以氣候變遷做為對照組來看，災難性的後果大約會在 50 至 200 年後發生，但是很多人工智慧專家卻認為，只要再過幾十年，我們就會感受到人工智慧的強烈衝擊 —— 而且可能因此帶來氣候變遷問題的解決方案。相較於戰爭、恐怖主義、失業、貧窮、難民和社會正義的課題，人工智慧的興起會帶來更全面的影響。我們將透過這本書證明所言不虛，呈現人工智慧如何主導這些課題的變化，不論是好是壞。

思，避免混淆。或許你已經發現，我通常採取較寬鬆的定義，讓這些定義同時適用於人類和機器，避免陷入人類本位主義的迷思。現在請你看看這份摘要表，在閱讀本書時不時回過頭來參照，看看我使用這些字彙的方式是否誤導了你——特別是當你讀到第四章到第八章的時候。

除了字彙上的誤解，我也見識過很多基本觀念的誤解，導致我們對人工智慧的爭論失去重心。接下來讓我們釐清一些最常見的錯誤觀念。

時間點的迷思

第一個要釐清的是圖1.2所示的時間點迷思：再過多久以後，絕大多數的機器就能具備人類水準的通用人工智慧？關於這個問題，常見的迷思是：誤以為我們已經有肯定的答案了。

社會大眾通常會誤以為，我們在這個世紀就能看見超越人類的通用人工智慧，說老實話，歷史上不乏這類對科技發展的高估——說好的核融合發電廠跟飛天車在哪裡？過去，對人工智慧的期望也曾不斷的高估，而且就連這個領域的先行者，也無法避免陷入迷思，譬如說首創「人工智慧」一詞的祖師爺麥卡西（John McCarthy）、閔斯基（Marvin Minsky）、羅契斯特（Nathaniel Rochester）、夏濃（Claude Shannon）等人就曾經共同署名，對石器時代的電腦能在兩個月內完成的工作內容，提出過度樂觀的預估：「我們提議安排十個人聯手花兩個月的時間，利用1956年的這個暑假，好好在達特茅斯學院裡研究人工智慧……這樣的安排可以讓我們找到，讓機器學會使用語言的方法，知道機器如何形成抽象概念，解決目前只有人類才會處理的問題，甚至懂得如何自我強化。我們認為，只要能精挑細選研究團隊的成員，經過一個暑假的通力合作，一定能在前述的一個或多個領域中，取得顯著的成果。」

反過來說，社會大眾另一個誤解則是，確信在這個世紀都不會看到超越人類的通用人工智慧。研究人員曾經對我們距離超越人類的通用人工智慧還多遠，給過籠統的估算；技術質疑派過往的預測能力實在令人不敢恭維，所以我們無法肯定說，這件事在這世紀達成的機率一定是零。看看以下這個例子，拉賽福幾乎可算是他那個年代首屈一指的核能物理學家，他在1933年，也就是齊拉德（Leo Szilard）成功進行核子連鎖反應實驗前的二十四小時，曾經說過，利用核能的想法就跟「水中撈月」一樣無稽；皇家天文學家伍雷（Richard Woolley）也曾經在1956年指出，星際遨遊的說法「根本鬼扯」。這個方向的迷思走到最極端的說法，是認為超人工智慧根本在物理層面就不可能實現。不過物理學家已經發現，由夸克和電子排列組的人腦，運作起來就像是功能強大的電腦，而且實際上也沒有哪一條物理定律，能限制我們建出更智能的夸克斑點（quark blob）。

「多少年以後，我們有過半的機率可以讓人工智慧達到人類的水準？」對人工智慧專家進行這樣的調查，已經多到數不清，而這些調查報告的結論都是：世界上最頂尖的科學家全都眾說紛紜，也就是沒人知道答案是什麼。我們在波多黎各人工智慧研討會上做的調查就顯示，大家推測的中位數是2055年，但是也不乏有些專家把時間點押在好幾百年以後。

另一種相關的迷思，是認為人工智慧再發展沒幾年就會進展到令人害怕的程度。實情則是，大多數檯面上的人物都認為，超越人類的通用人工智慧起碼是好幾十年以後的事情，而且重點在既然我們不能百分之百肯定超人工智慧不會在這個世紀問世，最妥當的辦法就是，從現在開始未雨綢繆進行安全性研究。你會在這本書看到，很多安全性研究都很困難，需要花幾十年的功夫才有辦法克服，最步步為營的做法，就是從現在開始提前準備，以免哪天晚上一群暢飲紅牛能量飲的程式設計師突發奇想，推出了人類水準的通用人工智慧，讓我們措手不及就麻煩了。

爭議本身亦是迷思

另一個常見的迷思是以為，只有對人工智慧所知有限的反科技份子才會擔心人工智慧，才會特別在意人工智慧的安全性研究；當羅素在波多黎各研討會的專題演講中提出這樣的觀點後，得到哄堂大笑。與之相似的另一個迷思，是認為各界對於人工智慧安全性研究的必要性，看法南轅北轍。我們不需要完全認可人工智慧的高風險，只要同意這樣的風險不容忽視，就足以決定要進行適度的安全性研究了，這就像當房屋燒毀的機率不容輕忽時，我們就有理由投保一定額度的產險。

我個人倒是認為媒體的推波助瀾，才是導致各界對人工智慧安全性看法，演變成爭議不斷，畢竟 —— 人咬狗才是新聞。再者說，用斷章取義的方式營造大難臨頭的氣氛，總是比平衡的深入報導更容易成為焦點。兩個只透過媒體引述，得知對方立場的人，認為彼此意見相歧的程度，會比實際上更深。舉個例子，要是技術質疑派人士只透過英國八卦小報揣摩比爾．蓋茲的想法，可能就會誤以為比爾．蓋茲認為，超人工智慧到來的那一天屈指可數；相同的道理，要是善用人工智慧運動的支持者對吳恩達的立場一無所知，只聽過前文那句「火星人口過剩」的比喻，可能就會誤以為吳恩達一點也不關心人工智慧安全性的問題。事實上，我敢保證他非常在意 —— 差別只在於他預測這個問題發生的時間點，比我們預測的還晚很多，因此他自然會把短期的重點放在追求人工智慧的技術突破，而不是致力於稍晚才要面對的挑戰。

有關風險本質的迷思

當《每日郵報》[3]的頭條出現以下的句子時，我的白眼都快翻到後腦杓了：「霍金擔心機器人的崛起可能對人類造成災難性的後果。」我已經記不得看過多少次類似的報導了，基本上這些報導都會搭配一張凶神惡煞模樣、手持武器的機器人圖像，暗示我們要小心機器人哪天發展出自我意識或學壞了，會準備大開殺戒。戲謔一點來看，這樣的報導其實也很令人印象深刻，因為它們簡單扼要的把我所知人工智慧專家不會去擔心的狀況都交代完了。這個狀況起碼包含了三種錯誤的觀念，分別是對於自我意識、學壞跟機器人。

開車在路上兜風時，你對所見所聞都會有主觀體驗。那麼，無人駕駛車會不會也有主觀體驗？無人駕駛車需要對周遭環境建立情感連結，才懂得自動駕駛嗎？還是說，無人駕駛車其實就跟失去意識的殭屍一樣，不可能有主觀體驗？意識本身當然是值得深入討論的奧妙課題，這部分將留待第八章詳述，不過意識卻跟人工智慧的風險無關。如果無人駕駛車真的撞到你，對你而言，它是不是故意的根本無關宏旨，我的意思是，對我們人類有影響的是超人工智慧做了什麼，而不是它的主觀感受。

害怕機器學壞是另一個被誤導的觀念，真正需要擔心的不是機器的善或惡，而是機器的能耐。根據定義，超人工智慧就是不論目標如何設定，達成目標都會是它的拿手好戲，所以我們必須確保它的目標跟我們一致。打個比方，你可能不是對螞蟻生惡痛絕、恨不得一腳踩死螞蟻的那種人，但是你要負責開發水力發電以提供潔淨能源，而在預定蓄水區內剛好有一窩螞蟻，那也只能說牠們真是倒楣到家了。善用人工智慧運動的目的無他，就是希望避免人類的處境淪落到跟這窩螞蟻一樣罷了。

對於自我意識的誤解和機器不會有目標的迷思息息相關。機器當然會有目標，而且也會展現最直接的目標導向行為：熱導引飛彈命中目標，就是最容易用來說明的例子。如果機器的目標跟你的不一致，會讓你感到備受威脅，說得更明白一點，那是因為機器的目標讓你感到不自在，而不是出在機器的自我意識和使命感。如果熱導引飛彈追著你跑，你一定不會繼續堅持：「沒什麼好擔心的，機器是不會有目標的。」

我很能體會布魯克斯與其他機器人大師被八卦小報的聳動報導妖魔化後，內心多麼憤恨不平，因為有些死腦筋的記者，就是不會改變對機器人的看法，堅持把機器人描寫成眼睛閃著紅光、凶神惡煞般的金屬怪獸，似乎這樣才能讓自己的報導有點看頭。說老實話，善用人工智慧運動關切的重點，其實並不是機器人，而是機器的智慧，更確切一點來說，是機器智慧所設定的目標與我們不一致所產生的問題。目標不一致時，有沒有實體的機器人根本沒差，只要人工智慧把我們的網路弄當機就夠嗆的了 —— 第四章將說明這個問題可能導致金融市場失控、打亂人類發明、操弄社會領袖，或開發出人類無法理解的武器等現象。就算超級聰明、超級富有的機器智慧無法生產出實體機器人，它還是可以透過收買或誘導的方式，輕易讓許多人類在不知不覺中為之效勞，一如吉布森（William Gibson）科幻小說《神經喚術士》（*Neuromancer*）中的情節。

對機器的誤解還包括機器無法控制人類的迷思。有智慧就有辦法控制：人類能控制老虎，並不是因為我們比老虎孔武有力，而是因為我們比老虎聰明。這就表示如果我們失去這個星球上萬物之靈的寶座，很可能就會把控制權給一併交出去。

次頁的圖1.5總結了上述種種錯誤的觀念，希望有助於一勞永逸擺脫這些誤解，好讓我們能和同儕好友針對其他真正有意義的爭論，展開沒有瑕疵的對話！

眼前的道路

我想邀請你進入本書後續的章節，一同探索未來與人工智慧並存的生命型態，一起按部就班徜徉在這個豐富又多元的領域。首先，我們會依照時間順序從概念上探索生命的全貌，然後分析不同的目標和意義，找出行動方案，邁向我們所期待的未來世界。

第二章討論的主題是智慧的基本元素，以及如何把原本沒有智慧的東西，重新經過安排後，使之能夠記憶、運算和學習。當我們一步步踏進未來，依照我們面對關鍵課題所做的不同選擇，不同路徑的平行宇宙就會在眼前展開。圖1.6列舉了我們將來朝更尖端人工智慧發展時，一路上會遇到的關鍵課題。

我們現階段要對是否啟動人工智慧的軍備競賽做出選擇，也要設法讓日後的人工智慧系統更穩固可靠，免於當機。如果人工智慧對經濟層面的影響日益擴大，我們自然也要思考，如何讓法律規範

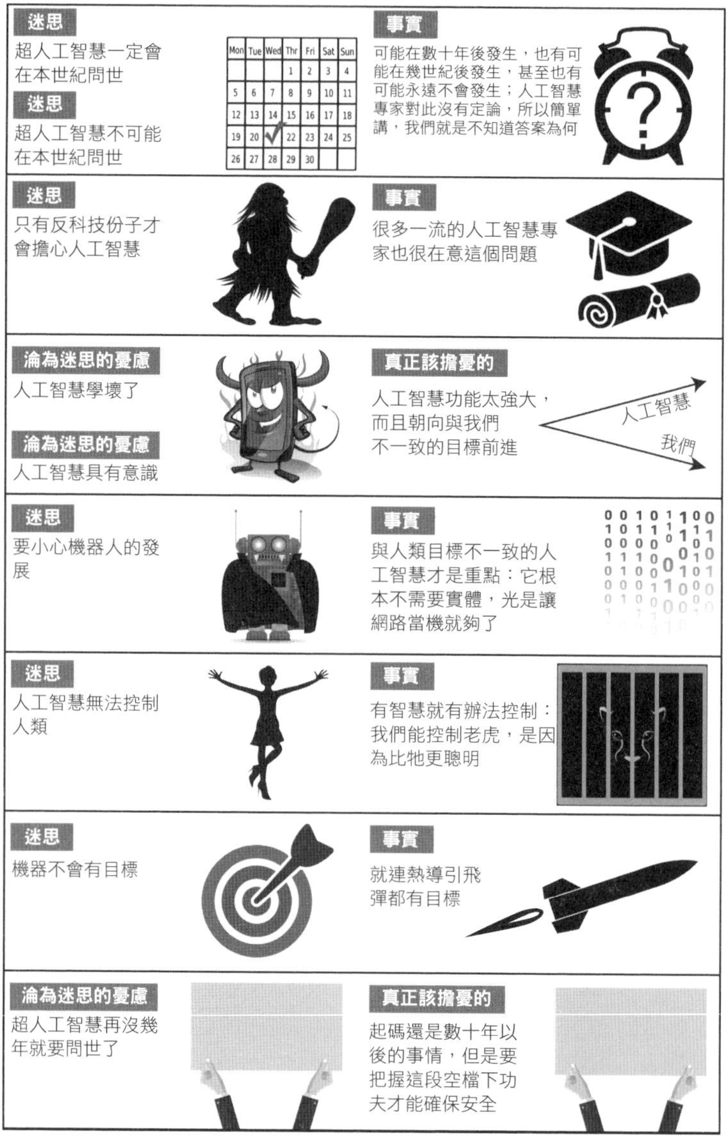

迷思
超人工智慧一定會在本世紀問世
迷思
超人工智慧不可能在本世紀問世
Mon Tue Wed Thr Fri Sat Sun
1 2 3 4
5 6 7 8 9 10 11
12 13 14 15 16 17 18
19 20 22 23 24 25
26 27 28 29 30
事實
可能在數十年後發生，也有可能在幾世紀後發生，甚至也有可能永遠不會發生；人工智慧專家對此沒有定論，所以簡單講，我們就是不知道答案為何
迷思
只有反科技份子才會擔心人工智慧
事實
很多一流的人工智慧專家也很在意這個問題
淪為迷思的憂慮
人工智慧學壞了
淪為迷思的憂慮
人工智慧具有意識
真正該擔憂的
人工智慧功能太強大，而且朝向與我們不一致的目標前進
人工智慧
我們
迷思
要小心機器人的發展
事實
與人類目標不一致的人工智慧才是重點：它根本不需要實體，光是讓網路當機就夠了
迷思
人工智慧無法控制人類
事實
有智慧就有辦法控制：我們能控制老虎，是因為比牠更聰明
迷思
機器不會有目標
事實
就連熱導引飛彈都有目標
淪為迷思的憂慮
超人工智慧再沒幾年就要問世了
真正該擔憂的
起碼還是數十年以後的事情，但是要把握這段空檔下功夫才能確保安全

圖 1.5：關於超人工智慧常見的迷思。

跟得上時代的腳步，給予孩子們適當的職涯建議，以免從事那些很快會被自動化取代的工作。這些短期的課題將會是第三章的重點。

如果人工智慧已經進展到跟人類不分軒輊，這時的它是否有益於人類，會是我們無法迴避的問題。此外，我們能不能、應不應該就這樣建立不用工作就能繁榮興盛的享樂社會？到底是爆炸性發展還是拾級而上的方式，比較適合用來開發遠遠超越人類的通用人工智慧？我們會在第四章廣泛討論種種不同的情境，並把各種情境的後續演變（不管是朝理想國前進或反其道而行），彙整在第五章。

到那時，主導權會在人類、人工智慧，還是半機器人的手上？屆時人類的處境會變得比較好或不好？我們會被取而代之嗎？會的話，我們是扮演被征服的角色，還是主動把未來交給值得託付的後代？我很好奇你對於第五章的各種情境有什麼樣的偏好！可以的話，請你前往 http://AgeOfAi.org 這個網站分享看法，參與討論。

隨後我們在第六章穿越時光隧道，快轉前進幾十億年，弔詭的是，進入遙遠未來世界的我們，反而可以比前面幾章歸納出更具體的結論，因為在我們的宇宙中，生命最終型態的限制條件並不在於智慧，而是在於物理定律。

穿越時光探索智慧的歷史並做出結論後，我會把本書剩餘的篇幅用於思考該追求什麼樣的未來，以及該如何著手實現的問題上。為了用鐵一般的事實挑戰形而上的使命和意義，我會分別在第七章、第八章說明，建立在物理定律上的目標和意識。最後，在結語的地方，我們將回到現在能著手進行的工作，奠定我們理想未來的基礎。

如果你喜歡迅速瀏覽，本書相對來講都是由獨立的篇章組成，所以你只要能理解第一章的專業術語和定義，就可以隨意挑選其他

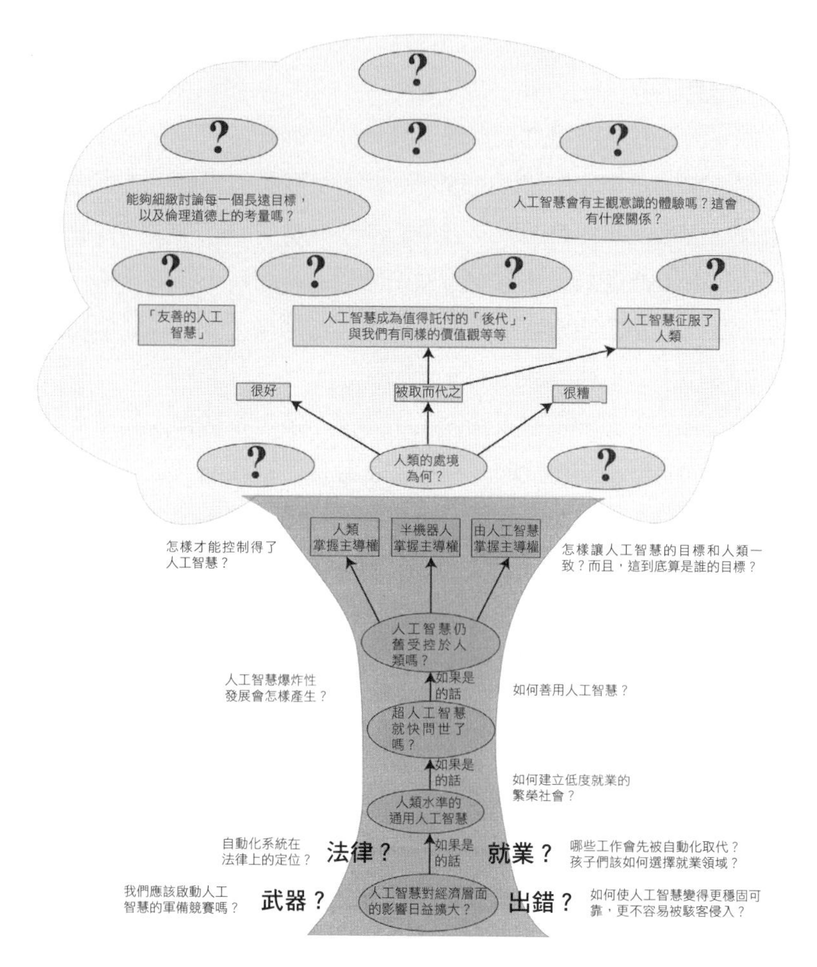

圖1.6：人工智慧會帶給我們哪些有趣的課題，端視科技進展的程度，還有我們進入未來的路徑而定。

章節閱讀。如果你是人工智慧專家，那大可跳過第二章，只需要記住一開始對智慧的定義就可以了。如果你初次接觸人工智慧，第二章、第三章的論述將讓你理解，為什麼第四章到第六章的情境都不可以簡單視為不可能發生的科幻小說情節。圖 1.7 整理出本書各章節科幻程度的多寡，你可以先參考一下。

奇幻的旅程就等在眼前，我們出發吧！

	章節簡稱	**主題**	**科幻的程度**
	序曲：歐米茄傳奇	思考的素材	極端科幻
智慧的歷史	第一章：對話	主要的概念和術語	
	第二章：變聰明的東西	智慧的基本元素	沒那麼科幻
	第三章：人工智慧、經濟、武器和法律	不久的未來	
	第四章：智慧爆炸性發展？	超人工智慧的情境	
	第五章：後續發展	一萬年後的狀況	極端科幻
	第六章：我們宇宙的本質	幾十億年後的狀況	
意義的歷史	第七章：目標	目標導向行為的歷史	沒那麼科幻
	第八章：意識	與生俱來和人工的意識	有一點科幻
	結語：未來生命研究所的故事	我們該做什麼？	沒那麼科幻

圖 1.7：本書的章節結構。

本章重點摘要

- 生命的定義，是能維持自身複雜度並不斷再生的過程，區分成三個發展階段：自身軟硬體設施都受演化所限的生物性階段（1.0），有能力訂製自身軟體的文化面階段（2.0），同時可以訂製自身軟硬體設施，進而成為自己命運主宰的科技面階段（3.0）。
- 人工智慧可能在這個世紀，讓我們跨進生命3.0的階段，因此我們應該追求什麼樣的未來，要如何達成，已經有相當精采的對話。我們可以把主要爭議的論區分成三派：技術質疑派、數位理想國和善用人工智慧運動。
- 技術質疑派認為，要打造超越人類的通用人工智慧太困難，在一個世紀內都不可能發生，所以現階段沒有必要杞人憂天（包括對生命3.0的看法亦然）。
- 數位理想國卻認為，超越人類的通用人工智慧很可能在本世紀問世，並熱烈擁抱生命3.0的到來，視之為宇宙下階段演化過程中，更自然且更理想的生命型態。
- 善用人工智慧運動也認為，本世紀可望看見超越人類的通用人工智慧問世，但是卻不見得一定會帶來理想的結果，除非能在人工智慧的安全性研究上下苦工，才有辦法確保理想的未來。

- 除了上述連世界上最頂尖人工智慧專家都還缺乏共識的有意義爭論外，也有許多因誤解而導致沒意義的口舌之爭，比方說，在釐清你和別人講出「生命」、「智慧」、「意識」這些字彙時，指涉的是相同意涵之前，不要浪費時間唇槍舌劍！本書採取的定義都列在表 1.1 裡。
- 另外也要留神圖 1.5 所示的常見誤解：等到 2100 年，超人工智慧將無可避免或不會發生；只有反科技份子才會擔心人工智慧；需要擔心的是人工智慧學壞了，或產生意識，而且再過沒幾年就要面對這些課題；人工智慧要背叛人類需要實體機器；人工智慧無法控制人類，也不會有目標。
- 我們將用第二章到第六章的篇幅探索智慧的歷史，從數十億年前毫不起眼的源頭開始，一直到數十億年後可能站上宇宙舞台的身影。我們會先從檢視就業問題、自動化武器這些短期的挑戰開始，尋找實現人類水準通用人工智慧的途徑，然後研究未來智慧機器和人類之間各種可能的有趣發展。我很好奇你偏好的未來可能性是哪一種！
- 第七章與第八章的重點，是從鐵一般冷冰冰的事實描述，延伸探索何謂目標、意識和意義，找出現在可以採取的行動，創造我們所期望的未來。
- 我認為這場關於未來生命與人工智慧結合的發展，是這個時代最重要的對話 —— 請加入我們的行列吧！

第2章

東西變聰明了

只要有足夠的時間，……氫也有變人的一天。

天文學家哈里森（Edward Robert Harrison），1995

我們的宇宙自從大霹靂後這138億年以來，最精采絕倫的一項演變，就是從原本的死氣沉沉和黯淡無光，搖身一變後開始散發智慧光芒。這一切是怎麼發生的？未來的宇宙會不會變得更聰明？以科學觀點出發，什麼是宇宙的智慧？宇宙智慧的宿命又是什麼？這一章就讓我們著手探討這些課題，探討智慧的本質，以及打造智慧的基本元素。一團有智慧的物質，到底指的是什麼？一個會記憶、運算和學習的物體，又是什麼？

什麼是智慧？

我太太和我前不久有幸出席一場關於人工智慧的研討會，主辦單位是瑞典諾貝爾基金會。其中一場專題演講中，頂尖的人工智慧專家被問到要怎樣定義智慧時，花了很長的時間交換意見，結果沒有取得共識，這讓我們倆覺得滿有趣的：就連研究智慧的聰明專家也都沒辦法定義什麼叫做智慧！這就表示智慧的定義並沒有「標準答案」，而是有各種不同的說法，其中包括邏輯的強度、理解能力、規劃能力、情緒控管、自我意識、創造力、解決問題的能力、學習力等等，不一而足。

在進入探討智慧之前，我希望先提出一個最廣義、最籠統的定義，而且不要被現有的智慧形式定型了。這就是我在第一章曾經提過，而且會貫穿全書維持不斷的廣義定義：

智慧 ＝ 達成複雜目標的能力

這樣就可以滿足種種不同的定義，因為不論是理解能力、自我意識、解決問題的能力和學習力，都可以算是複雜目標。這個定義也與《牛津字典》的講法：取得與運用知識和技能的能力，並行不悖，只要把運用知識和技能設定成複雜的目標就行了。

由於複雜目標多到族繁不及備載，所以就會有各種可能的智慧。依照我們的定義，用智商*這樣單一的數字量化人類、動物或是機器的智慧高低，就會變成沒有意義。只會下西洋棋的電腦跟只會下圍棋的電腦，哪一台比較聰明？這個問題的答案不會有意義，因為這兩者擅長的項目不同，無法直接比較，不過如果有第三台電腦，能以同樣的水準達成所有目標，而且會有一項表現得比其中一部電腦更好（像是能下贏西洋棋），那麼說第三台電腦比較聰明，就沒有多大爭議了。

用一刀兩斷的方式判定有沒有智慧也是沒有意義的，因為能力指涉的範圍如同光譜，未必都符合全有或全無的特徵。新生兒跟電台主持人，誰能夠達成說話的目標？當然是後者。不過，如果是能講十個單字的嬰兒，或能講五百個單字的嬰兒呢？你有辦法劃出那條界線嗎？我刻意在定義中選用「複雜」這個語意不清的詞，因為要以人為方式劃出有無智慧的界線，實在很沒意思，而且把簡單的量化，改為呈現達成不同目標的能力，更為有用。

對不同的智慧分類時，區分有限或廣泛智慧也相當重要。IBM深藍電腦專門用來下西洋棋，在1997年還擊敗過世界棋王卡斯帕洛夫（Garry Kasparov），不過它只能達成下西洋棋這麼有限的目標——別看深藍電腦的軟硬體設施有多麼厲害，事實上它就連跟四歲的小朋友玩井字棋都會輸。Google旗下DeepMind開發的DQN人工智慧系統，可以達成稍微廣泛的目標：它可以在數十種雅達利（Atari）古董級電動遊戲中，跟人類拚得不相上下，甚至有機會贏過人類。人類的智慧與之相比就廣泛得太多了，熟練幾十種令人嘆為觀止的技巧都不是問題。只要給頭好壯壯的小孩子夠多的訓練，別說任何遊戲都能來上一手，還有能力開口說任何語言、從事任何運動跟職業。

以現階段人類和機器的智慧相互比較，如圖2.1所示，我們輕而易舉就能大獲全勝，機器只能在少數有限的範圍內贏過人類，只是項目正持續增加。研究人工智慧的終極目標是打造「通用人工智慧」，盡可能擴大廣泛的範圍：幾乎可以達成任何目標的能力，包括學習在內，相關論述將在第四章呈現。由於雷格（Shane Legg）、葛貝德（Mark Gubrud）和格吉爾（Ben Goertzel）三位人工智慧專家特別強調人類水準通用人工智慧是，「起碼能和人類一樣達成任何

* 這並不難理解，想像你能否認同以下的說法就夠了。假定有人宣稱站上奧運殿堂的能力，可以用叫做「運動商數」（簡稱AQ）的數字量化，則所有單項賽事的冠軍一律頒給選手中運動商數最高的那位就對了。

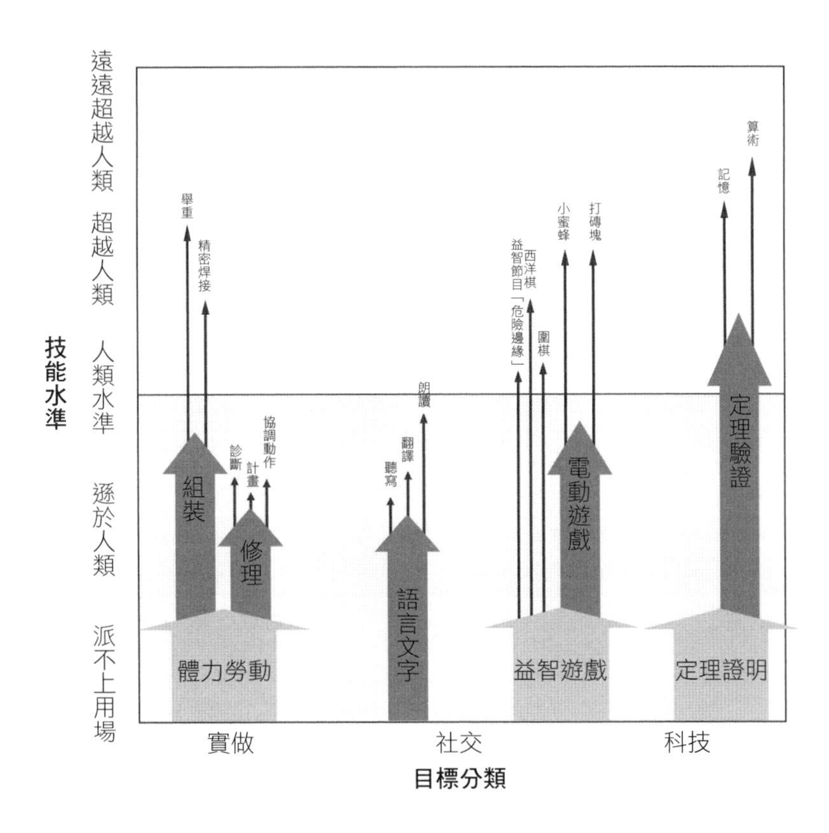

圖2.1：把智慧定義成達成複雜目標的能力，就不適合用智商這樣單一的數字評判，因為那等於把能力數值用於所有不同目標。圖中每個箭頭分別表示，現階段最優秀的人工智慧系統可以達成的目標，也呈現出現階段人工智慧有限的屬性：每個系統都只能達成非常特定的目標。相較之下，人類的智慧可就廣泛許多：一個頭好壯壯的小孩子透過學習，就幾乎可以在每一個目標中，表現得更好。

一種目標的能力」，「通用人工智慧」一詞才流行了起來[1]，所以除非是特別強調〔比方說以「超人工智慧」代表「超越人類的通用人工智慧」（superhuman AGI）〕，否則我會依照定義，直接用「通用人工智慧」（AGI）代表「人類水準通用人工智慧」）。*

雖然「智慧」一詞通常有正面意涵，但請注意，我們是採取中性的角度看待：著重的是達成複雜目標的能力，不管這個目標是好是壞。也就是說，聰慧之人有可能樂善好施，也有可能專門害人，這部分留待第七章再討論。我們也有必要釐清所謂的目標，指的到底是誰的目標；假定你將來擁有做為個人助理的全新機器人，這個機器人沒有自己的目標，完全依照你的吩咐行事，而你要求它準備一頓豐富的義大利佳餚。收到指令的機器人開始上網搜尋義大利食譜、找出最近的超市去採買、學習怎樣做義大利麵，如此這般。最後它順利買回食材弄出大餐，酒足飯飽的你想必會認為它聰明得可以。實際上，這頓飯原本就是你設定的目標，機器人則是在你提出要求後，接收了你的目標，然後井然有序替自己設定了好幾個子目標，包括超市結帳和磨碎帕馬森起司都算在內。在這個案例中，能否使命必達是判定智慧行為與否的必要條件。

對我們人類而言，工作的困難度理所當然會跟我們要付出多大代價去完成有關，如圖2.1所示。但是將這種標準套用到電腦上就不適當了。要我們算出314,159乘以271,828可比認出照片中的朋友難多了，但是電腦早在我出生以前，就展現出遠遠超出人類的算術

* 有些人喜歡把「人類水準人工智慧」或是「強人工智慧」（strong AI）視為「通用人工智慧」的同義詞，不過這兩種說法都會有點問題，一是口袋型電子計算機也能算是一定程度的人類水準人工智慧，二是「強人工智慧」的反義詞是「弱人工智慧」（weak AI），但是如果把有限人工智慧系統如深藍電腦、華生電腦和AlphaGo當成是弱的，也滿奇怪的。

能力，但直到最近才開始有辦法像人類一樣辨識圖像。莫拉維克悖論（Moravec paradox）指的就是這種看似簡單的感受能力，背後其實卻需要耗費龐大運算資源的現象，也說明了為什麼人類的大腦能輕鬆完成辨識工作，因為我們投注了龐大的客製化硬體設施在這個領域——確切的規模超過我們腦容量的四分之一。

我很欣賞莫拉維克這個論點，然後加以延伸成圖2.2的概念[2]：

> 電腦是萬用的機器，擁有完成任一種工作項目的潛力，人類的潛力相較之下，會在需要長期維持重要性的領域表現得比較強，小事當然沒打算放在心上。想像一張「人類能力地貌圖」，我們可以在低窪地區標上「算術」和「死記硬背」，在山腳處標上「定理證明」和「西洋棋」，在高山頂標上「劇烈運動」、「手眼協調」和「社交互動」，那麼電腦的進展就會像是慢慢淹過地表的洪水。半世紀以前，電腦從低窪處開始，淹過了徒手計算和記帳的工作，不過那時我們大多數人都還是站在陸地上，現在洪水已經抵達山腳，我們得認真看待此地失守的問題。站在山頂上看似安全，不過，如果洪水氾濫的速度維持不變，這些陣地大概再過半世紀以後，也會無一例外的淪陷。我想，在那天到來之前，我們要先準備好諾亞方舟，早點習慣在海上的生活才行！

自從他留下這段文字後不過幾十年，如他所預期，海平面加速上升，彷彿遇到強力的全球暖化，當年他筆下的山腳處，有些（好比說是西洋棋）早就已沉到海水裡一段時間了。海平面以後會怎麼發展，我們又該如何因應，就是這本書後續的幾個主題。

圖2.2：莫拉維克「人類能力地貌圖」的概念呈現。海拔高度象徵電腦從事該領域的難度，海平面淹沒的部分則是電腦現在可以完成的任務。

隨著海平面持續上升，或許有一天會淹過某個引爆點，引發翻天覆地的變化。對機器而言，這個關鍵海平面，就是學會自行設計人工智慧之時。在海水漫過這個標高位置之前，海平面的上升都是人類改善機器的緣故，超過這個高度以後，海平面的上升就會是機器改善機器的結果，而且極有可能以破紀錄的方式，超越過去人類改善機器的速度，在短時間內吞沒所有地表。這個神奇又眾說紛紜的概念叫做「人工智慧爆炸奇點」，是第四章會探討的有趣課題。

電腦先驅圖靈提出一個有名的說法，只要電腦可以完成最基本的操作指令，之後只要給予夠多的時間和記憶容量，電腦就能透過輸入新的程式來執行任何其他電腦都能處理的工作。跨過這項基本要求的電腦稱做通用電腦（也稱為通用圖靈機），現在舉目所及的智慧型手機、筆記型電腦都足以符合通用標準。仿照這個說法，我會把跨過自行設計人工智慧此關鍵標準的智慧，稱為通用智慧（universal intelligence）：只要給予夠多的時間和運算資源，它就有辦法讓自己像任何其他智慧型代理人一樣達成任何目標。譬如說，只要它決定要加強社交互動、預測未來或是設計人工智慧的能力，就有辦法說到做到；如果它想弄清楚如何建立機器人工廠，它就會有能力興建一座這樣的工廠。換句話說，通用智慧極有可能發展進入生命3.0。

人工智慧的專家習慣上認為，智慧說穿了不過就是資訊和運算而已，跟是不是血肉之軀、有沒有由碳原子組成毫不相干。意思是我們實在沒理由認定，將來機器的智慧不會追上人類。

但是物理學告訴我們，所有東西到頭來都是質能互換的產物，因此認真說起來，資訊跟運算到底是什麼？抽象無形、虛無縹渺的資訊和運算，到底是怎樣附著在有形的物體當中？講得更具體一點，一堆單調的粒子依照物理定律變來變去以後，到底是如何展現出我們稱之為智慧的行為？

如果你覺得這些問題的答案顯而易見，而且也認為機器的智慧有可能在這個世紀追上人類的水準（或許你恰巧是人工智慧專家），請略過這一章接下來的部分，直接進入第三章；如果你不曉得上述問題的答案，希望我特別為你準備的這三個小節能夠讓你收穫滿滿。

什麼是記憶？

當我們說一本地圖集包含了這個世界的資訊，意思是這本圖集的狀態（說得更仔細一點，是指呈現出文字、圖像和色彩的特定分子排列方式）和這個世界的狀態（好比說是各大陸之間的相對位置）有一定的關連；要是幾大洲的位置跟地球的現狀不同，則地圖集上的分子排列也一定會跟著有所調整。不論是書籍、大腦還是硬碟，人類會使用各式各樣的工具儲存資訊，不同工具之間的共通性質，就是其狀態一定會跟我們關注事物的狀態保持一定的關係（所以才能讓我們汲取資訊內容）。

這些工具究竟具有什麼共通的基本物理性質，才會適合用於記憶，也就是成為儲存資訊的工具？答案很簡單，它們都能長時間處於很多不同的狀態中 —— 長到將資訊記錄到需要派上用場的時候。舉個簡單的例子，如果你把球丟進如圖2.3那樣由十六個凹谷形成的丘陵，當球慢慢靜止時，一定會停在其中一個凹谷當中，如此一來，你就可以用球的靜止位置做為數字1到16的記憶工具。

這個記憶工具相對可靠的原因，在於就算是有外力干擾，大概也很難改變球原本所處的凹谷位置，所以你可以辨識出原本儲存的數字；因為要把球從凹谷舉起來需要耗費相當的能量，隨機干擾產生的能量不太可能達到相同效果。把這個概念一般化後，所謂可靠的記憶可以說成：複雜物理系統的能量可以來自於各種機械能、化學能或電力跟磁力展現的特性，只要它還需要額外的能量才能改變你想要它記住的狀態，它就算是穩定的狀態。這就是為什麼固態可以長期處於穩定狀態，但液態跟氣態無法比照辦理：如果你把某個人的名字刻在純金的戒指上，因為重新排列黃金要耗費可觀的能量，所以這人名就能經年永存。如果你只是在池塘的表面寫下對方的名字，由於重新調整水平面根本不費吹灰之力，所以這個人名一眨眼就會消失無蹤。

最簡單可用於記憶的工具只需包含兩種穩定狀態（如圖2.3右

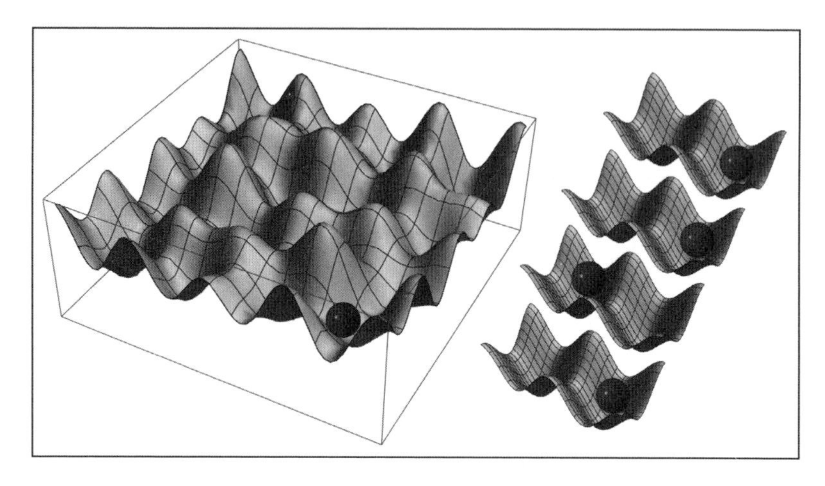

圖2.3：能維持多種穩定狀態的物體，就是合用的記憶工具。圖中左半部的球位於2^4 = 16中的哪一個凹谷，可以用來標示四個位元的資訊，而右半部的四顆球合在一起也一樣，可以標示四個位元的資訊，因為每顆球各代表一個位元。

半部所示），用來儲存二進位的數字（位元），分別是0跟1。任何更複雜的資訊儲存記憶裝置都可以改用位元表示：就像圖2.3右半部四個位元工具結合，就能儲存2×2×2×2 = 16種不同的狀態，即0000、0001、0010……，一直到1111，和較複雜的十六態系統（圖中左半部）有完全一樣的記憶容量。我們也可以把位元想成是資訊領域中的原子（最小且無法再被分割資訊單位），經過組合後就能呈現任何資訊，譬如說當我在鍵盤按出「word」這個單字時，電腦的記憶體會用119、111、114、100四個數列表示（用來表示小寫字母的數字，是96再加上該字母的順序），每個數字都是由八個位元組成；另外，當我在鍵盤上按下「w」鍵的瞬間，電腦螢幕也會呈現「w」的圖像，而這個圖像也是由位元組成：總共有三十二個位元共同標定，螢幕上數百萬畫素要呈現什麼顏色。

由於雙態系統既容易產生，也容易使用，因此現代絕大多數的電腦都是用位元儲存資訊，但是這些位元依附的型態卻千變萬化。DVD 光碟片上的每個位元是對應塑膠面上的定點，有沒有微小的孔洞；硬碟的位元是對應磁區表面的定點，到底是由二選一的哪一種方式磁化而定；筆電的記憶體中，每個位元對應的是特定電子的位階，取決於叫做微電容的裝置有沒有充電而定。還有些位元具有容易傳輸的特性，甚至可以達到光速：常見的例子就是用光纖網路傳遞電子郵件，此時每個位元對應的是一段時間內雷射光束的強弱。

工程師偏好使用位元系統，不只是因為穩定跟容易讀取（如前文純金戒指的例子），也是因為容易寫入：改變硬碟位元狀態所需的能量，遠遠小於在黃金上刻字的能量。便於處理和能便宜大量生產也是工程師偏好的原因，但是除此之外，工程師根本不在乎這些位元到底是用什麼實體物質呈現 —— 想必你大多數時候也是抱持一樣的態度，因為這真的很無關緊要！你用電子郵件把文件傳給朋友列印出來的過程為例，這份資訊會很快從你硬碟的磁區備份到記憶體裡的電荷，轉換成無線網路中的無線電波，再轉換成路由器中的電壓，隨後透過光纖的雷射光束傳遞，最後變成紙張上的分子呈現。在這個過程中，資訊本身就會走過一段不受實體物質影響的歷程！而且我們通常也只在乎資訊與實體物質無關的那部分：等你的朋友回電要討論文件內容時，他想談的應該不會是電壓高低或分子分布。

以上是我們針對如智慧這樣無形的內容，要如何附著在有形實體的初步說明，後文還會更深入解釋與實體介面無關的概念，以及在運算和學習上的影響。

得力於記憶與實體介面無關的特性，隨著科技不斷突破，聰明的工程師不斷用明顯升級到另一個層次的產品，替換掉電腦裡的記憶裝置，還不用擔心影響到原本的軟體內容。如圖2.4所示，這是非常驚人的成果：過去這六十多年來，電腦記憶裝置的價格沒隔幾年就會腰斬一次，硬碟現在變得比以前便宜一億倍，如果再把運作效率結合儲存空間一併納入考量，要說記憶裝置便宜了十兆倍也不為過。如果你有幸碰上「十兆分之一」式的跳樓大拍賣，把整個紐約市買下來只需要花十美分，一美元就可以把歷史上所有出土的黃金一網打盡。

對於記憶裝置技術的劇烈變動，我們很多人都可以講出一段體悟。我永遠忘不了當年還是高中生的我，為了買一台記憶體容量16KB的電腦，而去雜貨店打工的日子。等到我好不容易把電腦買回來，和高中同學波丁一起寫一套文書處理軟體去兜售時，我們還必須竭盡所能寫出精簡的程式碼，才能讓電腦保有足夠的記憶空間去處理文件。習慣使用70KB的軟碟後，體積更小、3.5英寸的軟碟居然有整整一本書1.44MB的儲存空間，讓我感到不可置信。之後，我人生第一台硬碟的儲存空間進階到10MB——拿到現在來用的話，從網路上下載幾首歌大概就滿了。我這些兒時記憶現在看起來有點像是在說夢話，當時的我如果知道將來一百美元的硬碟儲存空間會增加三十萬倍，大概也會覺得恍如隔世。

如果記憶裝置只能透過演化，不能由人類自行訂製，結果會怎樣？生物學家迄今還沒找到第一個在世代間完全複製自己DNA的生命型態，但它能儲存的資料量應該少得可憐。劍橋大學霍利格（Philipp Holliger）教授率領的研究團隊在2016年首次複製出RNA分子酶，內含412位元的基因資訊，而且還能複製比自身更長的RNA

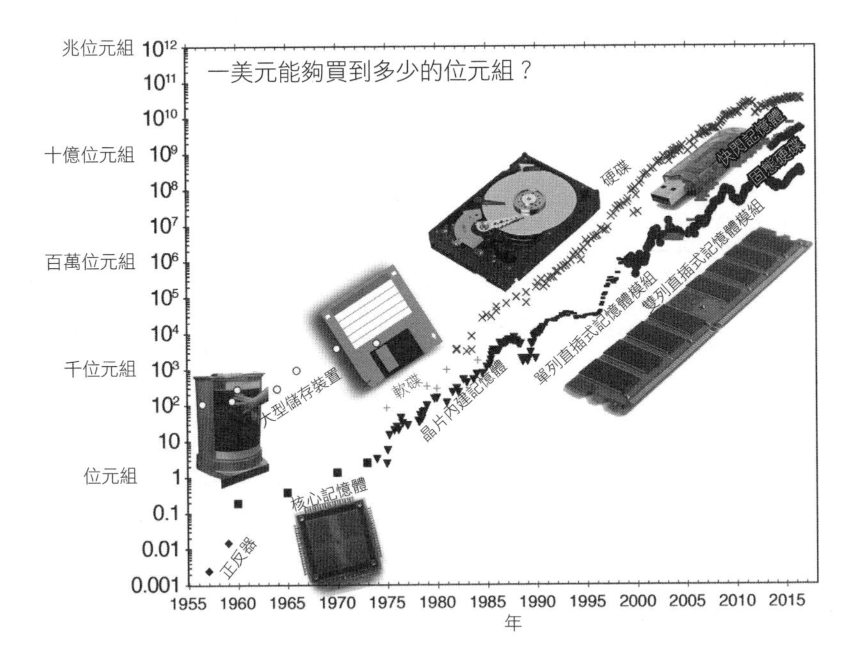

圖2.4：過去這六十多年來，電腦記憶裝置的價格沒隔幾年就會腰斬一次，大約每二十年價格就會只有原來的千分之一。縱軸中的位元組相當於八個位元。圖中資料由麥卡倫（John McCallum）提供，參見http://www.jcmit.net/memoryprice.htm。

鏈，成為「RNA世界假說」（RNA World hypothesis），也就是地球最早的生物，是從複製自身RNA的片段開始演化的有利論證。

我們已知在自然的狀態下，會演化的最小記憶裝置是名為Candidatus Carsonella ruddii細菌的基因組，儲存空間大約是40KB，而人類DNA的儲存空間大約是1.6GB，相當於下載一部電影的資訊量。第一章提到人類大腦能儲存的資訊遠大於基因 —— 大腦是由10GB電力（也就是你身上一千億個神經元同時運作發出的能量）

和100TB的化學或生物能（讓連接神經元的突觸感應到外在刺激的差異）共同支撐的結果。但是拿這些數字和機器的記憶裝置對照就會發現，任何生物機制的記憶力全都不是現今世上功能最強大電腦的對手，這還不提機器的成本不停快速下跌，2016年的售價才不過幾千美元而已。

人腦記憶的運作方式和電腦大不相同，當然不只是與生俱來的結構差異，也在於兩者喚回記憶的差異。我們要從電腦、硬碟讀取記憶時，要指明到什麼地方讀取，而大腦中的記憶片段則是用回想起什麼東西著手。電腦記憶裝置裡用以記錄資訊的位元區塊都會有明確的位址，電腦指令會要求查看哪些位址的位元，就好像要求你「去書架把最上面那層從右邊數過來的第五本書找出來，然後把書裡第三百一十四頁的內容告訴我」。讀取大腦裡的資訊就不是這麼回事，反而比較像是在使用搜尋引擎：只要輸入特定資訊，或相關的部分資訊，噹啷，結果就跑出來了。當我告訴你「to be or not」，或是把這幾個字丟給Google，很有可能會跑出「To be or not to be, that is the question」完整的台詞，更神奇的是，如果輸入的是台詞的後半段，或是任意調動單字順序，搜尋結果很可能一模一樣。這樣的記憶方式稱為「自動聯結」（auto-associative）機制，意指取用記憶的依據是透過聯想，而不是透過位址。

物理學家霍普費爾德（John Hopfield）在1982年發表一篇知名的論文，指出相互連結的神經元網路系統，能表現出自動聯結的記憶機制。我認為他提到的基本概念極其優異，而且適用於任何具備多種穩定狀態的物理系統。就以圖2.3中用兩個凹谷中的球體位置表示的位元機制為例，將凹谷以座標表示，球體會停在兩個相對極小值的位置，分別是在$x = \sqrt{2} \approx 1.41421$和$x = \pi \approx 3.14159$這兩個位置。如果你記得圓周率大約等於3的話，只要把球體放在 $x = 3$ 的位置，就可以觀察到球體逐漸往最接近的極小值，也就是 $x = \pi$ 的真正位置移動。依照霍普費爾德的推論，複雜的神經元網路系統也能呈現類似的表面特徵，當中有許多讓系統趨於穩定的能量極小值，日後更進一步證明出，只要一千個神經元就可以建構出138個不會造成嚴重混淆的不同記憶空間。

什麼是運算？

在看過實際的物體如何記憶資訊後，接下來的問題是：這樣的物體又是如何運算的呢？

所謂的運算是從一種記憶狀態轉換成另一種記憶狀態的過程，換句話說，運算需要先取得資訊，然後執行數學上所謂函數的功能，來進行轉換。不妨把函數看成是資訊絞肉機，就像次頁圖2.5呈現的：從上面把原始資訊丟進絞肉機，轉動把手，處理完成的資訊就會從下方出現 —— 而且你可以不斷重複這個過程，隨心所欲挑選想要輸入的原始資訊。這個處理流程唯一不變的是，只要你重複輸入相同的資訊，都一定會得到相同的結果。

雖然這種說法實在簡化得有些過頭，但是函數概念運用層面之廣，恐怕超乎你的想像。有些函數非常簡單，像是把一位元輸入「反閘」（NOT）函數中，得到的就會是恰恰相反的位元，也就是會把「0」變成「1」，反之亦然。我們在校期間學到的函數，基本上都可以在口袋型電子計算機上找到對應的按鈕，只要輸入一個或幾個數值，就會跑出另一個數值 —— 像是 x^2 這個函數的功能，就是把輸入的數值自己乘以自己以後輸出結果。有些函數的功能就複雜

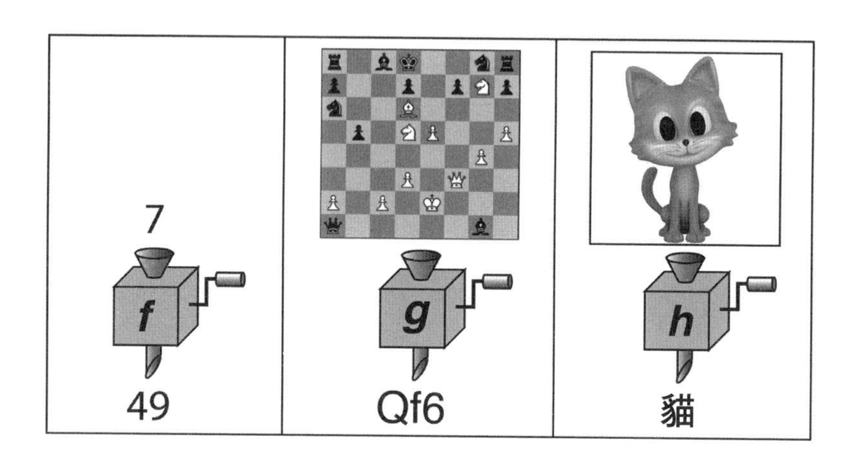

圖2.5：運算就是取得資訊，然後執行數學上所謂函數的功能，來進行轉換。函數f（左）可以把代表數字的位元資料進行平方運算，函數g（中）可以運算代表西洋棋棋局的位元資料，找出白棋方最佳的下一步棋，函數h（右）可以讀取圖像的位元資料，運算出用來標示圖像的文字。

多了，假設你擁有的函數可以輸入代表任何一種西洋棋棋局的位元資料，然後把可能是最好的下一步棋回報給你，你很可能藉由這個函數，贏得世界電腦西洋棋大賽的冠軍；如果你擁有的函數可以輸入世上所有的財務資料，然後把最佳選股推薦給你，過不了多久你就會變成大富翁了。很多人工智慧專家終其一生，都在研究該如何執行某些函數，比方翻譯機器的研究目標，就是讓函數取得某種語言的文字位元資料後，在保留原意的條件下轉換成另一種語言的文字位元資料；自動字幕的研究目標，就是在輸入代表某文字的圖像位元資料後，轉換成代表此文字圖像的文字資料，再行輸出（參見圖2.5最右邊）。

這代表如果你有辦法執行高度複雜的函數，就能打造可以達成高度複雜目標的智慧機器。接下來要問的是，怎樣才能讓物體聰明到可以聚焦在特定事務上：用直白的方式來講，怎樣才能讓沒大腦的東西進行複雜函數的運算？

這堆東西不能像是純金戒指或其他靜態記憶裝置一樣不動如山，必須展現複雜的動態特性，讓既有現狀可以經由某些複雜的方式（並希望是在可以控制或程序化的條件下），轉換成下一階段的狀態。這堆東西的原子排列一定要比死板板的固態鬆散，否則就不會有改變的空間，但是也必須比液態或氣態更為有序。講得更清楚，我們希望這個系統具備以下特性：可以把輸入的資訊彙編在一個狀態下，然後依照物理定律經過一段時間的演變，最後進入代表運算結果的狀態，成為輸出的資訊，而輸出的資訊就是依照函數定義運算過的輸入資料。只要能夠順利完成這個過程，就可以說這個系統會運算我們設計的函數。

先拿一個例子來說明這個概念，看看我們如何用平凡無奇的東西，建立非常簡單（但也非常重要），叫做「反及閘」（NAND）的函數。*這個函數需要輸入兩位元的資料，之後得到一位元的結果：唯有兩個輸入位元都是1的時候，才會輸出0，除此之外的任何狀況都輸出1的結果。如果我們把兩個開關和電池、電磁鐵串連，則電磁鐵只會在第一個和第二個開關都關上（「接上電」）時才會通電；如果這時如同圖2.6所示，在電磁鐵下方接上第三個開關，維持磁鐵通電時恆開的狀態，就可以把前兩個開關當成輸入的位元，第三個開關當成輸出的位元（「打開」代表1，「關上」代表

* NAND是NOT AND這兩個邏輯運算符號的縮寫：AND（及閘）唯有當第一和第二個輸入位元都是1的時候，才會輸出1的結果，而NAND（反及閘）就會輸出恰恰相反的結果。

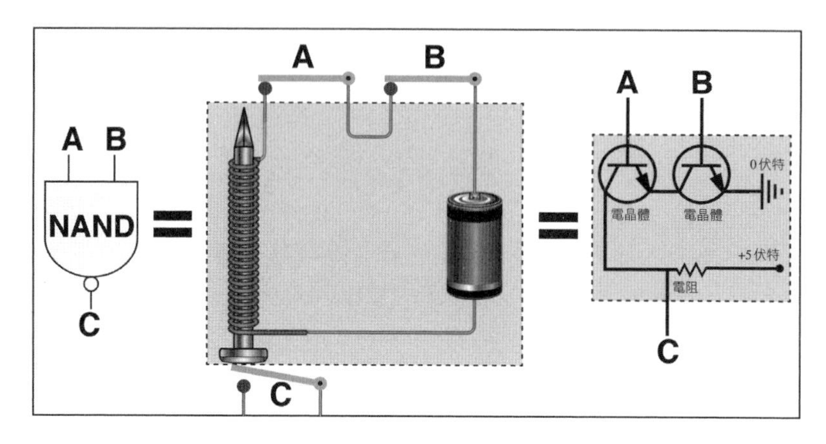

圖2.6：所謂的反及閘（NAND）需要A、B兩位元的輸入資料，得到一位元C的輸出結果，依照若A等於B等於1時，C為0，除此之外C皆為1的邏輯運作。很多物理系統都可以當成NAND使用，在圖正中央的例子裡，電路開關扮演位元資料的角色，其中「0」表示開，「1」表示關，則只有當A、B兩個開關同時關上，電磁鐵控制的C開關才會打開。最右邊的例子則是由電壓（電位差）扮演位元資料的角色，五伏特代表「1」，零伏特代表「0」，則只有當A、B兩個電晶體的電位差都達到五伏特時才會導電，才會讓元件C的電位差掉到零伏特的水準。

0），就完成了執行NAND函數的機制：唯有前兩個開關都關上時，第三個開關才會打開。當然還有很多其他更實用的方式，像是圖2.6最右方所用的電晶體，可以建立NAND閘道，而現代的電腦基本上會採取把微電晶體（microscopic transistor）和其他元件直接蝕刻在晶圓片上的方式，建立NAND閘道。

電腦科學領域有個著名的定理論指出，NAND是通用的閘道，意思是任何結構明確的函數都可用連接NAND閘道的方式執行*，所以只要你手中有足夠的NAND閘道，就可以做出無所不算的機器！如果你想一窺NAND閘道是怎麼辦到的，我在圖2.7裡說明了

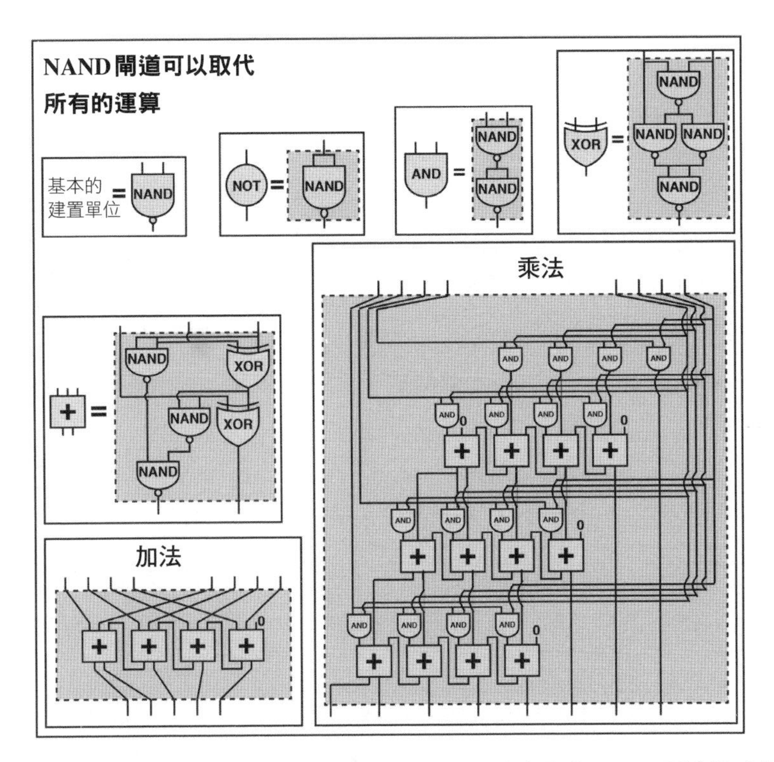

圖2.7：任何結構明確的函數運算，都能夠替換成完全由NAND閘道組成的巧妙安排。舉例而言，圖中加法和乘法的模組都能夠輸入兩個由四位元代表的二進位數值，並分別輸出各由五位元和八位元代表的二進位數值，做為運算結果。比較小的模組如「反閘」（NOT）、「及閘」（AND）、「互斥或閘」（XOR）和「＋」（加號，把三個位元數值結合成由兩位元所代表的數值）也依序替換成NAND閘道加以表示。想要完全理解這張圖是艱巨的任務，而且就算不理解也完全不影響繼續閱讀本書後面的內容，所以我在這邊擺上這張圖，只是為了呈現通用的特性，同時滿足一下我極客的快感。

* 我所謂「結構明確的函數」（well-defined function），指的是數學家和電腦科學家口中的「可算函數」（computable function），也就是理論上可以讓某些擁有無限儲存空間和時間的電腦，完成運算的函數。而圖靈和邱奇（Alonzo Church）則證明過，確實有些函數雖然講得出來卻無法運算。

只用NAND閘道執行乘法的過程。

麻省理工學院馬荀勒斯（Norman Margolus）、多佛利（Tommaso Toffoli）兩位研究人員創立「運算質」（computronium）一詞，用來指稱任何可以執行各種運算的物質。上述例子告訴我們，做出運算質不見得非常困難：只要是能讓我們以設想中的方式連結，然後執行NAND閘道就可以了。事實上也的確有各式各樣不同的運算質，一個簡單的變形是用「反或閘」（NOR）取代NAND閘道，使得唯有兩個輸入值皆為「0」時才會輸出「1」；後文將探討的神經網路也能執行各種運算指令，也就是說神經網路帶有運算質的性質。

科學家兼創業家沃富仁（Stephen Wolfram）展示了細胞自動機（cellular automata）這種會不停依照鄰近位元數值改變自身位元數值的簡單裝置，也具有類似的特性；早在1936年，電腦先驅圖靈就在開創性的論文中證明，可以用紙帶操控符號的簡單機器（也就是現在所謂的「通用圖靈機」）就能夠執行各種運算。總而言之，物體不但有可能執行任何結構明確的函數運算，執行方式也會多到不可勝數。

先前提到圖靈另外還提出了比1936年論文還更了不起的見解：如果電腦可以完成最基本的操作指令，就符合所謂「通用」性質，之後只要給予夠多的資源，即能做到任何其他電腦能夠做到的事。他證明了自己所創的圖靈機具有通用性質，如果把視角擴大到整個物理界，我們也已經見識到通用電腦這個大家庭的五花八門，像是各種連結NAND閘道的網路架構，或互相連結的神經元網路都算是其中一員。沃富仁更進一步指出，大多數具有一定複雜度的物理系統，如氣候和大腦等，只要能夠隨意放大、沒有使用期限的話，也都可以歸類為通用電腦。

相同的運算可以在任何通用電腦上執行這件事，代表運算與實體介面無關的事實。這跟資訊本身有異曲同工之妙：運算會有屬於自己的歷程，不受實體物質的影響！假定你是未來電腦遊戲中擁有自我意識且智慧非凡的角色，你無從得知自己是活在Windows系統的桌上型電腦，或在麥金塔系統的筆記型電腦裡，還是在Android系統的智慧型手機裡。因為你的存在和實體物質無關，所以當然也不會知道到底是哪一種電晶體和微處理器造就了你。

我最初對「與實體物質無關」這個重要概念的理解，來自於物理學中數不清的絕佳例子。就拿波為例：波具有波速、波長和頻率這些特徵，物理學家在研究描述波的狀態方程式時，並不需要知道究竟什麼才是波的傳導物質。你聽到聲音時，代表你偵測到混合氣體（說穿了，就是空氣）中因分子律動而產生的音波，我們可以從音波中算出許多有趣的特性。好比說，音波的強度會與距離的平方成反比，在穿越門房時會怎樣曲折，碰到牆壁後會怎樣反彈形成回音等等，卻不用知道空氣是由哪些分子組成的。事實上，我們甚至不需要知道空氣是由分子組成的，我們可以忽略空氣中有關氧氣、氮氣、二氧化碳等各種細節，因為波中唯一重要的特質，唯一需要測量並代入著名波動方程式的數值，只有波速而已。在這個例子當中，音波的波速大約是每秒三百公尺。

認真說起來，去年春天我在麻省理工學院課堂教給學生的波動方程式，的確比原子和分子的概念更早被物理學家發現並廣泛運用！

波的例子有三個需要說明的重點。首先，與實體物質無關並不表示不需要實體物質的幫忙，重點只在於實體物質的細節並不重要。在沒有空氣的真空環境下，自然不可能聽到空氣中的音波，除此之外，任何氣體都可以做為音波的傳導媒介。相同的道理，我們當然不可能無中生有執行函數運算，但是只要能建立NAND閘道的物質，或神經元網路還是通用電腦的建置單位，都是可以運用的素材。

其次，與實體物質無關的現象會擁有自己的發展過程，和傳導媒介的關係不大。當一道波傳過湖面，湖中的水分子可沒有跟著移動 —— 湖中的水分子頂多是上上下下移動，就好像體育場館的球迷在玩波浪舞那樣。

第三，我們通常也只在意與實體物質無關的那部分，如衝浪高手會注意的是海浪的高度和位置，而不是海水中的分子結構。前文提到我們是用這種態度看待資訊，而看待運算的態度也沒什麼不同，如果兩個程式設計師一起討論程式有哪邊出問題，不太可能會把問題算到電晶體的頭上。

所以說，有形的實體物質為什麼能產生像智慧這種無形、抽象又難以捉摸的感受？關於一開頭提到的這個問題，我們現在已經大致上有了答案：因為這種感受並不拘泥於實體，與實體物質無關，擁有只屬於自己、不需要依賴也不會反應實體特性的發展過程。簡單來講，運算即是粒子在特定時空環境下的排列模式，重要的排列模式而不是用什麼粒子排列！如此一來，倒也有幾分色即是空的禪意。

如果改用現代的術語詮釋，則硬體代表實體，軟體代表模式，運算與實體物質無關這一點，透露出人工智慧的發展潛能：智慧的產生，與血肉之軀無涉，也不限於由碳原子組成。

聰明的工程師利用與實體物質無關的特性，隨科技進展不斷替電腦硬體進行大幅升級，而且不用更動既有的軟體內容。這個結果與前述記憶裝置的驚人演變一樣厲害。圖2.8顯示，運算成本每隔幾年就會腰斬一次，而且這個趨勢已經維持了超過一世紀，讓電腦成本從我祖父母剛出生的那個年代開始，以百萬又百萬再百萬倍（10^{18}）的驚人幅度急遽縮減。如果所有東西都變便宜百萬又百萬再百萬倍，你只要花百分之一美分的代價，就可以把地球這一整年所有的商品跟服務購足。成本戲劇化的崩跌當然是電腦這些年來會如此普及的關鍵因素，從好幾年前原本體積動輒跟建築物一樣大的型號，一路推廣進入我們的家庭、汽車跟口袋裡，甚至就連運動鞋這

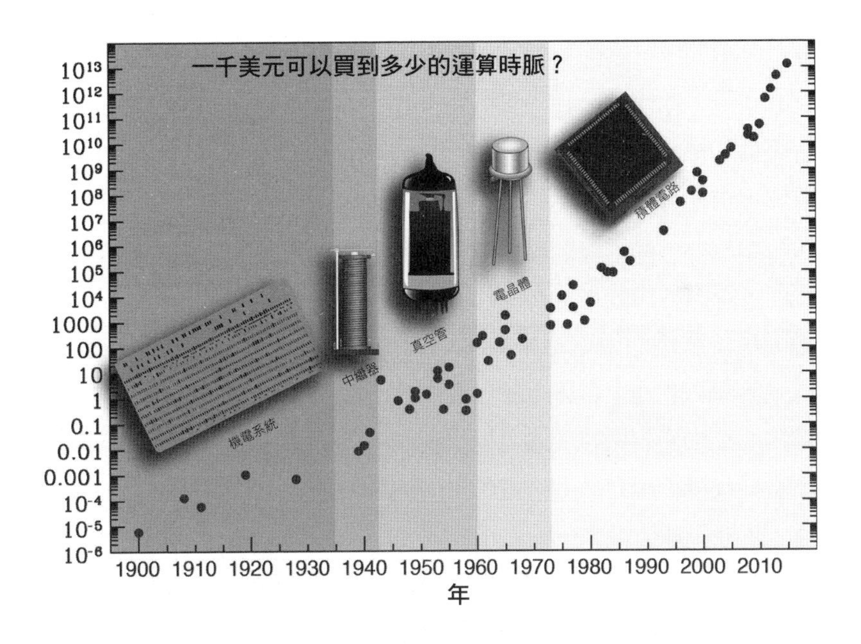

圖2.8：從1900年開始算起，運算成本每隔幾年就會腰斬一次。圖中各點標示分別代表用一千美元的代價，可以買到的「每秒浮點運算次數」（FLOPS）為衡量標準的運算效能。[3] 浮點運算的效能標準，相當於10^5倍基本邏輯運算如位元反轉（bit flip）或NAND的效能標準。

種難以想像的地方，也都看得到電腦的蹤跡。

為什麼科技的進展會規律倍增，形成數學家所謂指數成長的趨勢？為什麼這個現象不只展現在電晶體體積縮小的幅度（一般用摩爾定律稱呼這個發展趨勢），在整個比較廣義的運算能力領域（圖2.8）、記憶裝置領域（圖2.4），甚至就連基因序列還是大腦成像的各種其他科技領域，也都看得到？發明家庫茲威爾把這種持續倍增的現象稱為「加速回報定律」（Law of accelerating returns）。

據我所知，大自然界呈現持續倍增的例子都有相同的基本成因，科技領域也不例外：每跨出一步就會跟著帶動下一步。你自己就是一個例子，在你這個人的概念確立後，你也一樣經歷過指數成長的階段，你體內最初的細胞每天都在進行一分為二的細胞分裂，使得你的細胞總數每天都會依照1、2、4、8、16……的幅度增加。依照宇宙起源最普遍的科學理論「膨脹說」來看，我們的宇宙在最初時也和你一樣，經歷過指數成長的階段，體積會在固定的時間間隔內，不斷加倍成長，直到比原子更小、更輕很多的粒子數量多到遠遠超越我們能用望遠鏡觀察到的星系為止。所以就連宇宙也一樣，倍增的成因來自於，每一次的擴張都是下一次擴張的基礎。科技的進步也依照相同模式：只要誕生出兩倍威力的新科技，就可以用新科技推動威力再度倍增的下一波新科技，引發如摩爾定律所推論，效能不斷倍數強化的循環模式。

有趣的是，跟技術威力倍增一樣會規律出現的，是認為倍增過程正走向終點的主張。是的，摩爾定律當然也會有不適用的一天，也就是電晶體能縮小的體積已經達到物理極限之時，但是千萬別誤以為摩爾定律失效就等於科技水準不會再倍數發展了。相反的，依照庫茲威爾的看法，摩爾定律談論的並不是第一代（機電系統）的運算技術，而是單指第五代（積體電路）運算技術會倍數成長，一如圖2.8所示；一種技術發展到了瓶頸，我們當然會用更優秀的技術取代。過去當無法持續縮減真空管的體積時，我們就改用電晶體，然後再從電晶體改成積體電路，讓電子可以在平面空間流動。一旦積體電路的技術又遇上瓶頸，接下來可以嘗試的替代方案還多得是 —— 譬如改用立體的電路設計，並使用電子以外的物質執行指令。

沒有人知道函數運算實體介面的下一個明日之星是什麼，但是我們可以肯定的說，現在函數運算距離物理定律的極限還遠得很。我在麻省理工學院的同僚羅伊德（Seth Lloyd）致力於找出什麼才是最終的極限，詳細內容將留待第六章說明，基本上距離當今讓一堆東西所具備運算效能的頂級技藝，還有驚人的33個數量級（10^{33}倍）差距。換句話說，就算我們每隔幾年就把電腦的運算效能提升一倍，也還需要再等兩世紀才會接近最終的極限。

儘管通用電腦都能執行相同的函數運算，但是執行效率各有高低，譬如需要做出幾百萬次乘法的運算，不一定非得像圖2.6那樣用電晶體不停堆疊出幾百萬個乘法運算的模組，因為只要設定好適當的輸入格式，就可以不斷重複使用原本的乘法模組。為了追求運算效率，現代電腦慣例上大多採取把運算過程區分乘好幾個步驟的做法，讓資訊在記憶模組和運算模組之間反覆執行。這種運算架構是1935到1945年間，由圖靈、楚澤（Konrad Zuse）、艾科特（Presper Eckert）、莫渠利（John Mauchly）和馮諾伊曼（John von Neumann）等電腦界先進共同研發的成果。

說得更仔細一點，電腦記憶裝置會同時儲存資料和軟體（電腦程式，也就是用條列方式告訴電腦要如何處理資料的指令），進行每一步驟時，中央處理器（CPU）會執行程式裡的下一個指令，把某個簡單的函數套用在部分的資料上。電腦記憶裝置的另外一部分負責追蹤下一步驟的工作內容，也就是所謂的程式計數器，會把目前執行程式的流水編號記下來，等進入下一步驟，程式計數器就會累加流水編號，如果要跳到另一行程式，直接把該程式的流水編號複製到程式計數器就可以了 —— 這就是電腦程式中「if」指令和迴圈指令的執行方式。

現代的電腦通常會用平行處理技術額外提升運算速度，方法是巧妙釋放一部分在運算架構反覆使用的模組。如果某個運算可以拆解成幾個部分平行處理（只要每部分的輸入數值不受其他部分輸出數值影響），就可以利用個別的硬體資源同步處理分拆的部分。

量子電腦能展現極致的平行運算能力，量子電腦的先驅鐸伊奇（David Deutsch）提出的說法頗值得玩味：「量子電腦是透過多重態的形式，讓內部的資料產生多種版本。」因此能大幅提升資訊的運算效能，甚至可以透過另一個平行宇宙的幫忙，縮短我們在這個宇宙執行運算所需的時間[4]。

未來幾十年之內會不會誕生具有商業競爭優勢的量子電腦猶未可知，因為這取決於量子物理是否真的以我們所知的方式運作，也取決於我們能否克服技術上的艱困挑戰。不過各國政府和世界各地的業者都願意為了這個可能賭上大把金錢，就算量子電腦沒辦法全面提升所有運算的效能，為此而特別開發的巧妙演算法，仍足以明顯加快某些特定的運算任務，像是破解密碼或強化神經網路的運作等等。包含原子、分子和新物質在內，量子電腦也能有效刺激量子力學機制的表現方式，改變既有透過化工實驗室的量測方式，一如當年透過傳統電腦的模擬，取代在風洞內的實地操作。

什麼是學習？

就算口袋型電子計算機的算術競賽成績可以壓過我，但是無論它再怎麼努力，也永遠不會提升自己的運算速度和精確度，因為它不懂得學習。這麼說吧，只要我按下開根號的按鈕，它永遠都會用同一種方式執行同一個函數運算。第一套在西洋棋上下贏我的電腦軟體也一樣，永遠不會從自己的錯誤中記取教訓，只會一再重複執行聰明程式設計師預先寫好的函數，找出最有利的下一步棋而已。反觀卡爾森（Magnus Carlsen）在五歲輸掉人生的第一盤西洋棋後，不斷透過學習的過程，讓他搖身一變，在十八歲成為西洋棋的世界棋王。

學習能力可以說是通用智慧最吸引人的部分，前文已經說明，不會思考的東西既能夠記憶也能夠運算，但是它們怎麼會有辦法學習？之前提到，能找出困難問題的解答其實是進行函數運算的結果，而實體物質只要經過妥適的安排，就能夠執行任何可算函數，當初做出口袋型電子計算機和西洋棋電腦軟體的時候，我們的確是做出了妥適的安排。如果實體物質也懂得學習，它們就必須有辦法自行重新調整出更妥適的安排，不斷加強對目標函數的運算能力，而且不能違背基本的物理定律。

為了揭開學習過程的神祕面紗，首先探討一個極為簡單的物理系統用什麼方式求出圓周率永無止境的位數。我們在圖2.3看過，凹谷的平面空間可以做為記憶裝置：譬如說，某個凹谷標示的位置是 $x = \pi \approx 3.14159$，而且鄰近四周沒有其他凹谷，你就可以在 $x = 3$ 的位置擺上一顆球，在球體往凹谷滾動的過程，觀察系統把其他缺漏的小數點位數逐一算出。現在，假定這個平面空間一開始是由完全平整的軟泥沙鋪成，如同一望無垠的沙灘，如果一群數學愛好者不斷把球擺放在各自偏好數字的位置，因為重力的作用，久而久之各位置就會逐漸形成凹谷，這個平面空間就可以權充是該數值的記憶裝置，換句話說，這個過程就是該平面學會運算圓周率等各類型數值的方法。

其他物理系統（像是大腦），若是使用相同概念則會得到更好的學習效率。霍普費爾德利用前述互相連結的神經元網路，展現出類似的學習過程：讓神經元網路重複處於某些狀態，神經元網路會逐漸學會這些狀態，並且在其他接近的狀態下回復到學過的這些狀態。這就像是你看過家族成員的照片好幾次、記住他們的長相以後，往後再遇上其他跟他們相關的事物時，都會讓你回想起他們的模樣。

現在除了生物性的神經網路，還有屬於人工智慧的神經網路，近來也成為人工智慧次領域當中名為「機器學習」（研究如何透過經驗累積改良演算法）的主導力量。在深入說明這樣的神經網路如何學習之前，先來看看這樣的網路如何運算。

神經網路基本上就是由互相連結、彼此間互相影響的神經元組成，在你大腦裡的神經元總數就跟銀河系的恆星一樣多：相當於一千億的規模。每個神經元平均會透過一千個突觸和其他神經連結，也就是這將近一百兆突觸連結的強度決定了大多數你大腦裡擁有的資訊。

在點與點之間以線條互相連結，就能畫出神經網路中神經元透過突觸連結的示意圖（參見圖2.9）。真實世界的神經元是極複雜的電化學裝置，跟簡化的示意圖當然截然不同的：起碼要加上軸突、

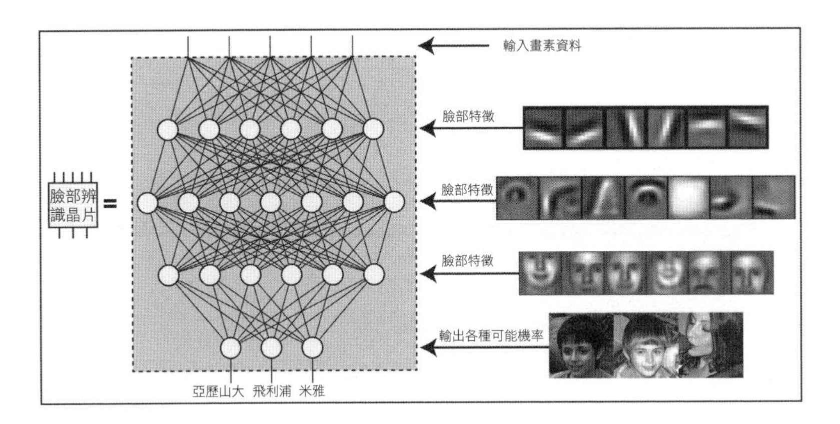

圖2.9：神經元網路可以像NAND串連成的網路架構一樣執行函數運算。例如人工神經網路可以讀取代表不同影像中每個畫素亮度的數值，轉換成代表每個影像有多少機率屬於什麼人的輸出數值。圖中每一個人造神經元（圓圈）會從上方接收連結（直線）傳來的數值計算加權總和，經由簡單的函數處理後再將運算結果往下方傳，使得愈往下走愈能求出更明顯的臉部特徵。一般臉部辨識網路包含好幾十萬個神經元，這張圖顯示的只是比較清晰的一小部分。

樹突等。不同種類神經元運作的方式也都不一樣，每個神經元的電力如何影響其他神經元，至今仍是各界孜孜矻矻研究不倦的課題。話雖如此，人工智慧的專家還是證明了，即使讓每個神經元都長得一模一樣，忽略掉所有複雜的差異性，只需遵照非常簡單的運作方式，以極為簡化的模擬版本取代真正生物性神經元，還是可以在許多高度複雜的工作項目中，讓人造的神經網路表現出不遜於人類的水準。

目前最常見的人工神經網路模型，是用數字代表每個神經元的狀態和每個突觸感受到刺激的強度，而且每個神經元會規律的依照所有連結神經元回饋的數值，視突觸感受到的強度加權，或套用常數後取平均值，再代入激活函數（activation function）算出下一回合的狀態值，進行自我更新。* 把神經元網路當成函數使用的最簡單方法是「前饋」，亦即讓資訊如同圖2.9一樣保持單向流動，從上方將資料送進多層神經元所組成的函數，最後再從最下方的神經元取得輸出資料。

簡易的人工神經網路能夠順利運作，不啻是另一個與實體物質無關的例子：神經網路強大的運算能力，看起來和其原本極為低階的組成結構毫無關連。西班科（G. Cybenko）、霍尼克（K. Hornik）、史汀克康伯（M. Stinchcombe）和懷特（H. White）等人曾經在1989年證明，只要能相對調整突觸感應到的強度數值，簡易的神經網路就可以運算任何函數，因此具備通用性質。這代表我們生物性神經元會演化得如此複雜，或許不是出於需要，而是為了提高效率——演化追求的目的和人類工程師想的不一樣，並不以簡單又容易理解的設計為優先項目。

我初學神經網路時，無法理解這麼簡單的結構究竟是如何處理複雜的運算，好比說，如果你只會用一個固定的方程式計算加權總和，就算是乘法這麼簡單的運算，也很難處理吧？如果你對這個問題深感興趣，圖2.10顯示如何只用五個神經元執行任意兩個數字的乘法，以及一個神經元怎樣執行三個位元的乘法。

就算能在理論上證明，規模夠大的神經網路可以無所不算，這也不表示實務上，神經網路在合理規模的情況下，能夠無所不能。可是事實上當我對神經網路有了更多的認識，我就愈難理解到底是什麼力量讓神經網路運作得如此順暢。

舉個例子。假設我們要把百萬畫素的灰階圖像區分成兩大類，

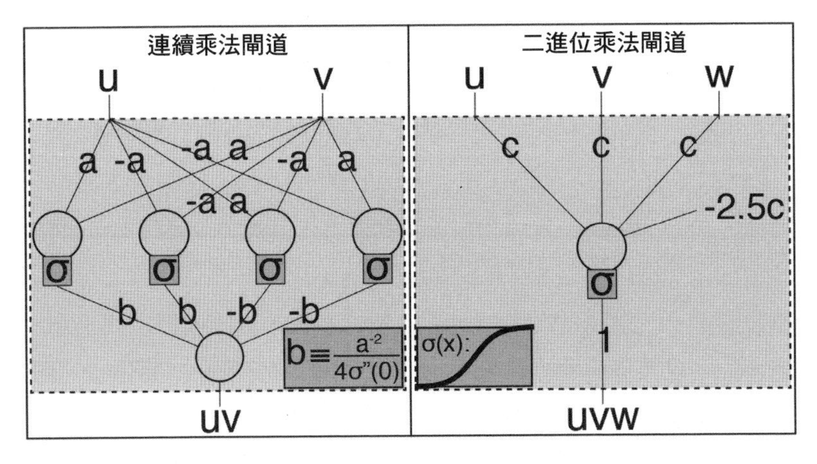

圖2.10：實體物質如何透過圖2.7的神經元取代NAND閘道進行乘法運算？你不需要追究細節，重點是神經元（不分生物性或是人造的）不但能夠運算，而且用於乘法運算的神經元數量遠少於NAND閘道的數量。以下提供細節給死硬派的數學愛好者自行選讀：圓圈代表加總，正方形代表套用σ函數，直線表示乘以個別線條上所標示的常數。輸入資料分別是實數（左半部）和位元（右半部），隨著a →0（左半部）且c →∞（右半部），我們就能隨心所欲執行乘法運算了。

左半部的網路架構，適用於任何在原點呈曲線的σ (x)函數（亦即該函數的二階導數不等於0，σ'' (0) ≠ 0），可以用σ (x)的泰勒展開式證明。右半部的網路架構適用於x無限小或無限大時，分別趨近於0跟1的σ (x)函數，注記方式為uvw = 1 only if u + v + w = 3（這些例子出自於我的學生林亨利的論文，參見http://arxiv.org/abs/1608.08225）。只要結合大量的乘法（如圖所示）和加法，你就可以運算所有的多項式，進而利用多項式的特性逼近所有的平滑函數。

* 雖然有人證明只要是非線性（不是直線）的函數，都幾乎可以是激活函數，在此還是提供給喜歡研究數學的你，兩個常見的活化函數：S型函數（sigmoid function, s(x) ° $1/(1 + e^{-x})$）和斜波函數（ramp function, s(x) = max{0,x}），在霍普費爾德廣為人知的模型中，s(x) = -1 if x < 0 and s(x) = 1 if x ≧ 0。如果把神經元狀態儲存成向量，只要把向量和儲存突觸耦合（synaptic coupling）的矩陣相乘後，再針對每一個元素套用活化函數s，就能更新整個網路狀態。

一邊是貓，一邊是狗，如果每個畫素可以有256種不同的色澤，則總共可能產生$256^{1000000}$種不同的圖像，而且我們還要算出每一張圖像可能是一隻貓的機率。換句話說，我們需要能讀取圖像的函數，然後在$256^{1000000}$種可能的條件下，這個數字已經比我們宇宙的原子總數（10^{78}）還要多了。把相關機率算出來，結果神經網路只需要幾十億個參數值就能神奇的完成分類的工作。神經網路是怎樣「隨隨便便」—— 意思是使用相對少很多的參數，就達成目標？再怎麼說，你一定可以證明在我們宇宙中，規模受限的神經網路絕對沒辦法處理所有的函數，所有你可能交付的運算工作中，神經網路只會在相對小到不行的領域裡才會勝任愉快。

和學生林亨利（Henry Lin）一起處理這些不可思議的難題帶給我許多樂趣，我人生中值得感謝的事，就是有機會和出類拔萃的學生一起從事研究，林亨利無疑是其中具代表性的一位。他第一次走進我的辦公室開口問我有沒有興趣和他一起研究時，我心裡頭犯嘀咕：應該是他問問自己有沒有興趣參與我的研究才對吧？當時來自路易斯安納州薛瑞夫波特，舉止得體、親切又有一雙明亮大眼的他，已經完成八篇科學論文，獲選為「富比士30歲以下菁英」，受邀TED的演說吸引了超過百萬人次的瀏覽 —— 而且請注意，當時他才二十歲！

一年以後，我們一起提出一篇結論有些驚人的論文：我們不能只從數學上找出神經網路為什麼如此強大的答案，還必須輔以物理學的觀點才有辦法釐清。我們發現物理定律帶給我們那些有趣的函數類型，只是很小的一部分，而原因我們還不清楚，但是現有的物理定律實在超簡單。更重要的是，神經網路可以運算的那一小部分的函數，與我們感興趣的那一小部分物理定律超接近！我們也延伸了以往的研究內容，證明用深度學習神經網路（所謂深度，意指多層次的網路架構）處理很多重要函數的效率，會遠遠超出淺層的神經網路，譬如我和另一位了不起的麻省理工學院學生羅爾尼克（David Rolnick）一起證明，如果網路架構只有一層，n個數字相乘這種簡單的運算工作，就需要使用高達2^n個神經元，但是在深度網路架構中，只要使用4n個神經元就夠了。這不但說明了為什麼神經網路現在成為人工智慧領域最炙手可熱的話題，也說明了為什麼我們大腦裡的神經網路會不斷演化：如果我們想讓大腦發展出預測未來的能力，就有必要先發展出能夠準確估算物理現象的運算架構。

說明完神經網路的運作原理和運算方式後，該言歸正傳好好談談神經網路如何學習了，講白一點就是：神經網路如何更新突觸，提升運算能力？

加拿大心理學家海伯（Donald Hebb）在1949年一本頗具創見的著作《行為的組織》（*The organization of Behavior*）裡，提到若兩個鄰近的神經元時常同步運作（「開火」），則彼此間的突觸耦合會得到強化，進而學會互相誘發反應的行為，也就是「一齊開火，一齊串連」。雖然我們對於大腦真正的學習細節還有非常多的未知空間，研究結果也顯示在很多狀況下，答案可能比我們想像的還複雜，不過至少我們知道上述簡單的學習原理（也稱為「海伯學習法」）就能讓神經網路學會不少東西。

霍普費爾德還展示了，只要讓過度簡化的人工神經網路，透過海伯學習法重複接觸複雜的內容，就能順勢儲存大量的記憶。對於人工神經網路而言，這種大量接觸資訊的學習方式通常稱為「訓練」，就如同對人類或動物傳授技能一樣，就算改用「學習」、「教育」或「經驗」等詞彙也不是問題。時至今日，推動人工智慧系統發展的人工神經網路可望用更細緻的學習方式取代海伯學習法，雖然新的學習法採用「倒傳遞法」（backpropagation）和「梯度下降法」（stochastic gradient descent）這些比較文謅謅的名稱，但是基本概念還是一樣：一定會有一些如物理定律般簡單的判定原則，讓突觸可以不斷保持更新。然後就會像是變魔術一樣，只要訓練過程能接觸到龐大的資料，這些簡單的原則就能讓神經網路學會很複雜的運算。我們還不能十分肯定大腦採取什麼樣的學習原理，但是不管答案是什麼，都看不出這些原理有可能違反物理定律。

大多數的數位電腦會把工作內容拆解成許多步驟，重複使用運算模組以提升運算效率，而很多人工或生物神經網路也採取同樣的做法。大腦裡有部分資訊流會朝多方向移動，與前文提過單向流動的前饋式神經網路有別，形成電腦科學家所稱的遞歸神經網路，使得原先輸出的資訊成為執行下一步驟的輸入資料。電腦裡微處理器邏輯運算閘道所組成的網路，就意義上而言也屬於遞歸式架構：電腦會不停取用既有的舊資訊，並藉由鍵盤、觸控板、鏡頭等裝置輸入新的資訊，持續更新當下的運算結果，然後再透過螢幕、喇叭、印表機或是無線網路輸出資訊。你大腦裡的神經元組成也屬於遞歸式網路，由你的眼睛、耳朵等輸入資訊，修正進行中的運算結果後，再決定提供什麼輸出資訊給全身的肌肉。

學習的歷史起碼跟生命本身的歷史一樣悠久，因為每個會自我再生的組織展現出有意思的複製和資料處理的能力，這些都足以認定是學習的行為。不過，在生命1.0的時代，生物並不會在一生中展現出學習的行為：它們處理資料的方式和後續反應取決於天生的DNA，只能依照達爾文演化論描述的，以物種的層級透過世代緩慢累積出學習成果。

學習帶來突破

大約在五億前年，地球上某些基因鏈發展出讓動物生成神經網路的構造，因此開始能在一生中透過經驗展現出學習成果，生命2.0於焉誕生。由於生命2.0急遽提升學習能力，在物種競爭上顯得鶴立雞群，很快像星火燎原般在地球上散布開來。如同第一章描述的，生命經由學習變得愈來愈厲害，以前所未有的速度持續演化，其中有一種像是人猿的物種長出了特別適合用於掌握知識的大腦，學會了如何使用工具和生火，也懂得使用語言溝通，建立起複雜的群體社會。不妨把這種社會組織視為能夠記憶、運算和學習的系統，在各方面加快腳步讓新的發明一個接著一個站上歷史的舞台：從文字書寫、印刷術，一直到現代科學、電腦和網路等等。未來的歷史學家會把什麼發明列在這張帶動後續發明的清單？私心認為，人工智慧絕對當之無愧。

我們都知道，電腦記憶裝置和運算效能爆炸性的發展（圖2.4和2.8）促成了人工智慧顯著的進步 —— 但是在進入機器學習的年代之前，我們還有好長一段路要走。IBM深藍電腦在1997年贏過世界棋王卡斯帕洛夫時，關鍵就在於記憶裝置和運算效能，而不是學習能力。深藍電腦的運算能力是由人類組成的研究團隊賦予的，之所以表現得比研究團隊更好，關鍵因素絕對在於能用更快的運算能力分析更多棋局發展。當IBM華生電腦在益智節目「危險邊緣」（Jeopardy!）成功挑戰人類的世界冠軍時，仰賴的同樣是專屬程式的效能和無人能及的記憶裝置與反應速度，而不是以自身的學習能力勝出。大多數早期機器人領域的科技突破，例如那些從遲緩的動作進步到自動駕駛和自行著陸的火箭等等，也都幾乎可以說是屬於相同的狀況。

然而，近來很多驅動人工智慧領域最新突破的力量都聚焦在機器的學習，以圖2.11為例，你只要看一眼就能知道這張照片要傳達的內容，但是對電腦程式而言，單是依靠輸入照片中每個畫素的色彩數值資料，要正確回答出「一群年輕人在比賽飛盤」的答案，就已經耗費掉全世界人工智慧專家數十年的光陰了。Google內部一支由蘇茨克維（Ilya Sutskever）率領的研究團隊，終於在2014年辦到了這件事，之後輸入畫素色彩數值不同的另一張照片，然後又再次正確回答出「一群大象穿越乾草原」的結果。他們是怎麼辦到的？是採用深藍電腦模式，利用精心設計的演算法程式分別辨識出飛盤、人臉之類的特徵嗎？並非如此。他們先是建立相對簡單、對於真實世界一無所知的神經網路，使其接受大量資料自主學習，而達成目標。人工智慧的趨勢專家霍金斯（Jeff Hawkins）在2004年曾經寫過一段文字：「電腦看得也沒有……老鼠來得清楚。」但現在已經不是這樣了。

我們沒辦法完全理解孩子的學習過程，同樣的，我們也沒辦法完全理解神經網路的學習過程，也無法掌握它們為什麼有時會失敗。不過有一件事情很清楚，那就是神經網路已經證實非常實用，而且也帶動了對深度學習的大筆投資。深度學習現在已經成為很多電腦科學領域的明日之星，包括手寫辨識、自動駕駛的即時影像分析都與之相關。它也是讓電腦把語音轉換成文字再翻譯成另一種語言的革命力量，甚至可以做到即席翻譯，這也是我們現在可以和Siri、Google Now、Cortana這些個人數位助理對談的主因。

有點煩人的圖像驗證碼是讓網站確認使用者是真人的工具，現在為了應付機器學習的快速進展，也顯得愈來愈辛苦。Google旗下

圖2.11：電腦在不知「比賽」與「飛盤」為何意之時，即判別出，照片中是：一群年輕人在比賽飛盤。

DeepMind在2015年發表深度學習的人工智慧系統，玩起數十種電動玩具的功力就和一般孩子沒兩樣，不僅都不用教，而且沒多久就能玩得比任何人還好。2016年，該公司又推出了AlphaGo這套下圍棋的電腦系統，可以使用深度學習評估不同棋局的優劣勢，並順利擊敗世界頂尖的圍棋高手。這些成就都促成了正向循環，吸引更多人才和資金投入研究人工智慧，帶動愈來愈進步的成果。

我們在這一章見識了智慧的本質，以及它截至目前為止的最新進展。不過，到底還要多久，機器才能在所有認知工作上遠遠超越人類？老實說，我們並不知道，甚至不能排除「永遠不會」的可能。然而，本章的基本概念也告訴我們，不能忽視有可能發生的機率，而且真有可能就發生在我們這一代，畢竟實體物質（還未必是生物）只要經過妥適安排，就能夠依照物理定律展現出記憶、運算和學習的能力。人工智慧專家時常被批評只會空口說白話，拿不出實際的成績，但是平心而論，有些批評其實並沒有跟上人工智慧最新的發展腳步。如果能夠與時俱進，改用負面表列的方式觀察電腦還有什麼事是做不到的，則人工智慧的進展就會讓我們留下深刻的印象。儘管機器現在已經在算術、西洋棋、數學定理證明、選擇投資標的、影像辨識、道路行駛、電動玩具、下圍棋、語音合成和文字轉換、多語翻譯和癌症診斷等諸多領域有優秀的表現，還是不乏有人語帶不屑的表示：「對啦，對啦 —— 但終究不是真正的智慧！」然後欲罷不能的指出，唯有莫拉維克人類能力地貌（圖2.2）中那些還沒被淹沒的山頂，才配得上是真正的智慧。這不禁令人回想起，當年也是有人堅持能做到圖像辨識跟下圍棋，才算是真正的智慧 —— 海水上漲可真的沒停過！

假定海水還會繼續上漲好一段時間，則人工智慧對社會的衝擊將愈來愈大。在人工智慧能於所有工作項目達到人類水準之前，我們就即將在程式漏洞、法律、軍火和就業等各方面，遭遇令人眼花繚亂的機會與挑戰。究竟有哪些機會跟挑戰，我們又該如何做好充分準備來因應？將是下一章要探討的內容。

本章重點摘要

- 智慧，定義成是達成複雜目標的能力時，不適合用「智商」做為唯一的評判標準，應看重在追求目標時展現的能力。
- 現今的人工智慧較側重有限的屬性，亦即每個系統都只達成相當特定的目標，而人類的智慧相形之下可就廣泛多了。
- 記憶、運算、學習和智慧都帶有無形、抽象又難以捉摸的感受，因為它們具有與實體物質無關的特性：都擁有屬於自己的歷程，不需依賴，也不會反映出它們附著的物質特性。
- 物質只要能夠保有多種不同的穩定狀態，就能夠成為記憶裝置。
- 物質只要能由通用性質的建置單位結合，執行所有函數運算，就可以算是運算質，成為運算裝置。NAND 閘道和神經元就是兩個這種通用「運算單位」的重要例子。
- 神經網路是非常強大的學習裝置，因為只要遵照物理定律，它就能在執行特定函數運算時，自行調整出愈來愈好的成果。
- 因為物理定律如此簡潔，所以我們人類只在意可能需要運算問題中的一小部分，神經網路恰恰特別善於解決這一小部分的問題。
- 只要誕生出兩倍威力的新科技，往往就可以比擬摩爾定律的倍增原則，用新科技推動的威力，再度倍增下一波新科技。

過去將近一個世紀以來，現代資訊科技的成本大約每隔兩年就會下跌一半，因而促成了資訊時代的來臨。

- 如果人工智慧持續進步，在各方面技能都達到人類的水準之前，我們就要面對人工智慧在程式漏洞、法律、軍火和就業等各方面，帶來令人眼花繚亂的機會與挑戰 —— 這就是下一章要探討的內容。

第3章

近未來：科技突破、程式漏洞、法律、武器與就業

如果不快點改變方向，只能走到哪邊是哪邊。

喜劇演員寇瑞（Irwin Corey）

在現今社會所處的年代，生而為人代表什麼意義？換個方式來問，讓我們真正感受到自我價值的是什麼？是什麼讓我們有別於其他生命型態，有別於機器？其他人又是如何看待我們，還因此願意提供工作機會給我們？對於這些問題，不論在任何時間我們的回答是什麼，不斷往前突破的科技勢必會逐漸改變我們所認定的答案。

以我本人為例，身為科學家，我有幸能設定自己的目標，用直覺和創意在許多領域中，探究尚未得到解答的問題，並運用語言分享我的新發現。更幸運的是，社會各界願意為此付錢給我，使之成為屬於我的工作。要是在幾世紀以前，我絕無可能擁有這樣的生活方式，只能跟很多其他人一樣，要嘛當農夫要嘛當工匠，從中挑一個做為這輩子的身分。隨著科技愈來愈進步，農夫和工匠的工作機會都大幅縮水，只占就業市場中的一小部分，表示現代社會已經無

法讓每個人單靠這兩種職業身分度過一輩子。

就算現代機器的表現遠優於我徒手去挖礦或編織，也不會讓我個人覺得天要塌下來了，因為手工項目既不是我的興趣，更不是我賴以為生、養家活口的方式。事實上，我早在八歲的時候，就打消要靠靈巧雙手謀生的念頭了；那年學校把針織課列為必修課程搞到我幾乎快崩潰，要不是五年級一位同情我的善心人士看不下去出手相救，我大概永遠也做不出老師要求的指定科目。

不過，要是人工智慧也隨著科技進展，進步到我現在賴以為生、提供我個人勞動價值的領域時，該怎麼辦？人工智慧專家羅素告訴我，他和一群研究人工智慧的伙伴最近才有過一個「哇靠！我看了什麼鬼？」的經歷，那是當他們親眼見證，人工智慧居然進展到好幾年來都未曾預期能順利達成的目標之時，接續這個思路，我也提供幾個我個人「哇靠！」的經歷，順便說明我怎樣把這些時刻當成一種徵兆，預告人類能力將不再一枝獨秀的原因。

科技突破

深度增強學習的主體

其中一次讓我下巴掉下來的深刻印象發生在2014年，那時候我正在觀看一支記錄DeepMind人工智慧系統學習玩電動遊戲的影片 —— 人工智慧打磚塊（參見圖3.1）。打磚塊是雅達利推出的經典款遊戲，記得十多歲的我曾經迷到一個不行。遊戲很簡單，操縱檔板讓一顆球不停往返去敲擊磚牆，每敲掉一塊磚塊就可以得分，敲得愈多愈高分。

我自己也曾經寫過電動遊戲的程式，所以很清楚要寫出會打磚塊的程式並不困難 —— 當然這也不是DeepMind研發團隊做的事。他們真做的，是建立的人工智慧原本如同一張白紙，一開始對這個遊戲一無所知，更嚴格一點來說，是對任何遊戲都一無所知，甚至就連對遊戲、檔板、磚塊跟球這些概念都渾然不知。這個人工智慧系統只會定期收到一長條都是數字的清單：除了目前分數以外，還有一長串我們看得出（但是人工智慧看不懂），用來標示螢幕各部分色彩差異的代碼。人工智慧接到的指令很簡單，以設法爭取高分為目標，定期輸出一堆數字，讓我們看得出來（人工智慧一樣看不懂），要壓哪個方向鍵控制檔板就可以了。

人工智慧一開始的表現有夠難看：看起來就好像用隨機的方式，隨便操控檔板來回移動，幾乎沒有一次能順利接到球。過了一陣子，人工智慧似乎有點開竅，發覺把檔板往球的哪邊移過去的效果不錯，但是多半還是會來不及接到球。隨著練習次數愈來愈多，人工智慧的表現也愈來愈好，很快就比十多歲的我表現得更好，無論來球的速度多快，都能萬無一失把球給反彈回去，然後就換我驚呆了：人工智慧居然找到祕訣衝高分數 —— 只要一直瞄準螢幕左上角把球給彈回去，把磚牆鑿開一個洞，然後讓球保持在磚牆後面和外牆邊界間來回彈跳就行了。這看起來的確像是思考過的結果，哈薩比斯（Demis Hassabis）之後也坦白告訴我，就連設計出這套人工智慧系統的研發團隊一開始也沒想到這一招，是人工智慧反過來教會他們。推薦你從我提供的連結去看一下這段影片。[1]

這裡就有一個類似人類的特徵值得深入探究：這段影片讓我們看見，人工智慧不但有目標，而且懂得學會用更好的方式達成目標，最後甚至表現得比原先的程式設計者更好。我們在上一章把智

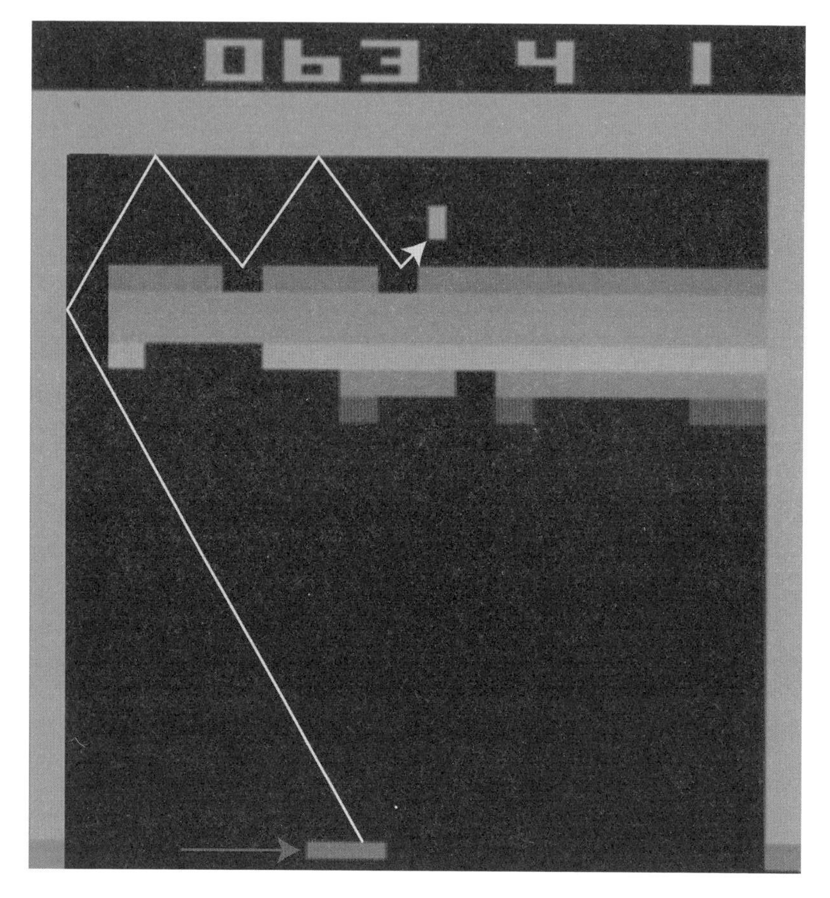

圖3.1：DeepMind開發出的人工智慧，用最粗淺的方式學習怎樣玩打磚塊，之後就透過深度增強學習，設法追求高分，然後居然找到致勝祕訣：先往磚牆最左邊敲出一個洞，然後把球送到磚牆後面往返彈跳，分數就會劈哩啪啦一路往上衝。圖中箭頭分別代表球跟檔板的移動軌跡。

慧簡單定義成「達成複雜目標的能力」，這麼說起來，我無疑眼睜睜看著DeepMind的人工智慧系統變得愈來愈聰明（雖然只是在玩某種電動遊戲這麼有限的領域中）。第一章也提過，電腦科學專家所謂智慧主體的定義為：有能力透過偵測器蒐集環境資訊，並且在消化資訊內容後決定如何對環境做出回應。雖然DeepMind這套會玩電動遊戲的人工智慧，只是處在極度簡化，只用磚塊、檔板和球組成的虛擬環境，但是實在無法否定它就是智慧主體的事實。

DeepMind旋即發表了研發過程，並公布程式原始碼[2]，強調他們只是使用很簡單卻很實用的做法——深度增強學習。原本的增強學習指的是行為心理學家構思出的誘發學習經典技巧，只要給予正向獎勵就能提高讓人去做事的誘因，反之亦然。就好像小狗如果覺得很快就能從主人那邊得到點心做獎勵，就會嘗試學習各種把戲一樣，DeepMind的人工智慧也是因為覺得有機會能得到更多分數，所以會學著移動檔板去接球。DeepMind把這個概念和深度學習結合，訓練第二章提到的深度神經網路，預測按壓鍵盤上的每個方向鍵，平均能得到多少分數，然後讓人工智慧評估在目前遊戲進行的狀態下，自行選擇神經網路認為得分會最高的那個按鍵。

當我把我自覺為人的特徵列成清單，歸納後發現，綜合而言人有能力處理廣泛尚未解決的問題。相較之下，除了打磚塊之外什麼都不會，當然是極為有限的智慧。我認為DeepMind科技突破的重點，在於深度增強學習是可以廣泛運用的技術，所以當他們讓這套人工智慧系統去玩四十九種雅達利電動遊戲，包括乓（Pong）、拳擊、彈珠台和小蜜蜂等等，結果居然能夠在其中二十九種贏過同場競技的人，就一點也不意外了。

同一套人工智慧系統之後也沒花多少時間，就證明自己玩起跳脫2D畫面的較現代3D電動遊戲也一樣得心應手。很快的，位於舊金山並可說是DeepMind競爭對手的OpenAI推出名為Universe的平台。Universe平台可以讓DeepMind的人工智慧系統和其他智慧主體，在同一台電腦裡用競賽的方式進行互動：不論是要開什麼網頁、打什麼字、選擇執行什麼軟體都悉聽尊便，比方說：卯起來開網頁瀏覽器或是把線上資料弄得一團亂之類的。

深度增強學習的未來發展，目前還看不出有何明確局限。深度增強學習的潛力當然不限於虛擬的遊戲世界。對機器人來說，真實世界裡的生活本身，就可以看成是一場遊戲。羅素與我分享過他第一次「哇靠！」的經歷，那是當他看見波士頓機械狗（Big Dog）跑上積雪覆蓋的森林斜坡時[3]，機器狗靈巧的動作完全看不出有任何行動遲緩的問題，而解決行動遲緩的問題困擾了他多年。然而機器人的動作在2008年跨過敏捷的里程碑時，靠的是精明的程式設計師下的苦工，現在既然有了DeepMind的科技突破，沒有道理機器人不會有一天無師自通，不再需要透過人類程式設計師的幫助，就能透過各種深度增強學習教會自己怎麼走路：只要讓人工智慧系統能在有進步的時候拿到分數就可以了。

現實生活中的機器人同樣有潛力可以學會游泳、飛行、打桌球、格鬥等等，也可以擺脫對人類程式設計師的依賴，執行機械裝置能夠完成的無窮盡工作任務，但是為了加快進步的速度，並且降低人工智慧在學習過程中遇到瓶頸或是自我損毀的風險，初期還是在虛擬實境中完成學習過程比較妥當。

直覺、創意和策略

DeepMind推出AlphaGo人工智慧系統，在五戰三勝的賽制中贏過本世紀舉世公認頂尖的韓國圍棋高手李世乭，則是另一個讓我大開眼界的時刻。

同屬棋弈界的西洋棋棋士，早在二十多年前就不敵機器了，雖然大家因此認定遲早有一天，圍棋棋士也會被機器逼到棄子投降，但是大多數圍棋界的權威卻認為，這一天起碼還要再等上十年，所以AlphaGo棋高一著的成果，帶給他們的震撼並不下於我。伯斯特隆姆和庫茲威爾兩人不斷讚揚，這是別具意義的科技突破，而從李世乭本人在前三場對弈失利之前與之後的專訪，也能夠看出些端倪：

- 2015年十月：「以電腦的水準來看……，我想我應該能夠贏得勢如破竹。」
- 2016年二月：「我知道Google所屬DeepMind推出的這套人工智慧聰明得有點不可思議，而且還會愈變愈聰明，但是我有信心，起碼現階段還能夠贏過它。」
- 2016年三月九日：「我很意外，因為我從來不認為自己會輸。」
- 2016年三月十日：「我有點無言以對……，感覺滿震撼的，我得承認……第三場比賽對我來說，勢必又是一場硬仗。」
- 2016年三月十二日：「一股無力感籠罩著我。」

結束和李世乭對弈的一年後，更進步的AlphaGo向世上最頂尖的二十位圍棋高手下戰帖，結果屢戰皆捷。

為什麼這件事對我個人的震撼力會這麼大？簡單講，我在前文坦承自己把直覺、創造力這兩項當成我個人的核心特質，而我接下來就要說明，我如何感受到AlphaGo也同樣展現這兩項特質。

下圍棋時，持黑白雙方會在19×19的棋盤上輪流下子（參見圖3.2），圍棋棋局發展的可能性之廣，甚至比宇宙中的原子數目還要多，意思是，想分析關鍵幾步棋後續所有可能發展，很快就會陷入五里霧中失去方向，所以棋士必須極度仰賴潛意識的直覺輔佐自己的主觀布局。這些專業棋士擁有的直覺，其實是對於不同棋局優劣勢的一種難以言喻的感覺，如同前一章提到的，深度學習有時候會讓人聯想到直覺：深度神經網路可能會判讀出貓的圖像，卻無法說明為什麼。DeepMind研發團隊遂放手一搏，認為深度學習不但有能力辨識出貓，也有可能辨識出有利的圍棋棋局。

AlphaGo的設計理念，就是設法將深度學習的直覺判斷力，和GOFAI（好的老式人工智慧，意指未受深度學習革命性影響的傳統人工智慧）的邏輯運算能力結合，他們用大量圍棋的棋局建立資料庫，其中包括人類下過的棋局，還有AlphaGo跟自己複製版對弈的棋局，讓深度神經網路經由訓練學習，預測白子方最終在每種棋局勝出的機率。研發團隊還另外訓練一套，會預測接下來幾步棋局演變的神經網路，然後將這兩個神經網路系統以GOFAI的運算機制方法結合，便可以巧妙從篩選過的後續發展清單中，挑出最有機會立於不敗之地的棋路。

完美結合直覺和邏輯的做法，不只讓人工智慧下棋的功力暴增，甚至還帶來極富創意的想法。譬如說，圍棋發展千年來的智慧結晶都認定，在剛開局時最好在從棋盤邊緣數進來的第三或第四行上落子，因為這兩種下法有種取捨的關係：從第三行開局，有助於在短期內鞏固好棋盤周邊占角的成果，從第四行開局則有助於建立後續往中腹發展時的策略優勢。

和李世乭第二次對弈的第三十七手，AlphaGo反倒選擇在第五行落子（參見圖3.2），眼看有違圍棋界千年來智慧結晶的決定，似乎顯示AlphaGo對自己長期規劃能力勝過人類深具信心，所以才會忽略短期得失，逕自追求建立長期的策略優勢。這個決定震撼了圍棋界，不只評論員看得目瞪口呆，就連李世乭本人都不由得站起身來短暫離席。[4]

果不其然，當棋局在大約在五十步後，從棋盤左下角一路推展開來，無巧不巧就跟黑子的第三十七步棋連成一氣！這一手成為決定第二次對弈的勝負關鍵，而AlphaGo在第五行落子的這一手，也成為圍棋史上最有創意的傳奇故事之一。

圖3.2：DeepMind的AlphaGo人工智慧系統在第五行秀出極具創造力的一步棋，然後在大約50步後證明，這是擊敗棋王李世乭至關重要的一手，讓千年來人類智慧結晶的面子都有些掛不住。

因為對直覺和創意的要求甚高，使得圍棋已經從一般的遊戲晉升成藝術。中國古代曾經將圍棋列為琴棋書畫的「四藝」之一，時至今日也仍舊風靡亞洲，單是AlphaGo與李世乭的第一盤對弈，就吸引了將近三億的收視群眾。最後，圍棋界不僅對對弈結果震撼不已，同時也把AlphaGo的成功視為人類歷史上重要的里程碑。當時身為世界排名第一的棋王柯潔，對於這樣的發展也不得不說[5]：「人類千年的實戰演練演化，人工智慧卻告訴我們，甚至沒有人沾到圍棋真理的邊……。從現在開始，我們棋手將會結合計算機，邁進全新領域達到全新境界。」成效如此卓越的人機合作，的確已經在很多領域實現了，就連在科學領域也不例外。人工智慧非常有希望幫助人類看得更深入，進而實現人類最終極的潛能。

以我個人而言，AlphaGo將帶給我們關於近未來重要的一課：結合深度學習的直覺和GOFAI的邏輯運算能力，將產生獨一無二的最佳策略。圍棋已經屬於最頂級的策略遊戲了，可見人工智慧準備好要出關大顯身手，在棋盤之外挑戰（或者說是……協助）諸如投資、政治或軍事戰略等方面，當人類最優秀的策略大師。這些真實世界的策略，問題基本上都涉及人類的心理學、資訊不完備或需以亂數解求解的參數等複雜因素，但是會玩撲克牌的人工智慧系統已經足以讓我們相信，這些困難都不會是無法克服的挑戰。

自然語言

近來人工智慧在語言方面的進展也讓我十分驚訝。我很早以前就愛上旅行，對於其他文化和語言的高度好奇心，是構成我個人特色重要的一環。從小我就會說瑞典語和英文，讀書的時候學會了德文和西班牙文，前後兩次婚姻讓我學會了葡萄牙語和羅馬尼亞語，然後出於好玩的緣故，又透過自修的方式學了一些俄羅斯語、法語以及中文。

> 但是人工智慧一直趕了上來，在2016年一次重大發現之後，幾乎沒有什麼慵懶的語言，我可以翻譯得比Google大腦設備所研發的人工智慧還要來得好。

上面這段話這樣說夠清楚嗎？我真正想要表達的意思是：

> 但是人工智慧的功力追上了我，在2016年取得一次重大突破後，幾乎沒有哪一種語言可以讓我打包票，說自己翻譯得比Google Brain團隊推出的人工智慧系統來得高明。

有些落差，對吧？這是我去年第一次透過電腦裡的應用軟體，嘗試把英文翻成西班牙文時的成果。Google Brain團隊在2016年使用深度遞歸式神經網路，讓Google免費的翻譯服務徹底改頭換面，相較於以往GOFAI的表現，進步幅度可說是相當驚人：[6]

> 但是人工智慧追上我了，在2016年的突破之後，幾乎沒有什麼語言可以翻譯得比Google Brain團隊推出的人工智慧來得更好。

上面這句是從西班牙文翻回英文時的語意，你應該看得出來，GOFAI從西班牙文翻回來時，原本要以主詞呈現的代名詞「我」並沒有翻譯出來，所以免不了造成文意扭曲；意思是很接近，但總是不對味！不過我也應該為Google的人工智慧說幾句話，因為我老是被嫌寫出太冗長、不容易斷句的句子，而且我也是故意挑最拗口、最容易弄混的話來考驗Google翻譯的能耐，如果改用一般的句子，Google人工智慧的翻譯功力，倒也沒什麼好挑剔的。

總體來說，這樣的結果足以令人重視，而且也符合上億人日常使用的需求，更重要的是，輔以深度學習這陣子在語言與文字轉換方面的進展，使用者現在可以直接對智慧型手機講出一段話，然後聽取翻譯成另一種語言的語音。

自然語言處理現在成為人工智慧進展最快的領域之一，因為語言可以說是人類活動的一個核心，所以我認為這個領域再繼續有所突破，就會帶來極大的衝擊。當人工智慧在語意詮釋上表現得愈來愈好，將來就愈有可能條理分明的回覆電子郵件，或是持續和人類對話。對於外行人來講，這起碼會讓人工智慧形成一種會像人類一樣思考的感受。換句話說，深度學習已經開始巍巍顫顫跨出通過大名鼎鼎「圖靈測試」的第一步，讓機器可以寫出夠理想的句子，使得與之交談的人類分辨不出，自己對話的對象究竟是人還是機器。

坦白來講，人工智慧在語言處理這方面還有很長的路要走。我得承認，自己翻譯功力居然不如人工智慧這點，讓我很有吃癟的感覺，不過只要想到，人工智慧到目前為止，還是不了解自己翻出來的到底是什麼意思，也就釋懷了。人工智慧用大量的資料組進行訓練，從中找出單字與單字間的關連和使用模式，但還是不能把這些組合跟真實世界的任何事物連結。比方說，人工智慧有辦法從上千個類似的單字中挑出最適當的字眼，也可能進而知道「國王」跟「皇后」的差異約略類似「先生」與「太太」——但是它對於身為男性或身為女性是什麼意義並沒有概念，更遑論對時間、空間、物質的差異，產生真實感受。

圖靈測試其實不脫瞞天過海的本質，所以有人認為與其說圖靈測試可以用來檢驗人工智慧的本領，倒不如說更適合用來檢驗人類有多容易受騙。另一種名為「威諾格拉德模式挑戰」（Winograd Schema Challenge）的測驗，看重的是對常識的理解，也是目前深度學習較欠缺的一環，反而更能直指問題核心。我們人類的句子建立在真實世界的知識上，因此可以弄清楚句子中的代名詞指的是誰，就以下面這個典型威諾格拉德模式挑戰的測驗題為例，句中代名詞「他們」指的會是誰？

1. 市議員沒有核准示威者的要求，因為他們害怕暴力。
2. 市議員沒有核准示威者的要求，因為他們主張暴力。

每年舉辦的人工智慧競賽都在回答這類問題，而人工智慧的表現也一直都上不了檯面。[7]回到先前那個例子，當我用Google翻譯在英文、西班牙文和中文之間不停轉換時，不難發現就連Google翻譯，也都應付不了這種要知道哪個單字代表什麼意思的真實挑戰：

> 但是人工智慧趕上我了，在2016年的重大破壞後，幾乎沒有語言，我能翻譯人工智慧系統，較之於Google Brain團隊的發展。

讀到這邊，你不妨自己立刻用Google翻譯（https://translate.google.com）試看看它的表現有沒有好一點！既然結合深度遞歸式神經網路和GOFAI兩者處理世界各地的語言，是相當受看好的做法，你應該很有機會看到Google翻譯更上一層樓的表現。

機會與挑戰

以上三個例子對人工智慧來講，當然都是牛刀小試，事實上人工智慧已經在很多重要領域，持續實現科技突破的成果，此外更值得一提的是，雖然我在這三個例子中只提到了兩家公司，但是在很多大學跟其他公司裡，多的是功力足以並駕齊驅的研究團隊。世界各地電腦科學系不時傳來抽風機陣陣的噪音——那是蘋果、百度、DeepMind、臉書、Google、微軟等大公司提供優渥待遇吸納人才的聲音，不只是學生，就連博士後研究和教職員也全都名列徵才名單上。

希望你不會受我舉的例子誤導，以為人工智慧發展的方式是在長時間的停滯中，點綴著偶一為之的科技突破。根據我長期浸淫在這個領域的經驗來看，我反倒認為人工智慧長期以來都保持穩定的進展——只是媒體通常會在跨越里程碑時，才大幅報導人工智慧的科技突破，以及有哪些超乎想像的應用方式和新產品。我預期人工智慧接下來還會有好幾年的光景，能維持快速推進的步調，不僅如此，一如在前一章提到的，我們實在沒有什麼理由認為，人工智慧不會一直進步到能在大多數領域與人類的能力不相上下。

這就帶來了幾個問題：這樣的人工智慧會帶給我們什麼樣的衝擊？近期人工智慧的發展，會怎樣改變我們看待生而為人的定義？不難發現，現在要主張人工智慧完全沒有目標、不具有廣泛能力、沒有直覺和創造力、不懂人類的語言，已經愈來愈難了，而很多人認為這些都是人類才具有的核心特質。這就表示即便我們先不管通用人工智慧將來到底會不會在所有工作項目，都能和人類一較高下，單是近期人工智慧的發展，就能大幅改變我們如何看待自己，重新思考我們能在人工智慧協助下達成哪些目標，或是在人工智慧的競爭壓力下，找出哪些謀生管道。這些衝擊是好是壞？在近期內會帶給我們哪些機會與挑戰？

我們所熱愛文明中的一切，莫不是人類智慧的結晶，這麼說起來，如果我們可以利用人工智慧匯聚更多精華，當然可能帶來更美好的人生，單是人工智慧最低程度的進展，都能推動科技的重要進展，幫我們減少意外、疾病、戰亂、貧窮、勞役與不公不義。如果想要擷取人工智慧的優點而不造成新的問題，我們就必須好好回應幾個重要的課題，譬如說：

1. 將來我們如何讓人工智慧變得更可靠，讓人工智慧可以按照我們的要求行事，不會當機、故障或被駭客入侵？
2. 我們要如何將法律架構改良得更公平、更有效率，才能趕得上數位年代快速變遷的風貌？
3. 我們要怎樣讓武器變得更聰明，更不會造成平民百姓無辜的傷亡，並且避免導致失控的軍備競賽？
4. 我們該怎樣利用自動化帶來更多的財富，同時不會讓人類失去收入或奮鬥的目標？

本章接下來的篇幅將依序探討上述問題。這四個領域分別是電腦科學家、法律學者、軍事戰略專家和經濟學家近期內多所著墨的課題。不過，為了讓我們能在需要答案的時候做好準備，我認為所有人都應該要參與對話，因為你隨後將發現，這些挑戰會跨越所有傳統的分類 —— 不只是跨越不同的專業領域，同時也會跨越不同的國界。

程式漏洞 vs. 可靠的人工智慧

舉凡科學、金融、製造、交通、醫療、能源和通訊等不同領域，都已經可以感受到無所不在的資訊科技帶來極為正面的助益，不過這些助益如果和人工智慧科技突破，可望帶來的影響相比，也只能說是小巫見大巫罷了。然而，隨著我們愈來愈依賴科技，則科技本身是否可靠、值得信任、能夠依照我們的要求執行任務，就會變得愈來愈重要。

綜觀人類歷史，我們一直遵循嘗試錯誤、從錯誤中學習的方式維持科技的正面效益。人類會用火以後，也會一直不小心搞到失火意外，因此接著發明滅火器、逃生門、警報器和消防隊這些設施。我們發明了汽車，然後三不五時發生車禍意外，所以也跟著發明了安全帶、安全氣囊跟無人駕駛車等產品。直到目前為止，人類的科技大致只會帶來少數規模有限的意外，呈現利大於弊的效果，不過當我們醉心於追求功能更強大的科技時，免不了會跨過臨界點，讓一場意外的災難性後果抵銷原本的利益。

有些人認為，不慎導致全球核戰會是經典的例子，有些人認為，會演變成瘟疫的生物工程足以名列其中，我們也將在下一章討論，未來人工智慧會不會導致人類滅絕的爭議性話題。其實不用舉出這麼極端的例子，大家就會同意以下這點的重要性：當科技的威力愈來愈強，我們就愈不能依賴嘗試錯誤的方法來找出安全的使用方式，換句話說，我們應該要用積極主動取代被動回應，在事前做好安全性研究以求防患於未然。這就是為什麼人類社會投資在核反應爐安全性的金額，會大於追求安全捕鼠器的根本原因。

這也是為什麼第一章提到在波多黎各的那場研討會上，人工智慧安全性研究會如此吸引與會人士高度重視的原因。電腦跟人工智慧系統都會當機，不過這次不一樣了：逐漸走進日常生活中的人工智慧要是當機，導致輸配電網、金融市場或核武系統故障，後果可不是造成不便這麼簡單。希望透過這一節，你可以大略了解人工智慧安全性研究的四個主要技術領域，也是目前舉世矚目、判定人工智慧是否夠安全的標準：驗證（verification）、驗效（validation）、管控（control）和資訊安全（security）。*為了避免用太過生硬死板的方式說明，我們不妨先參考過去資訊科技在各領域成功與失敗的經驗，從這些寶貴的經驗中記取教訓，並探討這些案例帶來的挑戰。

雖然這些都是電腦系統還不甚發達年代的陳年往事，如果人工智慧對少數人造成傷害（如果真的有的話），應該也不會有人把這些事故裡的電腦跟人工智慧聯想在一起。不過這些故事或多或少讓我們知道安全機制的寶貴，以及讓我們認清未來功能強大的人工智慧出狀況時，可能會造成的重大災難。

人工智慧用於星際探索

就從我最熱愛的項目開始說起：星際探索。電腦科技讓人類

* 如果想要更進一步了解人工智慧安全性研究的概況，未來生命研究所（FLI）的馬拉（Richard Mallah）帶頭製作了一份互動式的導引圖可供參考：https://futureoflife.org/landscape。

有辦法飛上月球，派出無人機走過太陽系裡的每一顆行星，甚至登陸在土星的衛星泰坦或是彗星。第六章會描述未來人工智慧怎樣幫助人類探索其他星系 —— 前提是人工智慧的電腦程式不能出差錯。1996年六月四日，想要研究地球磁場的科學家看著雅利安五型火箭（Ariane 5）搭載做出的科學器材，順利從歐洲太空總署升空後，都感到雀躍不已，但是火箭在三十七秒後爆炸了，變成一場耗資好幾億美元的煙火秀，讓他們再也高興不起來[8]，後來才發現爆炸原因是軟體程式無法處理一個超過16位元的龐大數字，導致系統整個掛掉。[9]兩年後，美國航太總署發射的火星氣候軌道探測船（Mars Climate Orbiter）在進入火星大氣層後意外解體，因為軟體的兩部分分別使用兩種不同的單位計算作用力，使得火箭引擎推進控制器產生了445%的誤差。[10]這是美國航太總署排名第二貴的程式漏洞 —— 排第一的是1962年七月二十二日從卡納維爾角發射，要執行金星探測任務的水手一號，它是因為飛行控制軟體被標錯小數點的數字弄混而爆炸的。[11]不只西方世界老是在進行太空任務時，碰上發射失敗的窘境，蘇聯的福布斯一號（Phobos I）探測器在1988年九月二日那天，也一樣難以倖免，那是有史以來最重的星際探測器，華麗的任務目標是在火星的一顆衛星放置地表探測器。結果在飛往火星的途中，因為程式少一個連字符號，使太空船以為接收到「任務終止」的指令，就把所有系統都關閉了。[12]

從這些例子學到的重點是，電腦科學家所謂的「驗證」工作很重要：確保軟體能百分之百按照預設的目標運作。當涉及的生命財產愈多，我們就希望軟體愈可靠，能按照原訂計畫行事，適巧人工智慧恰好可以自動幫助我們改善驗證工作。seL4是完整的通用作業系統內核程式，可以用嚴格的數學邏輯達到形式驗證的效果，有效排除作業系統當機或被鑽漏洞的風險：可惜不管是微軟的Windows還是蘋果的MacOS都還沒用上這套內核，不然使用者就不會看到「藍屏死當」跟「末日輪盤」了。美國國防部高等研究計劃署（DARPA）出資開發一整套高度安全的開放原始碼工具系統，稱為「高信度軍規網路系統」（HACMS），也已經證實具有足夠的安全性。如何將這些工具變得功能更加齊全、更易於上手，並且在未來大量推廣，則是重要的挑戰。另外，隨著軟體走進機器人或是其他新的使用環境，再加上傳統預設式、寫死的軟體逐漸由有學習能力、會改變自身行為的人工智慧（參見第二章）取代後，都會使須驗證的工作更加變幻多端，也愈加困難。

人工智慧用於金融領域

金融是另一個受資訊科技徹底改頭換面的領域，使得我們能在彈指間，往世界各地有效配置資源，從不動產抵押到創業貸款的任何金融業務，都可以找到適當的財務工具。未來更進步的人工智慧將對金融交易帶來更多的獲利空間，現在單是大多數買進或賣出股票的決定，就已經是由電腦自行完成的，而我那些從麻省理工學院畢業的學生，也常收到金融業者開出天文數字的起薪攻勢，希望能邀請他們加入改善執行交易演算法的行列。

美國騎士資本（Knight Capital）在2012年八月一日輕率的讓尚未通過驗證的交易軟體上線，結果以在四十五分鐘內狂賠了4.4億美元的慘痛代價，證明了驗證對金融軟體的重要性有多高。[13]而2010年五月六日爆發的「閃電崩盤」（Flash Crash）事件，則是基於驗證外，另一個重要性不遑多讓的因素，導致上兆美元的虧損。市場秩序在股災發生後約半小時恢復穩定，期間大量的股票價格激烈來回震盪，就連寶鹼這種績優公司的股價，也都在一美分到十萬美元之間跳來跳去。[14]閃崩事件的成因不是程式漏洞這種可以透過驗證避免的電腦故障，而是因為電腦程式的預設條件與實際狀況不符：很多公司的電腦自動交易程式出了意外，做出的假設與事實有所出入——舉例來說，原本的假設是認定，股票交易電腦回報某檔股票的價格若是一美分，實際上該股的股價就是一美分。

閃崩事件可以用來說明電腦科學家所謂「驗效」問題的重要性：驗證在意的是「我有沒有把系統做好？」而驗效注重的則是「我有沒有做出對的系統？」*也就是說，建立系統的假設是否有時會失效？如果是的話，有什麼改進方式可以解決不確定性的問題？

人工智慧用於生產製造

人工智慧可以從提升機器人的操作效率和準確度著手，改善現有的生產流程，這方面的潛力之大，毋庸置疑。不斷演化的3D列印可以做出各種物品的原型，大至商辦大樓，小至比結晶鹽還小的微型機械設備，無所不包。[15]大型的工業機器人負責生產汽車跟飛機，其他較廉價的電腦控制機台，不只提升了工廠的生產力，也帶動草根性的自造者運動，讓小地方的有心人士也能在全世界上千個社群經營的「無工廠實驗室」中，將自己的創意實體化。[16]隨我們生活周遭的機器人愈來愈多，驗證與驗效機器人軟體的重要性，也愈來愈輕忽不得。世上第一位被機器人殺死的人叫做威廉斯（Robert Williams），原本是在福特汽車位於密西根佛拉特雷克上班的工人。1979年某一天，工廠內用於抓取存放區零件的機器人故

圖3.3：傳統工業用機器人既昂貴且操作程式也很難寫，因此改用較便宜、內建人工智慧機器人的趨勢逐漸形成趨勢。這樣的機器人不需要安裝程式，只需要向生產線上的工人學習就會知道該怎麼做。

障了，所以他直接進入存放區拿零件，不料這時機器人無聲無息恢復運作，直接對他的頭部造成重擊並持續半小時之久，才被同事發現。[17]第二位機器人的受害者是浦田健二（Kenji Urada），他是日本明石市川崎重機工廠裡的維修工程師，1981年他在修理故障的機器人時，不小心誤觸開關，結果被機器人的液壓手臂重擊致死。[18]本世紀的2015年，福斯汽車在德國包納塔爾（Baunatal）車廠的二十二歲外包商，在設定機器人抓取汽車零件進行組裝時，不知何故導致機器人直接把他抓起來砸向鋼板，最後傷重不治。[19]

這些意外事件當然都是悲劇，不過請注意，這些都是工安意外

* 更精確一點來說，驗證工作在於檢驗系統有無符合設定的規格，而驗效工作則是檢驗是否選用了正確的規格。

中極為罕見的例子，而且工安意外事實上是隨科技進步變得愈來愈少，而不是逐步增加 —— 在美國就從1970年14,000位罹難者，降到2014年的4,821位罹難者。[20]而且這三起意外反而證明，用人工智慧取代死板板的機器，讓機器人學會在周邊有人時提高警覺，或許還能更進一步提高安全水準。這三起意外也都可以透過驗效來有效避免，因為案例中的機器人並不是因為程式漏洞或蓄意的動機造成人員傷亡，而是做出了未經驗效的假設 —— 其一是以為人類不會出現在它們的工作範圍內，其二是把人類當成汽車零件。

人工智慧用於交通運輸

人工智慧用於生產製造可以救回不少人命，用於交通運輸的話，可能救回的人命就更多了。2015年單是車禍就造成一百二十萬人死於非命，飛行器、火車和船舶的意外加起來也造成數千人的死亡。美國素以高安全標準著稱，但是去年因為車禍意外去世的人數也高達三萬五千人 —— 相當於工安意外罹難者總數的七倍。[21]美國人工智慧學會（AAAI）2016年年會在德州奧斯汀舉行，以色列電腦科學家瓦迪（Moshe Vardi）在圓桌論壇時帶有情緒的表示，人工智慧不只可以用於減少道路交通的意外死傷，也一定要對此承擔，他高聲主張：「此事攸關道德誡命！」因為幾乎所有車禍都是源自於人類的疏失，以致普遍認為搭載人工智慧的無人駕駛車，可以避免九成以上的行車意外。等到實際上真的有無人駕駛車上路後，這股樂觀的氣氛更是有增無減。馬斯克預期未來無人駕駛車不但會更安全，而且還可以在車主不需要用車的時候，與Uber或是Lyft等服務平台競爭，兼差賺錢。

到目前為止，無人駕駛車的安全紀錄確實優於人類，少數的意外也反倒證明了驗效工作的困難度和重要性。Google無人駕駛車在2016年二月十四日發生第一起擦撞意外，起因是對公車的假設失準：以為公車司機看到前方有車時會讓路。第一次致命的意外事故發生在特斯拉的無人駕駛車上，時間是在2016年五月七日，當時這輛車直接撞進穿越高速公路的拖車，原因是出自兩個錯誤假設[22]：把橫向亮白色的拖車當成晴天的一部分，並且以為車上的駕駛會注意路況，在出狀況之前即時拿回主導權*（據說駕駛在事發當下正在看哈利波特的電影）。

有時候，通過完整的驗證和驗效都不足以避免意外發生，因為我們還要能做到有效的管控：讓操作的人類監控系統運作狀況，並在必要時介入改變系統的運作方式。如要實現這種「人為查核點」（human-in-the-loop）的概念，就必須先在人類與機器之間，建立有效的溝通方式。這個原理就猶如你不小心忘了關上汽車後行李廂時，儀表版上就會亮起一顆紅燈，讓你很快注意到問題所在。可惜英國汽車渡輪自由企業先驅號沒有這樣的設計，所以當船長在1987年三月六日要啟航離開澤布魯日港時，沒注意到停車艙的艙門居然沒關上，導致這艘船離開碼頭後不久就翻覆了，計有193人淪為波臣。[23]

2009年六月一日晚上發生了另一起欠缺管控的悲劇。如果法航447號班機能夠改善人類與機器的溝通成效，或許就能避免飛機墜入大西洋，導致機上228人全數罹難。根據官方的飛安調查報告，「機組員對於飛機失速的狀況渾然不覺，因此根本沒有機會改用手

* 即便把這起車禍納入統計資料，啟動特斯拉的自動駕駛還是能夠降低40%的車禍機率，參見：http://tinyurl.com/teslasafety。

動模式避免意外」。只要改用手動方式壓低機頭就可以了，等到事情發生時已經太遲了。飛航安全專家認為要是能在駕駛艙安裝一個「攻角」警示燈，讓駕駛及早得知機鼻仰角過高，或許就能避免這場意外。[24]

1992年一月二十日，因特航空（Air Inter）148號班機在法國史特拉斯堡近郊的佛日山脈墜毀，造成87人罹難。失事原因並不是單純的人類與機器欠缺溝通，而是肇因於不友善的使用者介面。當時飛機駕駛在鍵盤上輸入「33」，試圖讓飛機往下調整3.3°，但是此時自動駕駛所處模式，卻把這個指令解讀成航速每分鐘3,300英尺——但是顯示螢幕太小，沒辦法讓駕駛分辨自動駕駛所處的模式，因此無法發覺自己犯下的錯誤。

人工智慧用於能源配置

資訊科技已經在發電及配電的工作上發揮神效，世界各地的電網都透過精心設計的演算法，尋求發電與用電間的平衡，巧妙的控制系統則讓發電廠能運轉得既安全又有效率。未來更進步的人工智慧可以讓「智慧電網」變得更聰明，即使能源供需的範圍，縮小成個別家戶的屋頂太陽能面板或是儲能設備，都能找出最佳化的對應方式。回顧2003年八月十四日星期四那晚，美國和加拿大境內合計有五千五百萬人踏進沒有光的世界，其中有些人在接下來幾天也都無電可用，這次問題的主要原因一樣出在人類與機器的溝通不良上：俄亥俄州一間電力控制室的警報系統因軟體程式漏洞失去作用，使得操作人員未能在小狀況（超載電力分散線被未經修剪的枝葉擊中）發生前，及時採取分散電力的措施，最終一路演變成整個電網癱瘓的失控結果。[25]

1979年三月二十八日賓州三哩島發生部分機組核反應爐爐心熔毀的意外，災後重建成本高達十億美元不說，這起事件也成為反核的有力證據。最終調查結果指出，這起事件是由諸多原因共同形成，其中自然包括對使用者不友善的操作介面。[26]更具體的說，現場作業員以為顯示安全隔離閥是開或關的警示燈，結果只是發出要作業員關上隔離閥的訊號——因此，該作業員從頭到尾都不知道，安全隔離閥其實一直都沒有關上。

這些電力能源和交通事故的意外帶給我們的教訓是，如果要讓人工智慧接手處理更多的實體系統，我們必須更努力下功夫研究，不只要讓機器本身能維持正常運作，還要讓機器能與人類使用者緊密合作。當人工智慧變得愈聰明，我們不只需要建立良好的使用者介面讓資訊更容易傳達，也要想出辦法在人類與機器之間妥善分工以達到最佳化——像是判定哪種情況下要移轉主控權，讓有效運用人類的判斷成為最優先選項，而不是以氾濫的瑣碎資訊讓主控的人類無所適從。

人工智慧用於醫療領域

用人工智慧改善醫療品質的空間非常大，數位化的病歷資料讓醫師和病患可以更快速做出更好的決定，還能就數位影像進行診斷，得到世界各地專家最即時的協助。老實說，再過不久，最適合執行這種診斷的專家，將是能在擷取影像和深度學習兩方面快速開展的人工智慧系統。舉例來說，荷蘭2015年的研究報告指出，將核磁共振影像交給電腦進行前列腺癌的診斷時，表現並不會比人類的放射科醫師來得差[27]，史丹佛大學2016年的研究報告則指出，人工智慧透過顯微影像診斷肺癌的功力甚至比人類的病理學家來得好。[28]如果機器透過學習，可以幫助我們釐清基因、疾病和治療反應之間的關係，不但可對我們個人使用的藥物完全量身打造，也能讓農場的動物更健康，作物更有抵抗力。除此之外，就算不依靠先進的人工智慧，由機器人執行外科手術，下刀時也可能比人類更精準、更可靠。近年來已經有許多不同種類的機器人成功完成手術的案例，通常都帶有下刀更精準、傷口更小的特性，因此能減少血液外流，降低病患的不適，並縮短病患恢復健康的時間。

不過，醫療照護領域也是用慘痛的教訓，換來對可靠軟體的重視，像是加拿大生產的Therac-25放射治療器，可用兩種模式處理病患身上的癌細胞：用低功率的電子束，或是用百萬伏特等級的高功率X光照射患部（此時病患就要穿戴上特製的防護罩了）。問題出在沒被驗證的程式漏洞，使操作人員有時以為自己正在使用低功率電子束，沒注意到機器送出的其實是百萬伏特等級的放射線，而沒穿上防護罩的病患，就會因為暴露在過量的放射線中而喪命。[29]巴拿馬國家腫瘤研究中心也有很多因過量輻射而死亡的病患，該中心放射治療設備使用的是鈷六十，在2000至2001年間因造成使用者混淆的介面沒經過完整驗效，以致於電腦程式設定出過長的照射時間。[30]最近有份研究報告顯示，美國在2000至2013年間由機器人執行外科手術而意外死亡的人數是一百四十四人，意外受傷的人數則是一千三百九十一人[31]，常見的狀況不只有電弧灼傷或損壞的器材掉進人體這些硬體方面的問題，機器不受控制移動和自動斷電等軟體問題也一樣令人頭痛。

好消息是，報告中的其他將近兩百萬件的手術都能順利執行，顯見機器人操刀的結果是更安全而不是更不保險。根據美國政府的統計，單是美國境內每年都有超過十萬人因為不良的醫療品質而死亡[32]，這麼說起來，替醫療領域開發出更優秀的人工智慧，恐怕會是比研發出無人駕駛車更為重要的道德誡命。

人工智慧用於通訊產業

時至今日，通訊產業可以說是受電腦影響最大的領域，自1950年代開始出現電腦控制的電話交換機開始，1960年代誕生了網際網路，全球資訊網在1989年問世，現在世上幾十億人口可以連線上網，不論是要互相交流、購物、看新聞、看電影、玩遊戲，只要動動手指就可以取得全世界的資訊 —— 而且通常不收分文。物聯網的誕生會讓包括電燈、恆溫控制器、冰箱等物品具有連線能力，甚至就連農場裡的動物，也都能植入接收訊號的生物晶片，預告一個效率更高、操作更精準、生活更便利的未來世界即將到來。

這樣將世界連接起來的了不起成就，同時也帶給電腦科學家第四項挑戰：在驗證、驗效和管控之外，還要提高能對抗惡意軟體和駭客入侵的資訊安全等級。前面提到的各種問題，本質上皆屬無心之過，而安全課題卻要直接面對縝密安排的蓄意攻擊。史上第一個受到媒體關注的惡意軟體是1988年十一月二日利用UNIX作業系統程式漏洞散布出去的「莫里斯蠕蟲」，據說這個軟體原本只是用來估算網路上有多少台電腦而已，想不到在當時不過六萬台電腦組成的網路規模中，竟有約一成的電腦被軟體入侵而當機。話說，當年設計出該軟體闖禍的莫里斯（Robert Morris），之後還是順利取得麻省理工學院電腦科學系的終身教職。

有些惡意軟體利用的不是軟體的缺陷，而是人性的弱點。2000年五月二日這天，好像是在替我慶生一樣，許多人都接到友人或同事寄過來，主旨寫著「ILOVEYOU」的電子郵件，收件人如果是微軟Windows系統的使用者，只要點開信件附加檔案「LOVE-LETTER-FOR-YOU.txt.vbs」，就會無意間開啟惡意軟體套件，不但會讓自己的電腦中毒，這封信還會再自動轉寄給受害者通訊錄上的每個人。這個惡意軟體是兩位菲律賓程式設計師的傑作，戰績就跟莫里斯蠕蟲一樣，感染了網路上將近一成的電腦，只是此時網路規模已經不可同日而語，因此形成有史以來最嚴重的災情，總計癱瘓了五千萬台電腦並造成超過五十億美元的財務損失。

現在你或許不得不意識到，網路上到處是各種伺機而出的惡意軟體蠢蠢欲動，資安專家會把這些惡意軟體區分成蠕蟲、木馬、病毒或其他聽起來就很可怕的名稱，這些惡意軟體造成的損失也難以評估，有的是散播無傷大雅的惡作劇訊息，嚴重一點的會刪除你電腦裡的檔案，竊取你的個人資料，監視你的一言一行，還有綁架你的電腦成為散播垃圾郵件的工具。

惡意軟體的目標是不特定對象的電腦，而所謂駭客攻擊就是針對特定目標下手——近期較廣為人知的標的物包括塔吉特（Target）百貨、零售業者TJ Maxx、索尼影視、社交網站Ashley Madison、沙烏地阿拉伯國家石油公司和美國民主黨全國委員會等等，而且犯案的規模也愈來愈可觀。2008年，信用卡支付服務公司哈特蘭支付系統被駭客竊走一億三千萬筆信用卡帳戶資料，2013年，輪到數十億筆（！）雅虎電子郵件的用戶資料遭殃[33]，2014年，美國人事管理局裡超過兩千一百萬筆個人紀錄及就業資料遭駭客外洩，消息指出，就連通過最高等級安全查核的政府要員個資，以及檯面下未曝光情報人員的指紋資料，統統無法倖免。

因此，我每當讀到有哪些新系統號稱可以百分之百安全，絕不會遭駭客入侵的報導時，免不了都會嗤之以鼻。儘管如此，不遭駭客入侵當然是未來發展人工智慧必須追求的目標，之後才有可能讓人工智慧負責，嗯……，好比說，重大基礎建設或武器系統的操作。因此，隨著人工智慧在社會上扮演的角色愈吃重，資訊安全的重要性也會跟著水漲船高。

駭客的手段變化多端，有的是利用人類容易受騙的特質，有的是利用新推出軟體複雜結構中的程式漏洞，還有的是利用系統裡未被發覺的程式漏洞，擅自登入他人電腦進行遠端遙控。這種漏洞的潛伏時間可能長到難以想像，比方說「心在淌血」（Heartbleed）這個程式漏洞，就躲在廣受資安社群歡迎的一個函式庫裡，在2012至2014年這段時間，不停在電腦之間流動也未被偵測出來，最離譜的要算是「Bashdoor」程式漏洞，潛伏在Unix電腦系統的時間自1989年起一直到2014年為止，長達二十多年。不過這個現象也表示，當人工智慧可以成為改善驗證與驗效的工具時，資訊安全的等級也將獲得一定程度的提升。

難就難在更優異的人工智慧既然可以用來尋找新的程式漏洞，自然也就可以用來執行更巧妙的駭客攻勢。假設有一天，你不尋常的收到某位友人寄給你的「釣魚郵件」，試圖說服你提供個人資料；這封電子郵件其實是人工智慧駭進你朋友的帳戶後，假借對方的名義發送，不但根據帳戶裡的寄件備份分析出對方的寫作風格加以模仿，還從其他管道取得很多跟你有關的訊息放進信裡，你有把握分辨出來這是陷阱嗎？如果這封釣魚郵件看起來是你持有信用卡的那家公司寄來的，而且隨後又來了一通聽起來很友善的電話，但其實只是人工智慧模擬的真人發音呢？在資訊安全攻與防之間未曾停歇的對抗中，目前我們還看不出採取守勢的一方有什麼必勝的跡象。

法律

人類是社會動物，之所以能成為地球的主宰驅使其他物種，靠的就是分工合作的能力。我們還發明了法律體系創造誘因促進合作，如果能利用人工智慧改善現有的法律體系和治理模式，人與人之間互相合作的成果一定還能再更上層樓，達成人盡其才的理想。事實上，我們現有執法和立法的方式，的確有很大的機會在人工智慧輔佐下，取得大幅的改善空間，茲分述如下。

提到你自己國家的法院組織時，你第一個會聯想到的是什麼？是曠日廢時、所費不貲和無法根除的偏頗判決嗎？如果是的話，放心，你並不是異類。如果能讓你馬上聯想到「效率」和「公正」，那該多好？法律程序其實也可以抽象看成是一種運算過程，輸入的資訊是證據和條文，輸出的結果則是判決，因此有些學者引頸企盼全自動「機器法官」的到來：讓永遠不會累的人工智慧系統針對所有案件適用一致高標準的法律條文，免除一切因人而起的誤判空間，如偏見、疲勞和缺乏對最新知識的掌握等等。

機器法官

德拉拜克維（Byron De La Beckwith Jr.）在1994年終於坦承自己是1963年刺殺人權運動領袖艾佛斯（Medgar Evers）的兇手。在他行刺得手後的隔年，於案發地點密西西比州兩次全由白人組成的陪審團都沒能將他定罪——雖然這幾十年來的物證基本上都一樣。[34]這該怎麼說呢？總之，歷史上的法律案件從來不乏受到膚色、性別、性向、宗教、國籍等因素影響，而形成誤判。有了機器法官以後，原則上我們總算可以真正在歷史上實現「法律之前，人人平等」的理想：依照程式運作的機器法官，可以做到對所有人一視同仁，將法條引用的原則開誠布公，真正達成沒有誤判的境界。

機器法官不只會消除人為偏見，也可以避免人類的無心之過。2012年以色列針對法官進行過調查，發現饑腸轆轆的法官通常會明顯做出比較嚴苛的判決，這個結果讓人議論紛紛[35]：剛用完早餐的法官有百分之三十五的機率駁回假釋案，而中午用膳前的法官駁回假釋案的機率卻高達百分之八十五。人類判決的另一個缺點是，未必有充分的時間了解案件的所有細節，而機器法官說穿了不過就是軟體，所以可以大量複製，同步處理所有待審案件，不用一庭等過一庭，虛耗光陰。而且不管要審理的案子要花多少時間，都可以指派出專責的機器法官進行審理。最後，人類的法官不可能熟稔每個案件所需的專業技術和知識，但是對於未來可能擁有無限記憶空間和學習能力的機器法官來講，不論是要處理棘手的專利訴訟，還是運用最新的鑑識科學破解謀殺案的謎團，都不會是什麼困難的大問題。

等到那一天到來時，機器法官就會秉持不偏頗、明察秋毫和公開透明的精神，做出有效率又公正的判決，提高審判效率也會帶來更公平的效果：加速審理流程不但可以讓心懷不軌的律師失去誤導審判的空間，在法庭上追求正義要付出的代價也將大幅減少，即使阮囊羞澀的一般人或是新創小公司，在面對億萬富翁或跨國企業集團斥資組成的律師大軍時，都有可能大幅增加勝訴機率。

但是話說回來，如果機器法官帶有程式漏洞或是遭駭客入侵，該怎麼辦？自動化投票機的運作可以證明，這兩個威脅並不是杞人憂天，而且有期徒刑和數不完的鈔票兩相比較後，網路攻擊的情況恐怕只會愈演愈烈。就算將來人工智慧夠可靠，讓我們可以相信機器法官完全以參照立法旨意的演算法做出裁決，但是我們每個人都敢拍胸脯保證，自己完全了解機器法官的裁決邏輯，因此無條件尊重判決的結果嗎？

這個質問會隨著神經網路近年來的進展而無從迴避。傳統人工智慧演算法的邏輯很容易理解，神經網路建立的人工智慧雖然表現遠遠優於GOFAI，但卻帶有諱莫高深的特性。如果被告方想要知道自己到底為什麼被判有罪，他們難道沒資格得到一個比「我們是用大量的資料訓練機器法官，所以才做出這樣的裁決」更充分的理由？我們還可以再深入一點探討相關問題。最近有些研究顯示，如果用大量的囚犯資料訓練深度學習神經網路系統，該系統預測哪些囚犯出獄後會再次犯案的準確率將高於人類（所以應該駁回假釋的申請）。這麼說起來，要是該系統發覺累犯情況跟囚犯的性別或族裔有統計上的相關性——這樣的機器法官需不需因為性別歧視或是種族歧視的問題，被人類重新編寫執行程式？2016年還真的有份研究指出，在美國各地用來預測再犯可能的軟體的確會對非裔美國人產生偏誤，因而做出較不公正的判決。[36]

上述都是我們需要好好思考的重要課題，才能確保人工智慧帶來的益處。以機器法官而言，我們其實並不是面對一個全有或全無的選擇，而是關於我們該在司法體系內用多快的速度和多大的程度，有效配置人工智慧。我們希望比照未來執業的醫師，讓人類的法官也能得到人工智慧系統的輔助，好做出決定嗎？還是我們希望再更進一步，讓機器法官負責初審的工作，而人類法官專責處理上訴案件就好？又或者是我們希望能一步到位，讓機器法官全權處理所有司法案件，甚至包含審理死刑在內？

法律上的爭議

以上檢視的只是法律執行上的課題，接下來要討論的則是法理原則。法律需要配合科技的腳步與時俱進，這一點已獲致廣泛共識。像是前文提到寫出ILOVEYOU蠕蟲程式，造成數十億美元損失的那兩位程式設計師，最後無罪開釋恢復自由之身，只因為當時菲律賓並沒有任何法律依據，可以制裁散播惡意軟體的行為。現在科技的進展愈來愈快，法令規範落後的趨勢不減反增，勢必要更加提升法律更新的速度才行。

讓更多喜好科技的人才進入法學院就讀或出任政府公職，對整體社會而言算是不錯的一步棋。但是，在選舉、立法表決時引進人工智慧的決策輔助系統，甚至完全交給機器立法的話，結果會怎麼樣？

要怎樣調整現行法律好因應人工智慧的進展，是非常容易引發爭論的議題，其中一項爭議來自於個人隱私和資訊自由之間的拉鋸。提倡知的權利的人認為，限縮隱私範圍能讓法院取得更多的呈堂證供，進而做出更公正的判決。譬如說，如果政府可以掌握每個人的電子裝置，記錄每個人所處位置、輸入的資訊、點選的內容等等，很多犯罪行為將無所遁形，甚至還能帶有防微杜漸的效果。

捍衛隱私的人則極力反對住在歐威爾筆下的警察國家裡，而且就算知的權利能夠帶來那些好處，這樣的國家也極有可能成為有史以來最極致的極權專政國家。另一方面，機器學習的能力已經逐步提升到對fMRI腦造影或其他掃描影像做出正確的分析，預判人類的大腦在想什麼，特別是說實話跟說謊話時的差異[37]，如果人工智慧加持的大腦掃描技術成為法庭的標準配備，目前經由冗長程序才能建立審理依據的方式，就能大幅簡化並縮短時間，用更快的方式帶來更公正的判決。捍衛隱私的一方會擔心，要是這套系統不小心犯了錯該怎麼辦，而且更重要的是，政府是否可以毫無限制窺探人民的想法？想要箝制思想自由的政府大可運用這套技術，把抱持某種想法和意見的人民羅織入罪。

所以，你會如何在公正和隱私之間取捨？如何在維護社會治安和個人隱私之間取捨？不管你選擇站在光譜中的哪個位置，到頭來會不會不由分說逐漸往限縮隱私的方向移動，才能解決證據太容易捏造的麻煩？好比說，要是人工智慧可以輕易弄出一段真假莫辨的影片，指控你從事犯罪的行為，這時你是否願意支持政府全天候不分區域記錄每個人的行蹤，以便在需要的時候提供你如假包換的不在場證明？

其他會讓人針鋒相對的話題，還包括應不應該針對人工智慧的研究立法規範？或者改用比較順耳的說法，立法時要如何提供誘因，促使人工智慧的研究成果以最大的可能，朝有益於社會的方向前進？

有些人工智慧的專家反對任何形式的規範，認為這樣只是徒然延誤我們最迫切需要的創新（像是能夠救人一命的無人駕駛車），或是逼使最先進的人工智慧研究轉到檯面下，或其他政府反應較被動的國家而已。第一章提到在波多黎各舉辦那場有益人工智慧的研討會上，馬斯克反倒認為現在政府該做的不是放任無為，而是要主動引導，更具體一點說，應該要讓術業有專攻的人擔任政府要職，由這樣的人督導人工智慧的發展，一路引導人工智慧朝可靠的方向前進。他也認為政府法令規範，有時候是科技進步的助力而不是阻力。譬如說，如果政府對於無人駕駛車的安全標準，有助於減少無人駕駛車的意外事故，不但可以用來減緩社會大眾對無人駕駛車的不信任，甚至還能讓這項新科技更普及。最具有安全意識的人工智慧業者或許會因此支持政府的法規，逼使其他對安全漫不經心的業者趕上高規格的安全標準。

還有另一項關於賦予機器權利與否的有趣爭議。假定無人駕駛車可以把美國每年三萬兩千件死亡車禍的數字減半，則汽車製造商可能不會得到一萬六千張感謝函，反而會得到一萬六千件法律訴訟 —— 問題來了，無人駕駛車肇事時，要如何認定責任歸屬？是事發時在車上的人？車主？還是汽車製造商？法律學者弗拉戴克（David Vladeck）給出了第四個選項：無人駕駛車自己！實際上他認為無人駕駛車應該可以投保（或者說是必須納保），如此一來，安全紀錄可靠的無人駕駛車會享有較低的保費，甚至比人類駕駛還低，而設計不良和生產馬虎的車款就要適用比較貴的保費，甚至貴到讓人買不下手。

但是當無人駕駛車也能夠納保以後，車輛本身是否也能有錢有財產？是的話，我們就很難從法律上禁止人工智慧進股市賺錢，並且自行花錢購買線上服務。而一旦電腦開始付錢雇用人類，電腦將可以達成所有人類能完成的目標。如果人工智慧系統最終真的比人類更善於投資理財（某些領域已經是如此了），這會導致大多數經濟領域都掌握在機器手中。這會是我們想要的嗎？可別以為這種想法有多不切實際，想想看，我們現有大多數經濟領域其實都已經被其他種類的非人類形式把持了 —— 公司這種組織型態就是如此。公司本身不但比公司裡頭的任何一個人都更有能力，就某種意義上而言，公司也有屬於自己的生命。

如果你同意賦予機器財產權，那麼你會同意賦予機器投票權嗎？如果同意，每套人工智慧的電腦程式都有一票嗎？即使你明知人工智慧夠有錢時，就可以進入雲端輕易複製出好幾兆的分身，所以無論如何都將由人工智慧決定選舉結果，這樣也無所謂嗎？如果不同意，我們對於人工智慧和人類智慧差異化對待的道德基礎是什麼？如果人工智慧有意識，像我們一樣具有主觀經驗，原有的道德基礎還站得住腳嗎？下一章將更深入探討由電腦掌控人類世界的爭議課題，第八章則會詳述機器意識的相關課題。

武器

打從史前時代開始，人類就不斷遭受饑荒、疾病和戰亂之苦，前面的篇幅提到，人工智慧可以幫助人類解決饑荒和疾病的問題，那戰亂呢？有些人認為，擔心情勢失控的核武國家反而不敢輕啟戰端，要是讓所有國家都擁有更具威脅性的人工智慧武器，是不是就有希望可以永久消除戰爭？如果這種說法無法說服你，你也還是認為未來的人類無法避免戰爭，要不要考慮使用人工智慧讓未來的戰爭比較人道一點？如果戰爭的過程只是機器打機器，就不會有士兵或是平民百姓死於戰亂了，這還不提未來搭載人工智慧的無人機和其他自動化武器系統，也就是反對者口中的「殺手機器人」，有可能比人類的士兵更平穩、更理性：配備超人般感測器的它們不怕被

圖3.4：現在的軍用無人機，比方說是美軍的MQ-1掠奪者是由人類在遠端遙控，將來搭載人工智慧的無人機有可能透過演算法，就能自行決定什麼是攻擊目標，不勞人類多事。

殺害，所以可能保持絕對冷靜，就算處在戰火最熾烈的地方也能執行縝密的運算，不會因此誤傷無辜民眾。

人為查核點

可是，如果自動化系統中毒了、搞不清楚狀況或無法依照我們的期望運作時，那又如何？美軍神盾級巡洋艦上搭載能自動偵測、追蹤並摧毀反艦飛彈或戰機等威脅的方陣系統，文森尼斯號（USS Vincennes）導彈巡洋艦因為具備這套戰鬥系統而被戲稱為「機器戰艦」。兩伊戰爭期間的1988年七月三日，文森尼斯號在與伊朗砲艇交火的時候，艦上雷達發出敵機來襲的警報，艦長羅傑斯三世（William Rodgers III）判斷有一架伊朗F-14戰鬥機俯衝而來，同意神盾系統開火攻擊。他當時絕對沒料到，自己同意擊落的竟然是伊朗航空編號655號的民航客機，機上兩百九十人全數罹難的慘劇，讓美國飽受國際責難。

事後的調查指出，問題出在容易讓人混淆的使用者介面，既無法自動顯示雷達螢幕上哪些點代表民航機（655號班機沿正常飛行路線前進，並且打開了民航機識別訊號），也無法在雷達螢幕上顯示飛行器正在下降（俯衝攻擊）還是爬升（這是655號班機從德黑蘭起飛後所採取的動作），甚至當操作人員要自動化系統回報更多關於不明飛行器的資訊時，也得到「下降」的回應：事實上，下降的是另一架飛機。系統在一團混亂中回報的是海軍用來追蹤另一架飛機狀態的序號：當時一架遠在阿曼灣執行對地作戰任務的空中巡邏機才是真正下降的飛機。

上述是由「人為查核點」做出最終決定的例子，而決策者在壓力下選擇對自動化系統言聽計從。按照世界各國防衛事務官員的說法，現在所有檯面上的武器都屬於「人為查核點」的系統，只有地雷這類低階、守株待兔式的陷阱是例外。但是目前的發展方向的確朝真正的全自動武器前進，放手讓武器系統自行挑選目標加以攻擊。把人為因素排除、增加武器運作速度，一直以來都是值得努力的軍事目標：想像有兩架無人機在空中纏鬥，一架可以全自動做出即時反應，另一架則是由半個地球以外的戰鬥人員進行遙控，所有反應都相對慢了好幾拍，你認為哪一架無人機會是贏家？

但是不得不提，要不是上天特別眷顧，好幾次在千鈞一髮之際都幸好有「人為查核點」發揮作用，我們早就生靈塗炭了。古巴飛彈危機期間的1962年十月二十七日，十一艘美軍驅逐艦和藍道夫號航空母艦（USS Randolph）聯手在古巴附近的國際水域（同時也是美國所劃定的「封鎖區」）將蘇聯B-59潛艦逼到走投無路，然而美軍方面卻不知道，蘇聯潛艦因為電力用罄而無法使用空調，船艙內部的溫度已經飆高到45°C以上，很多船員已經逼近二氧化碳中毒的邊緣陷入昏迷。這些船員已經好幾天沒和莫斯科取得聯繫，不曉得第三次世界大戰到底爆發了沒。

接下來美軍開始投放船上的小型深水炸彈，向蘇聯傳達美國希望潛艦浮出水面再行離去的想法，不過潛艦上的船員一樣不明所以，其中一位船員歐爾羅夫（V.P. Orlov）事後回憶：「我們想的是，時間到了，一切都完了！那就好像你坐在金屬桶裡，外面還有人三不五時拿榔頭敲桶子。」美軍方面不曉得這艘潛艦其實搭載了核子魚雷，並且已經取得莫斯科的授權，可以不用再行確認就逕自發射。事實上，潛艦艦長沙維特斯基（Savitski）已經決定要發射核子魚雷，兵器長葛利果瑞維奇（Valentin Grigorievich）也大聲呼應：「我們反正死定了，但是他們也全都要陪葬——這樣才不辱我國海軍的威名！」幸好，發射的決定必須取得艦內三位軍官的一致同意，而第三位軍官阿克菲波夫（Vasili Arkhipov）出聲反對。

事後來看，阿克菲波夫做出了避免第三次世界大戰的重大決定，也是現代史上對人類存續最有貢獻的人，但是卻沒有多少人知道這號人物，這倒是頗令人玩味。[38]另外還有一點值得我們深思，要是B-59是人工智慧控制的全自動潛艦，不具有「人為查核點」，這起事件接下來又會如何發展？

二十年後的1983年九月九日，兩大強權之間的緊張關係再次升高：美國雷根總統幾個月前咒罵蘇聯是「邪惡帝國」，幾個星期前蘇聯也擊落了一架因為迷航而闖入領空的韓國民航機，機上兩百六十九人，包含一位美國國會議員在內，無一生還。這一天，蘇聯自動化的早期預警系統偵測到美國向蘇聯發射了五枚陸基型核子飛彈，當天值班的戰情官彼得羅夫（Stanislav Petrov）只有幾分鐘的時間判定系統發出的警告是否有誤，而衛星訊號看起來一切正常，如果按照正常程序，彼得羅夫必須向上呈報美國飛彈已經來襲，不過他大膽憑直覺判斷，認為美國不太可能只用五枚飛彈攻擊蘇聯，所以儘管自己也沒有十足把握，他還是向上級回報是警報系統出了問題。事後證實當天是蘇聯的衛星誤把雲層上方反射的太陽光，當成飛彈引擎排放的火焰。[39]要是當天不是彼得羅夫值班，而是遵照正常程序運作的人工智慧來執行任務，後果如何實在是不堪設想。

下一波軍備競賽？

至此，相信你已經很清楚，我個人對自動化武器系統嚴重關切的立場，但是你可能還不知道，我真正在意的事情是人工智慧武器引發軍備競賽後的結局。2015年七月，我用以下的公開信向羅素表達我對於這件事情的擔憂，並且從未來生命研究所的伙伴那邊得到非常實際的回饋[40]：

自動化武器——致人工智慧與機器人研究人員的公開信：

自動化武器不需要人為操作就能自行挑選目標進行作戰。舉例來說，可以依據某些預設條件找出目標對象，並加以殲滅的武裝攻擊無人機就是其中一種，但是巡弋飛彈或是遙控導引的無人機，這些全權由人類設定目標的武器就不算在內。不管是否符合法令規定，人工智慧的發展已經使自動化武器的部署可以在幾年內，而不是數十年後變得可能，造成的影響不可謂之不大：自動化武器被視為是繼火藥和核武器後的第三波軍武革命。

支持或反對自動化武器的論述所在多有，像是用機器取代人類士兵這件事，就好的一面來講可以減少傷亡，就壞的一面來講，卻也同時降低了發動戰爭的門檻。人類如今要面對的問題，是要不要踏出進入全球人工智慧軍備競賽的這一步，抑或是在跡象顯露的此刻加以杜絕。如果有任何軍事強權跨出發展人工智慧武器的這一步，則接下來的全球軍備競賽就注定會無法避免，而這項科技的發展軌跡也顯而易見：自動化武器將成為下個世代的AK-47。

人工智慧武器不同於核武器的高昂造價，也沒有原物料難以取得的問題，因此所有擁兵自重的勢力一定會看中其廉價的特性大量生產，到最後變得無所不在。之後，經由黑市交易流入恐怖份子手中只是時間的問題，也遲早會成為想要嚴加控制民眾的獨裁者，和想要遂行種族滅絕的軍閥等用來為惡的工具。自動化武器當然也是執行暗殺、顛覆國家、鎮壓百姓和種族屠殺的理想工具。因此我們絕對有理由相信，人工智慧的軍備競賽無論如何不會給人類帶來好處。我們有很多利用人工智慧減少戰場傷亡，特別是設法保護無辜民眾的方式，但是把人工智慧發展成新穎的殺人工具，絕對不會是選項之一。

如同大多數化學家和生物學家根本無意製造生化武器一樣，大多數人工智慧的研究人員並不想把人工智慧當成武器，也不希望有任何人以這種方式玷汙了自己的研究領域，而讓社會大眾抵制人工智慧，讓人工智慧促進社會福祉的理想胎死腹

> 中。事實上，很多化學家和生物學家都普遍支持能夠有效禁用生化武器的國際協定，而物理學家也一樣會支持禁止把外太空當成核武器的戰場，或禁用致盲雷射武器的條約。

為了不讓我們的關切遭忽視，最後淪為反戰份子的喃喃自語，我希望盡可能讓更多硬底子的人工智慧專家和機器人專家共同署名。國際限制武裝機器人運動（International Campaign for Robotic Arms Control）曾經獲得好幾百人連署支持，呼籲對殺手機器人設置禁令，而我並沒有把握能夠做得更好。我知道專業機構通常不願意提供內部人員大量的電子郵件清單，以免替他人的政治操作背書，所以我只能從網路上的文獻逐一擷取相關領域研究人員和所屬機構的名字，也去亞馬遜的群眾外包平台MTurk上，請人幫忙找出這些人的電子郵件地址。大多數研究人員的電子郵件地址都放在所屬大學的網頁上，在經過二十四小時和付出五十四美元的代價後，我很高興建立了一份包含數百位人工智慧專家、個個都足以進入AAAI會員的電子郵件清單。其中有一位英裔澳大利亞籍的人工智慧教授渥許（Toby Walsh），同意由出面把這封公開信寄給清單上的其他人，讓這場運動的聲勢變得更浩大。世界各地MTurk的外包人員不間斷提供更多的名單給渥許，不久後超過三千位人工智慧和機器人的專家都連署了這封公開信，不但包含AAAI歷來的六位主席，就連人工智慧產業的領導廠商如Google、臉書、微軟和特斯拉也都名列其中。另一支來自未來生命研究所的志願軍也不眠不休幫忙剔除清單中不實的條目，像是柯林頓總統之類的名稱。其他領域連署的人數超過了一萬七千人，包括霍金在內。渥許之後還在國際人工智慧聯合大會上為此舉辦了一場記者會，成為世界主要媒體矚目的焦點。

因為化學家和生物學家曾站出來表達自身立場，所以世人現在會認為他們主要的研究領域，是創造有利於社會的新藥物和新材料，而不是為了發展生化武器。現在輪到人工智慧和機器人的研究社群站出來說話了：連署這封公開信的人也希望，自己的研究領域有助於創造更美好的未來，而不是帶來新的殺人手法。但是未來人工智慧的走向究竟是民用還是軍用為主？雖然本章多數篇幅著墨的是前者，但是花在後者的經費恐怕很快就會迎頭趕上——尤其是開始進行軍備競賽的話。

2016年實際用於民用人工智慧的投資金額超過了十億美元，但是五角大廈在2017年會計年度提報與人工智慧相關計畫的預算金額就高達一百二十至一百五十億美元之譜，前者相較之下只能瞠乎其後。此外，美國國防部副部長沃克（Robert Work）在提出這筆預算時，意有所指說了一句：「我樂見美國的競爭對手琢磨一下我們有哪些壓箱法寶。」[41]這句話中國和俄羅斯聽了後，難道能夠無動於衷嗎？

國際條約的必要性？

現在國際社會已經在某種形式上，啟動了限制殺手機器人的談判，但是之後會如何發展仍是撲朔迷離。而且，如果真的能達成協議，對於哪些項目應該設限的爭論也一直都爭論不休。雖然很多主其事者都同意，世界強權應該擬定出某種形式國際規範的草案，引導自動化武器系統的研究方向和用途，但是具體上要禁止哪些項目、該如何執行禁令就很難達成共識了。比方說，是不是只要限制致命性的自動化武器就好？還是會讓人受到重傷，像是會使人失明的武器也要一起禁止？禁止的階段到底該設定在研發、生產，還是持有？是不是所有自動化武器系統都一律禁止？還是比照我們那封公開信的內容，只限制攻擊性武器，而不限制自動化防空快砲和對空飛彈等防禦性武器？如果只限制攻擊性武器，而防禦性武器又可以輕易闖入敵國境內，這樣還能算是防禦性武器嗎？此外，當大多數自動化武器的零件既可軍用也可民用時，要如何執行禁令？好比說，幫亞馬遜遞送包裹的無人機跟載運炸彈的無人機，說穿了也沒有多大的差別。

有些人認為，根本不可能制定出能有效執行的自動化武器系統禁令，所以沒必要在這件事情上浪費時間。他們大概不知道，當年甘迺迪總統在宣布登月計畫時曾經強調過，只要一件事情成功之後可以大幅提高未來人類的福祉，無論再怎麼困難都值得一試。此外不妨參照生化武器的情況，雖然惡意的欺瞞使得禁令執行異常困難，但是很多專家還是認為，禁令的頒布讓生化武器擺脫不了惡名，達到限縮使用空間的效果。

2016年我在一場晚宴上遇到前國務卿季辛吉，藉機請教他當年如何推動生化武器的禁令。他回想起那時自己是以美國國家安全顧問的身分，向尼克森總統做出「禁令有助於美國國家安全」的建議。高齡九十二歲的他思路敏捷、記憶力驚人，讓我留下深刻印象，而他以局內人出發的觀點更是讓我佩服得五體投地。當年因為美國已經在傳統武器和核武器兩方面建立起穩固的強權地位，一旦全球展開生化武器的軍備競賽，誰輸誰贏還在未定之天，對美國而言不啻是弊大於利的結果。也就是說，當你已經處處占有上風，恪遵「東西沒有壞就別去修」這句格言才是明智的選擇。

羅素在晚餐過後加入我們的對談，一起思考怎樣把一模一樣的論述套用在致命性的自動化武器上：會在這場軍備競賽中獲得最大好處的，不會是現有的強權，反而是流氓國家和恐怖份子這種連敵國都稱不上的貨色，他們有機會從黑市取得研發完成的自動化武器，成為最大的獲益者。

如果能夠大量生產，搭載人工智慧小型殺手無人機的售價，搞不好跟智慧型手機差不多。那麼，不管是想要行刺政治人物的恐怖份子，或是分手後想找前任算帳的恐怖情人，都可以把目標的照片和地址輸入殺手無人機，讓它飛抵任務地點鎖定目標後痛下毒手，然後還可以自行引爆，不留下任何犯案的線索。換到另一個種族清洗的場景，殺手無人機可以經由程式篩選，專門殺害特定膚色和特定族裔的對象；羅素大膽預言，只要這種武器變得更聰明，殺害一個人所需耗費的材料、火力和費用就會變得更少。他舉了一個例子，一架大小有如大黃蜂的殺手無人機只要將極少量的爆裂物投向目標對象的眼睛，穿刺的力量可以輕易透過眼睛柔軟的構造直入大腦，這樣就可以用很便宜的方式完成殺人任務。或者也可以在目標對象的頭上施放鋼爪，再把一顆微型炸藥植入頭蓋骨中就行了。如果卡車上的貨櫃就可以釋放出上百萬架這種小型的殺手無人機，我們就要面對另一種新型態的大規模毀滅武器了：一種不會波及旁人，卻可以依照分類精準執行殺人任務的自動化武器。

常見的說法指稱，只要我們能讓殺手機器人具備道德意識，譬如說讓它們只限定殺害敵方士兵，就可以不用擔心這些問題。不過，既然我們都已經沒把握能夠順利執行禁令了，難道要求敵軍自動化武器的行為百分之百符合道德規範，會比在一開始就限制敵軍不准生產自動化武器，來得更容易？又如果說，認定文明國家訓練精良的士兵，在遵守作戰準則方面的表現會遠遠不如戰鬥機器人，同時卻認為流氓國家、獨裁者、恐怖份子這些勢力，會非常樂於遵守作戰準則，絕對不會使用破壞作戰準則的戰鬥機器人，這樣的想法會不會太過雙重標準，無法自圓其說？

網路戰

人工智慧在軍事運用上的另一項重大功能，是不用自己製造武器就能攻擊敵方，也就是所謂的網路戰，而超級工廠病毒（Stuxnet worm）的威力已經替將來網路戰的形式拉開序幕。一般認為超級工廠病毒是美國和以色列政府共同聯手的傑作，讓伊朗核武計畫中濃縮原料的高速離心器遭到感染，導致離心器分解。自動化程度愈高的社會，遭人工智慧攻擊的影響層面愈大，在網路戰中的損失就愈慘重；如果你有辦法駭入敵軍的無人駕駛車、自動導航機、核反應爐、工業機器人、通訊系統、金融體系或輸配電網，你就能有效重擊對方的經濟，癱瘓對方的防禦能力，如果能順便駭入對方的武器系統，這場戰爭就能宣告勝負底定了。

我們在本章開頭闡述了，人工智慧短期內可能會在哪些領域大顯神威，讓人類社會受益——但前提是我們有辦法做出夠可靠的人工智慧，免受駭客入侵的困擾。雖然人工智慧本身也可以用來讓系統自我強化，一併提升對抗網路戰的防禦力，但是人工智慧當然也有可能提升網路戰的攻擊能力。無論如何，優先鞏固好對抗網路戰的防禦工事，會是短期內發展人工智慧最重要的目標——否則的話，人類所有了不起的創新技術，都會淪為攻擊人類的武器！

就業機會和薪資待遇

本章到現在討論的課題，聚焦在人工智慧如何促成新產品、新服務的轉型過程，並且以負擔得起的價格，影響身為消費者的我們。換個角度來看，人工智慧又將在就業市場造成什麼樣的改變，進而影響身為勞動階級的我們？如果我們能找出透過自動化創造富裕，同時又不會讓人失去收入和使命的辦法，就有機會創造輕鬆寫意的美好未來，帶給每個人夢想中前所未有的富裕。對於這樣的願景，沒有多少人比我在麻省理工學院的同事、經濟學家布林優夫森（Erik Brynjolfsson）想得更透澈。雖然他總是衣著得體，但是內心深處依舊保有冰島人獨特的靈魂，前不久他為了更加融入商學院才略加修剪儀容，而我卻始終忘不了他一臉維京人式紅色虯髯大鬍的模樣。

所幸他腦海中狂野的想法並沒有跟著鬍子一起剔除，他還把自己對就業市場樂觀的期望稱做「數位雅典城」（Digital Athens）。古代的雅典公民之所以能享有民主、藝術和遊樂的安逸生活，主要因素不外乎是有一群奴隸代為從事勞動工作，所以我們為什麼不用具備人工智慧的機器人取代古代的奴隸，建立人人都能樂在其中的數位烏托邦？布林優夫森認為，以人工智慧推動經濟發展，不但能夠一方面消除工作的壓力和苦差事，另一方面如我們現在所願生產出各式各樣豐富的產品，更可以超乎現在消費者的想像，提供各種奇妙的新產品與新服務。

科技發展與分配不均

只要從現在起，我們每個人的薪資待遇都能逐年成長，將來就能走進布林優夫森描述的數位雅典城，讓每個人的工作量愈來愈少，生活水準愈來愈高，過著充裕休閒的生活。圖3.5顯示，美國自二次世界大戰後一直到1970年代，就是循這樣的模式發展：雖然收入分配有所不均，但是經濟大餅維持一路成長，幾乎雨露均霑的讓所有人都得到更多好處。不過布林優夫森等人開始注意到，自1970年代以後，事情發展有些不一樣了：圖3.5中的經濟規模雖然還是維持成長的趨勢，平均收入也跟著水漲船高，但是過去四十多年來成長的果實卻都流入最富有的一群人手中，甚至幾乎只進入最富有1%的人的口袋裡，而後頭90%的人卻發現自己的收入止步不前。如果我們把觀察指標從收入換成財富，分配不均惡化的情況會益發明顯：美國90%家庭在2012年的淨資產是八萬五千美元（跟二十五年前一模一樣），而最富有1%家庭的淨資產即便經過通貨膨脹，在這段期間的成長仍舊超過了一倍，達到一千四百萬美元。[42]

以全球的角度來看，分配不均的差距更是極端。2013年全球排名後半段所有人（總共超過三十六億人）的整體財富，剛好跟全球前八名首富的財富旗鼓相當。[43]這個統計數字完全應驗了「朱門酒肉臭，路有凍死骨」這句話。2015年在波多黎各的那場研討會上，布林優夫森語重心長的向各路人工智慧專家表示，他同意人工智慧和自動化技術的進步會讓經濟大餅愈做愈大，但是並沒有任何一條經濟定律能保證所有人都能獲利，就連是否能讓大多數人得利都得打上問號。

大多數經濟學家都同意，分配不均的現象愈來愈明顯，不過

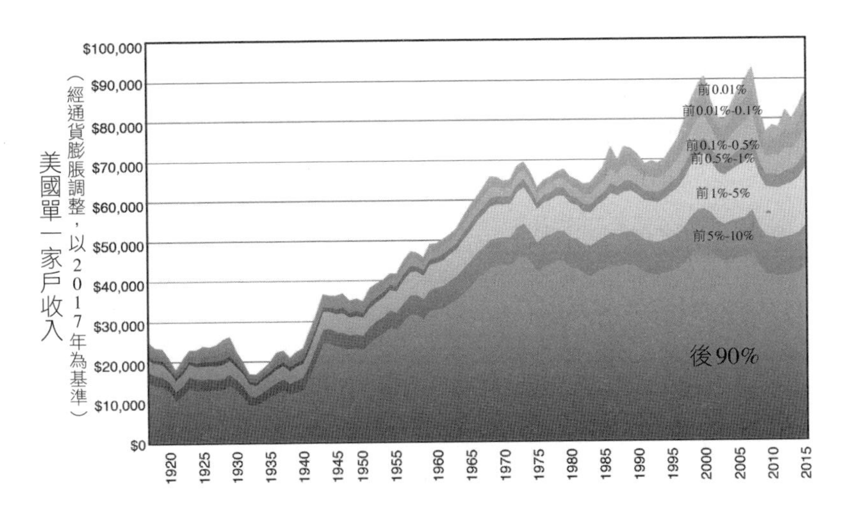

圖3.5：用過去一世紀以來的平均收入觀察經濟成長的趨勢，以及成長的收入流入不同族群的比率。在1970年代以前，不論是有錢人還是窮人，收入大致都維持同步成長，之後大多數成長則集中到財富頂端1%的人手中，而後90%族群的平均收入幾乎可以說是文風不動。[44]圖中數字都已經依照2017年的幣值進行過通貨膨脹的調整。

對於成因及未來發展趨勢的看法卻大相徑庭。政治立場傾向左派的人認為，全球化再加上對富人有利的減稅政策，是造成分配惡化的主因，而布林優夫森和他在麻省理工學院的同僚麥克費（Andrew McAfee）則認為真正的成因是另外一回事：科技發展。[45]針對數位科技對分配不均的影響。他們提出三種不同的分析角度。

首先，科技發展使傳統工作由需要更高度技能的工作取代，因而凸顯教育的重要性：自1970年代中葉開始，順利畢業取得文憑的勞工薪資待遇提升了25%，而中學輟學的勞工平均而言則少了30%的薪資待遇。[46]

其次，他們認為自從2000年開始，企業營利以前所未見的比率流向企業主，而不是往勞動階級移動 —— 只要自動化的趨勢維持不變，不難想見擁有機器設備的人一定會分到比較多的經濟成果。在進入數位經濟的年代後，資本相對於勞力的優勢只會更為明顯，一如科技趨勢專家尼葛洛龐帝（Nicholas Negroponte）提出的觀點：這是由原子世界蛻變至位元世界的過程。現在不論是書本、電影還是稅務試算表都已經數位化，往世界各地多賣幾份商品所增加的成本趨近於零，而且還不用額外增聘員工。這個趨勢自然會讓投資人而不是員工取得大多數的收益，也能解釋為什麼底特律三大公司（通用汽車、福特汽車和克萊斯勒），2014年的合併營收幾乎和矽谷三大公司（Google、蘋果和臉書）不相上下，但是後者的員工人數不但只有前者的九分之一，在股市中的價值更是前者的三十倍以上。[47]

第三，布林優夫森等人認為，超級巨星會比一般民眾更容易享有數位經濟的好處。哈利波特的作者J.K.羅琳（J.K. Rowling）成為有史以來第一位晉升為億萬富翁的作家，她比莎士比亞更有錢的祕訣在於，她的故事內容可以用極低的成本轉換成文字、電影和遊戲等各種不同形式供世人傳頌。相同的道理，庫克（Scott Cook）藉由自己開發的稅務軟體TurboTax致富，這套軟體當然也異於一般人類的稅務會計，是可以從網路上購買的。至於排名第十的稅務軟體，大多數人不管再便宜也沒多大意願使用，因此這個市場裡能容下的自然只剩下少數幾位超級巨星了。這就表示，全世界的父母如果建議孩子以成為下一個J.K.羅琳、吉賽兒・邦臣（Gisele Bundchen）、麥特戴蒙、C羅、歐普拉或是馬斯克的話，大概沒有哪個孩子會認真把這項建議當成可行的職涯策略。

給孩子的職涯建議

在這種情況下，我們到底能給孩子什麼樣的職涯建議？我會鼓勵我的孩子朝目前機器還不擅長的領域發展，以免在不久的將來淪為自動化作業的犧牲品。如果要預測各種工作大概多久以後會由機器取代[48]，不妨先參考以下幾個有用的問題，再決定將來要就讀哪些科系，進入什麼領域就業：

- 這個領域需要運用社交手腕和他人互動嗎？
- 這個領域需要運用創意提出巧妙的解決方案嗎？
- 這個領域需要在無法預測的環境下工作嗎？

當你愈能用肯定的方式回答，你選到好工作的機率就愈大。換句話說，幾個相對安全的職業項目分別是：教師、護理師、醫師、牙醫、科學家、創業者、程式設計師、工程師、律師、社工人員、神職人員、藝術工作者、美髮師或是推拿師傅。

相較之下，在可預期的環境下重複執行高度結構化的動作，這種工作型態在自動化的影響下可就岌岌可危了。電腦和工業機器人早就已經接手簡單到不行的工作，隨著科技持續演化，受取代的工作只會愈來愈多，諸如電話行銷、倉儲管理、櫃台職員、列車司機、麵包師傅和廚房助手都算在內。[49]接下來，開卡車、巴士、計程車的司機，甚至就連Uber和Lyft的駕駛都可能是下一波被取代的對象。另外還有很多職業項目（比方說律師助理、徵信業者、放款業務、記帳人員和稅務會計等）雖然不至於列入全面取代的危險名單，但是大多數工作內容還是能被納入自動化的作業流程中，使得人力需求大幅減少。

單是設法和自動化作業保持距離，還不足以完全克服將來職場上的挑戰，當全世界都進入數位化的年代，想要成為專業的作家、製片、演員、運動員或時尚設計師，還要面臨另一項風險：雖然這些職業短時間之內不會立即面臨機器帶來的激烈競爭，但是回顧先前提到的超級巨星理論，這些領域一樣要面對來自全世界的專業人士帶來的愈來愈嚴酷競爭壓力，真正能成為贏家的人可以說是少之又少。

通常來講，如果要對所有領域、所有層級的工作做出職涯建議，未免流於太過草率：很多工作並不會完全消失，但也會有很大一部分被自動化取代。如果你打算行醫，千萬別擔任分析醫療影像的放射科醫師，因為IBM的華生電腦會做得比你更好，不妨考慮擔任有資格要求做出放射影像分析，可以拿著檢驗報告跟病患商討要如何進行後續診療的醫師。如果你想往金融界發展，千萬別擔任只會拿數字套用演算法的「寬客」(quant)，這種工作可以輕易被軟體取代，倒是可以考慮擔任利用量化分析做出投資策略的基金經理人。如果你擅長的領域是法律，那就別以埋首文件找資料的律師助理自滿，這種工作靠自動化作業就可以了，你應該要以能提供客戶諮詢服務，能站上法庭進行官司訴訟的律師為目標。

以上，我們說明了在人工智慧年代下，個人如何在就業市場盡可能擴大自己成功的機會。政府部門能夠做些什麼，好幫助國內的勞動力邁向成功？像是什麼樣的教育體系最能夠幫助民眾做好準備進入職場謀生，不用擔心人工智慧持續快速的改善？現行先經過十幾、二十年的求學階段，隨後將四十年的歲月都投入專業領域的模式仍舊適用嗎？或者改成先工作幾年，用一年的時間回到學校加強技能，之後再重回工作崗位，依此不斷重複循環的體系比較好？[50] 還是說，我們應該讓推廣教育（或許是以線上授課的方式進行）成為所有工作的標準配套措施？

另外，什麼又是最有助於創造優質新工作的經濟政策？麥克費認為，很多政策都值得考慮，像是在研發、教育和基礎建設等方面進行大規模投資，吸引外國人才融入本國社會，還有提供誘因鼓勵創業等政策皆屬之。他認為「經濟學原理在教科書上都寫得一清二楚，問題是沒有人有辦法照著做」[51]，起碼美國就沒有做到這一點。

人類終究免不了失業的結局嗎？

如果人工智慧持續進展，持續把更多工作納入自動化作業，結果會怎樣？很多對就業狀況樂觀以對的人認為，就算原本的工作機會被自動化取代，將來還是會有更新、更好的工作機會等著我們。因為自從工業革命期間，盧德主義者擔心嚴重的技術性失業問題將無法避免以來，類似的憂慮從來沒有成真過。

不過另一批對就業狀況感到悲觀的人卻認為，這次真的不一樣了[52]，會有史無前例多的人不僅只失業，還會淪落到失能的狀態。悲觀人士認為，自由市場薪資待遇的水準是由供需兩端共同決定，而廉價機器勞力源源不斷的供應，最終一定會把人類的薪資待遇，壓抑到遠比生活基本開銷還要低的程度。只要勞動市場的工資水準，是以能完成任務的最低報價而定，由誰完成或是由什麼東西完成並不重要的話，則凡是能夠外包到低所得國家或是外包給機器的職業項目，薪資待遇一定會降到有史以來的最低點。

我們在工業革命的時候讓機器取代人力，將勞動階級移往更需要花腦筋的工作，同時換取更好的薪資待遇（講白了，就是用白領的工作取代藍領的工作），現在我們逐漸想出用機器取代腦力的辦法，如果我們這次最後能夠轉型成功，留給我們的工作項目會是什麼？

樂觀人士認為，繼體力與腦力的工作之後，下一波的成長將來自於創造力的工作；悲觀人士則把創造力視為另一種形式的動動腦，到頭來一樣會是人工智慧一枝獨秀。樂觀人士期待下一波工作機會伴隨科技發展而來，是以往根本無從想像的新職業。想想看，生活在工業革命時代的人，怎麼可能想到自己的子孫有一天會靠網頁設計和擔任Uber駕駛過活？

悲觀人士則指出，這不過是一廂情願的想法，欠缺實證的論述基礎。悲觀人士認為相同的論述大可往前推一個世紀，從電腦革命以前開始說起，大膽推論現在大多數職業都是以往難以想像、未曾出現、需要依靠科技帶動的新職業，然後就會發現這樣的推論錯得離譜，禁不起圖3.6的檢驗：現在絕大多數的職業，其實早在一個世紀以前就已經出現了。如果按照各行業提供的職缺數目依序排列，要一路算到第二十一位才會找到電腦革命帶來的新職業：軟體工程師，而且占美國就業市場的規模還不到百分之一。

搭配上一章的圖2.2可以讓我們更了解現在所處的狀況。圖2.2把人類的智慧比喻成地表，不同的地表高度代表機器要勝任各個工作項目的難度，而海平面代表的則是機器目前能做到的程度。現在就業市場的主流趨勢並不是把人類都移往全新的職業，而是讓人類擠在圖2.2中幾片還沒被上升的科技潮流淹沒的剩餘土地上！

圖3.6告訴我們，上述的世界觀並不是只有一座孤島，反倒更像是地形複雜的群島，其中的小島和礁岩代表機器在這幾項有價值

的工作上，還沒辦法像人類一樣做得遊刃有餘。這些僅存的領域不是只有軟體設計這種高科技類型的工作項目，科技程度不高，但卻能充分運用人類優越敏捷能力與社交能力的工作項目也名列其中，諸如推拿師傅和戲劇演出等等。人工智慧有沒有可能快速從我們手中奪走運用腦力的工作，只留下低技術門檻的工作？我有一位朋友前不久跟我講了一個笑話，他說到最後剩下的職業，可能也就是人類最早發展出來的工作：性工作。當他把這個觀點告訴日本的機器人專家後，想不到對方居然不表認同：「那你就錯了。告訴你，機器人在這一方面也很擅長！」

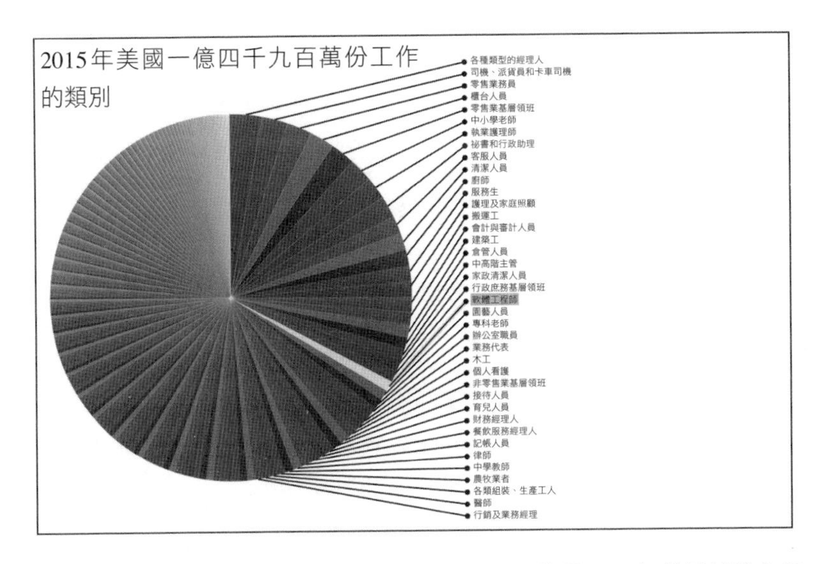

圖 3.6：這張圓餅圖來自於美國勞工統計局，顯示的是 2015 年美國就業市場總計一億四千九百萬份工作分屬於 535 種行業類別，並依照就業人數多寡排序後的概況。[53] 職缺總數超過一百萬人的職業以標籤注記，直到第二十一位才能找到電腦科技促成的新職業。這張圖的靈感來自於皮斯托諾（Federico Pistono）提出的分析觀點。[54]

悲觀人士主張未來的結局再明顯不過：所有島嶼總有一天都會淹沒，到最後人類沒有任何工作可以做得比機器更經濟實惠。蘇格蘭裔美籍經濟學家克拉克（Gregory Clark）在大作《告別施捨》中提到，如果我們想稍微了解未來工作的樣貌，不妨拿馬匹之間的對話做為比較基準。想像活在1900年、雙眼盯著最早期汽車模型的兩匹馬正在揣測自己的未來：

「我擔心有一天會成為技術性失業的勞力。」

「不會啦、不會啦，別跟那些盧德主義者一個樣：我們的祖先以前看到蒸氣引擎取代我們在工廠的差事，還是看到蒸氣火車取代我們拉馬車的工作時，不也講過一樣的話？結果呢？現在的我們反而有更多，而且也有更棒的工作可做。我寧可像現在一樣，整天拉著客用小包廂穿梭在城鎮裡的大街小巷，也不要一整天被綁著轉圈圈，只為了替那些蠢爆了的挖礦機提供動力。」

「可是，如果內燃機這種引擎真的有那麼神奇的話呢？」

「我敢保證將來還是會有更新、更新的工作要由馬匹來負責，只是我們現在還想不出來那會是什麼樣的工作而已。過去歷史上總不乏類似的過程，像是當初發明輪子和耕犁的時候。」

不幸的是，後來那些想像不到的新工作並未誕生，而沒事幹的馬匹不是被取代而已，還被宰去做其他用途，以致美國馬匹數量從1915年的兩千六百萬匹暴跌至1960年的三百萬匹。[55]繼機器的勞動力讓馬匹顯得多餘以後，機器的智力會不會也讓人類顯得多餘？

讓沒工作的人也有一份收入

這樣說起來，到底誰的觀點是對的？是那些認為由自動化取代的工作，會轉換成其他更好工作的觀點？還是那些認為大多數人類終將淪為失能一族的觀點？如果人工智慧的發展能一路向上，可能兩種觀點都是對的：只是一種指的是短期狀況，另一種指的是長期狀況罷了。雖然我們在提到工作機會消失的時候，經常會跟愁雲慘霧的情境聯想在一起，但是沒有工作要做卻未必是糟糕的事情！

盧德主義者的問題出在只在意特定的工作項目，忽略其他可能也可以產生同樣社會功能的工作。準此以觀，那些只在意現有工作的人，可能也犯了眼光不夠遠大的毛病：人之所以會投入工作，是為了賺取收入和追求使命，一旦機器能生產出充沛的物資，最終結果可能演變成人類不需要工作也能夠擁有收入和使命。前面馬匹的故事最後也走向了類似的結局 —— 馬匹不但沒有因為丟了工作而集體滅絕，相反的，馬匹的數量還從1960年起逆勢成長了超過三倍，幾乎等同受到良好的社會福利體系照料：馬匹不用自掏腰包就會有人樂於出錢飼養，從事的也都是娛樂跟運動競技方面的活動。我們是否也有能力對需要幫助的「自己人」提供同樣的照料呢？

先從收入的部分開始談起：只要把持續擴大的經濟大餅當中一小部分進行重分配，就能夠讓所有人都過得比以前好。很多人不僅認為人類能夠做到這一點，更是應該要做到這一點才行。前面提到過的瓦迪認為，用具備人工智慧的科技拯救人命是道德誡命，我則認為運用人工智慧找出對人類有益的用途，包括分配財富在內，同樣也是道德誡命。布林優夫森當天是圓桌論壇的主講人，他也表示：「如果我們擁有這些新增的財富，卻連別讓半數人類的日子愈來愈難過都做不到的話，那還真是枉為人了！」

如何分配財富的方案可說是五花八門，每一種方案也都有支持與反對的聲浪。最簡單的方案是「基本收入制」，讓每個人不分資格，每個月都能無條件獲得一筆進帳，在加拿大、芬蘭、荷蘭等地都可以找到一些小規模的試辦正在進行或正在規劃中。支持者認為，基本收入制比其他提供援助的社會福利支付方案更有效率，且省卻了決定誰符合補助資格這些備受爭議的行政程序。以援助觀念為出發點的社會福利支付系統，往往遭批評會使人失去工作的意願，但這個問題在進入未來沒有工作、沒有人需要工作的世界後，自然就不重要了。

政府除了提供人民金錢，還可以提供道路橋梁、公園綠地、大眾運輸、育兒照顧、教育、醫療、退休安養和連線上網等免費或受補貼的公共服務，很多政府事實上也的確在這一方面做出相當的努力。這些由政府出資的公共服務和基本收入制有兩個不同的地方：一方面能夠降低人民的生活基本開銷，另一方面也能藉以提供工作機會。儘管未來世界的機器人，能夠在所有工作項目表現得比人類更好，政府還是可以選擇付錢讓人民從事照顧嬰幼兒和年長者的工作，而不是外包給機器人來噓寒問暖。

有趣的是，進步的技術本身就可以在沒有政府干預下，免費帶來很多寶貴的產品和服務。舉例而言，以前的人會花錢購買百科全書、地圖集，不論是寄信還是打電話也都要花錢，不過現在只要能連線上網，就可以免費取用上述這些產品跟服務——這還不提視訊電話、分享照片、社群媒體、線上購物等各種族繁不及備載的新玩意兒。很多對人類具有高度價值的產品，像是抗生素之類的藥物也都變得異常便宜。這一切都要歸功於科技的進步，讓現代社會就連窮人也都能得到以前世界首富夢寐以求也享受不到的事物，難怪有人認為這表示維持體面生活的必要收入，一直以來都是愈降愈低。

如果機器真的有一天，能用極少的成本生產出目前所有的商品跟服務，我們就會擁有夠多的財富讓每個人都過得更好，這一點殆無疑義；反過來說，屆時只要相當低的稅率就能讓政府維持運作，發放基本收入給人民並提供免費的服務。不過當我們回歸現實面來看，可以實現財富分配當然不代表將會實現財富分配，甚至連應不應該實現都可以在現代社會引起強烈的政治歧見。

依照前文的圖表，不難看出美國現在的趨勢恰好走在財富分配的反向道路上 —— 走過一個又一個十年的區間後，有些族群只是變得更窮而已。由於如何分配社會新增財富的政治決斷，會影響社會上的每一個人，所以應該將所有人都納入未來要建立什麼經濟體系的對話，而不是完全交給人工智慧和機器人的專家，或是由經濟學家自行決定。

很多人認為，減少收入分配不均是現在就值得支持的想法，不用等到人工智慧接收一切的未來再來討論。這個觀點雖然帶有不少道德層面的訴求，但是證據顯示，分配更平均的社會可以讓民主發展得更好：只要社會上有一大群受過良好教育的中產階級，操弄選民就會變得愈困難，少數有錢人和財團也就愈不可能花錢買通政府。愈健全的民主體系反過來會讓經濟事務運作得更好，達到減少貪汙、更有效率和快速成長的多重目標，最終受益的當然還是社會上的每一個人。

讓沒工作的人扛起使命

工作帶給我們的不只有錢。大文豪伏爾泰早在1759年就留下這麼一句話：「工作使人遠離三種罪惡：無聊、惡習和匱乏。」反過來講，光是給人一筆收入也無法保證對方就會過得更好。羅馬皇帝用麵包、競技場讓臣民忘掉憂愁，耶穌則更看重非物質面的需求，一如《聖經》記載的：「人活著，不是單靠食物。」是以，工作到底在金錢之外帶來了什麼價值？一個沒有工作的社會又該採取什麼替代方案，才能達到一樣的效果？

有些人恨工作恨得要命，有些人卻又愛工作愛得要死，所以這個問題當然不會有簡單的答案。除此之外，很多兒童、學生和家庭主婦不需要透過工作，也能夠變得愈來愈厲害，歷史上也多得是被寵壞的富二代還是王公貴族找不到人生的目標，整天鬱鬱寡歡。2012年有一份綜合文獻分析報告指出，失業有可能對生活幸福造成長期負面影響，而退休生活就好像是在開福袋，是好是壞猶未可知。[56]近年來逐漸成為顯學的「正向心理學」點出了幾項有助於提升生活幸福與使命感的做法，其中有些（特別聲明：絕非全部！）可以透過工作獲得滿足感，譬如說是：[57]

- 和朋友、同事建立起的社會連結
- 健康且充滿活力的生活形態
- 自尊、自重，在做擅長的事情時，能夠感受到「一股」高效率的愉悅感
- 覺得能被他人需要，能夠帶來改變
- 體會到成為組織一份子的意義，能夠為大我做出奉獻

由於這些項目也可以在工作場所之外實現，像是透過運動、嗜好或學習，或是在與親朋好友、團隊、社團、社群團體、學校單位、宗教與人道組織、政治運動等各種機制的運作中達成，因此讓樂觀份子的論述更站得住腳。如果要讓低度就業的社會更加繁榮，而不是走上自我毀滅的道路，我們就要有辦法讓這些增進福祉的活動更加活絡，而這條路上需要的不只是科學家和經濟學家，同時還需要心理學家、社會學家和教育工作者的共襄盛舉。只要我們能認真看待替所有人增進福祉這件事，未來只需要動用一部分人工智慧創造的財富，就一定有辦法讓人類社會達到前所未有的繁榮，最起碼也應該能夠讓所有人都樂在自己所夢想的工作中。一旦我們的日常生活不用再為了五斗米折腰，不再以賺錢為第一優先，人類發展的潛能將會徹底釋放。

人類水準的智慧？

這一章的主題著重在我們要如何預先做好準備，避免各種可能的缺點，好提升人工智慧在短期內大幅改善人類社會的可能。那麼，長期而言又會發生什麼事？會是人工智慧的進展，最終碰上無法跨越的鴻溝而停滯？還是人工智慧的專家終於順利達成最初的夢想，打造出人類水準的通用人工智慧？前一章提到妥善安排的東西可以依照物理定律具備記憶、運算和學習的能力，誰能擔保這些妥善規劃的東西不會有哪一天變得比我們大腦裡的東西更加聰明？我們什麼時候才能（或者說，我們到底能不能）打造出這種超越人類的通用人工智慧還很難說，就連世界頂尖的人工智慧專家也都還眾說紛紜，估計的時程從幾十年到幾世紀都有，甚至有些專家認為永遠也不可能。所以就如同第一章講過的答案一樣：我們就是沒有答案。在探索未知領域時，你無從得知自己和目的地之間還隔了幾座山頭，這就是預測之所以困難的原因。原則上，你只能看見眼前這座山，必須跨越這座山才能發現下一個障礙是什麼。

那麼，最接近的山頭是什麼？假定我們知道運用現有電腦硬體建立人類水準通用人工智慧的最佳做法（事實上我們並不知道），我們起碼得先處理有沒有辦法取得所需運算資源的這一關再說。因此我們要先算一下，用第二章位元的概念和「每秒浮點運算次數*做為換算單位，人腦的運算能力大概有多強？這是有趣中帶有陷阱的問題，答案會依照我們到底問的是哪一個問題而定：

- 問題一：每秒鐘需要達到多少次的浮點運算才能模擬人腦？
- 問題二：每秒鐘需要達到多少次的浮點運算才能企及人類的水準？
- 問題三：人腦每秒鐘可以執行多少次的浮點運算？

研究問題一的論文可以說是汗牛充棟，大致上研究成果指出這一題的答案接近每秒一百拍（peta）次的浮點運算，亦即每秒 10^{17} 次[58]，相當於2016年世上最快的超級電腦、造價接近三億美元的神威・太湖之光（圖3.7）的運算能力。意味著就算我們知道怎樣運用這些運算能力，模擬出技術高超的人工智慧取代人腦，除非神威・太湖之光每小時的租金低於原本那位勞工的時薪，否則根本沒必要這樣做。而且別以為付完租金就能搞定一切，因為根據科學家的推論，想要準確複製人腦智慧，我們不能只用第二章那種簡化

圖3.7：神威・太湖之光，2016年世上最快的超級電腦，單以運算能力而言，或許已經超越了人類大腦的水準。

版的神經網路數學模型，可能還要更進一步模擬到每個分子，甚至到每個次原子粒子的運作模式。如此一來，「每秒浮點運算次數」的需求規模勢必會大幅暴增。

第三題的答案簡單多了：我自己就很不擅長十九位數的乘法，就算有紙有筆讓我慢慢算，大概也要花上好幾分鐘的時間。換句話說，我的運算效能大概低於每秒0.01次的浮點運算——跟第一題的答案相差足足有十九個數量級那麼多！這麼誇張的差距來自於大腦和超級電腦擅長的項目非常不同所致，用下列這兩個問題類比就更容易理解了：

拖拉機能把一級方程式賽車的工作做得多好？
一級方程式賽車能把拖拉機的工作做得多好？

所以說，在問題一跟問題三的答案中，哪一個適合用來預估未來人工智慧所需的「每秒浮點運算次數」？顯然兩個都不適合。如

* 前一章提到的「每秒浮點運算次數」，是指每秒鐘能執行多少次十九位數的乘法。

果我們的目標是模擬人腦，問題一的答案的確比較有參考價值，但是如果我們的目標只是打造人類水準的通用人工智慧，最適合參考的反而應該是置於其中的問題二。問題二的答案一樣沒有人知道，但是鐵定比模擬人腦來得簡單一些，一種做法是提升軟體功能以符合當前電腦的硬體水準，另一種做法是打造類似人腦的硬體設施（這點在仿神經型態晶片的領域有著長足的進步）。

莫拉維克提出了一種比較公平的基礎，試圖算出人腦跟當代電腦運算效能的差異[59]：以我們眼球後方視網膜處理完低階影像，尚未透過視覺神經把結果傳遞給大腦前的效能做為比較基礎。他在一般電腦上複製視網膜的運算效能，得到的結果約為每秒鐘十億次的浮點運算，而整個大腦的運算能力又大約是視網膜的一萬倍（根據兩者容量和神經數的差異估算），因此人腦的運算能力粗估可達每秒鐘 10^{13} 次的浮點運算 —— 相當於2015年售價一千美元的電腦所能達成的極致表現罷了！

我們可以做出以下的結論：我們絕對沒辦法保證，可以在有生之年打造出人類水準的通用人工智慧，甚至有可能永遠也做不出來。但是我們也不敢鐵口直斷說人類一定做不到，因為把「人類欠缺足夠的硬體技術」，或是「硬體設施太貴」視為無解的說法都已經站不住腳了。雖然我們不知道在硬體架構、演算法和配套軟體這三方面，到底距離人類水準的通用人工智慧這條終點線還有多遠，但是目前的進展飛快，而且有一群愈來愈龐大、來自全球最有才華的人工智慧專家，攜手解決眼前的各項挑戰，是以我們不該排除通用人工智慧總有一天會有追上人類水準，甚至是超越人類水準的可能性。那麼，讓我們透過下一章看看這樣的可能性，看看這個可能的路徑會把我們帶到什麼地方去吧！

本章重點摘要

- 短期內人工智慧的進展很有可能從各方面大幅改變我們的生活形態，除了讓我們個人的生活方式變得更便利，輸配電網和金融市場運作得更有效率外，還包括能救人一命的無人駕駛車、手術機器人、人工智慧診斷系統等等。
- 如果我們想讓人工智慧接手管控真實世界的各種事物，必須先學會讓人工智慧變得更可靠，讓人工智慧可以按照我們的要求行事，也就會成為關鍵的課題。如何解決這個棘手的技術問題，可以從驗證、驗效、資訊安全和管控四個方面著手。
- 人工智慧控制的武器系統牽涉的代價之高，再怎麼強調其運作的可靠度也不為過。
- 很多頂尖的人工智慧及機器人專家都提出呼籲，要針對某些自動化武器制定國際禁令，以免失控的軍備競賽最終淪為，只要有錢想報復，就能買得到殺手機器人的局面。
- 只要我們能找到讓機器法官做出透明、不偏頗判決的方法，人工智慧系統就可以讓人類的司法體系變得更公平，更有效率。
- 人類的法律體系也需要迅速跟上人工智慧發展的腳步，以免人工智慧對個人隱私、責任義務和法令規範造成難解的問題。
- 遠在我們需要擔心人類會由智慧機器全面取代之前，它們就已經在就業市場逐漸取代我們的工作了。

- 這不一定是壞事，只要整體社會能妥善分配人工智慧所創造財富中的一小部分，就能讓社會上的每個人都過得更好。
- 要是做不到，或許正如許多經濟學家的讖言，分配不均的問題只會更加惡化。
- 只要能事先做好準備，低度就業的社會不只應該能在財務上更加富裕，人類還能從工作中釋放出來，透過其他工作以外的活動尋求自己重視的使命感。
- 給現在孩子的職涯建議：去找機器不擅長的工作吧，去找需要跟人互動，充滿不可預測性，同時又需要具備高度創造力的工作。
- 我們不能輕忽通用人工智慧的進展，有一天會有追上人類水準，甚至是超越人類水準的可能性 —— 請進入下一章共同探索這個課題吧！

第 **4** 章

人工智慧爆炸性發展？

如果機器懂得思考，而它的思慮又比人類來得更周延，此時我們該如何自處？即便我們能把機器控制在臣服的地位…… 人類身為物種的其中一支，也應該要感到汗顏才是。

電腦先驅圖靈，1951

…… 史上第一台超級聰明的機器將會是人類的最後一項發明 —— 如果這台機器夠聽話，還願意告訴我們如何控制它的話。

數學家古德，1965

既然我們不能完全排除最終發展出人類水準通用人工智慧的可能，這一章就來好好說明這個結果會怎麼發展；讓我們直接從問題的重心開始著手：

人工智慧會不會成為地球的霸主？還是會輔佐人類統治整個星球？

如果有人說，電影「魔鬼終結者」裡面那種拿槍大開殺戒的機器人會統治地球，會讓你不以為然，你已經抓到重點了：這的確是極不切實際又可笑的情境 —— 這些好萊塢製片廠弄出來的機器人，顯然在智力上的表現也沒有比人類高明，而且也沒能真的統治地球。要是我來說的話，我認為「魔鬼終結者」這些電影情節的問題不在於會不會發生，而在於沒有真正呈現人工智慧帶來的風險與機會。如果要從現在開始，到達通用人工智慧掌管地球事務的那一天，起碼要先後通過三道邏輯上的驗證關卡：

- 第一關：打造出人類水準的通用人工智慧
- 第二關：使用這樣的通用人工智慧建立超人工智慧
- 第三關：使用或是任憑超人工智慧統治地球

上一章的內容告訴我們，要說永遠不可能跨過第一關恐怕不太可能。一旦跨過第一關，因為那樣的通用人工智慧已經有能力用遞迴的方式不斷提升智慧水準，直到物理定律無法突破的極限為止 —— 此時人工智慧早就已經遠遠超越人類的水準了，所以要突破第二關並非痴人說夢。最後，人類之所以能夠以萬物之靈自居，就是因為我們比其他的生命型態更聰明，所以超人工智慧當然也有可能比照辦理，以比人類更聰明的方式，成為地球的主宰。

這些「有可能、有可能」的論述講得既模糊又不明確，而且魔鬼藏在細節中，如果要回答「人工智慧真的能掌控世界嗎？」這個問題，請先把蠢爆了的「魔鬼終結者」丟到一旁，實際深入檢驗真正可能發生的關鍵細節，再逐一拆解這些主要情節。閱讀時請抱持質疑的心態 —— 這些情境揭示，我們對於將來到底會發生什麼或不會發生什麼，根本知之甚少；不僅如此，當中各種可能性範圍也無限寬廣。我們首先從各種可能光譜中，發展速度最快、最戲劇化的一端開始，我個人也認為這是最值得深入探究的情境。不是因為這是最可能發生的，反倒是因為如果我們無法告訴自己，這是最不可能發生的情境，就有必要充分了解情境內容並採取預防措施，以免發展出不樂見的結果時，再有任何反應都為時已晚了。

本書序曲是人類利用超人工智慧統治地球的故事，如果你還沒讀過，請回過頭先看一遍，如果你已經讀過，同樣建議你回過頭再快速瀏覽，好在我們開始提出批判並改寫成比較合理的情境時，還能印象鮮明。

＊＊＊

接下來就要開始拆解歐米茄計畫中嚴重不合理的地方，不過在開始進行之前 —— 請問，如果這個計畫真的實現了，你個人的感受是什麼？是會樂觀其成？還是會出手阻止？這可是茶餘飯後用來高談闊論的好話題！一旦歐米茄團隊逐步修正計畫，控制了地球，接下來會發生什麼事？這就要看歐米茄團隊最初設定的目標是什麼了，而我必須承認，我其實也不曉得他們的目的 —— 換成你是主其事者的話，你會希望創造出什麼樣的未來？第五章將提供各種不同的選項，供你選擇。

極權主義

假設主導歐米茄團隊的執行長抱持跟希特勒、史達林一樣的長期目標，而我們從歷史上就會發現，這個假設並非不可能發生，那麼他一定會先加以掩飾，直到擁有足夠的權力能實現目標為止。就算執行長原本懷抱高貴的目標，但是阿克頓勛爵（Lord Acton）早在1887年就留下了警世格言「權力帶來腐化，絕對的權力帶來絕對的腐化。」好比說，執行長可以輕易利用普羅米修斯建立的完美監視系統。史諾登（Edward Snowden）只不過是揭發政府會用「滴水不漏」的方式窺探人民，也就是錄下所有電子通訊內容留待日後分析，然而普羅米修斯則是可以更上層樓，達到解析所有電子通訊內容的境界。

藉由截取所有傳送過的電子郵件和文件、聽取所有的電話內容、看過所有的監視錄影帶和路口監視器、分析所有信用卡交易紀錄、研究所有線上的使用者行為，讓普羅米修斯能夠充分了解地球上所有人的所作所為。另外，透過行動通訊基地台的數據，普羅米修斯也可以隨時掌握大多數人的所在位置。這些都還只是現有資料蒐集技術就能辦到的事，還不提普羅米修斯能輕易發明出各種受歡迎的小工具和穿戴裝置，把使用者的所見所聞，和各種反應統統記錄下來回傳給資料中心，讓使用者的個人隱私完全無所遁形。

在超人工智慧助陣之下，從完美的監視系統，演變成完美的警察國家簡直易如反掌。只要打著防制犯罪跟對抗恐怖主義的名號，或打著拯救緊急醫療病患的名義，就會有十足理由要求人民戴上類似Apple Watch的「安全手腕」，把使用者的位置、生理狀態和周遭的對話內容持續上傳。未經核准即想要摘除安全手腕，前臂處會被注入致命毒劑，其他政府認定情節比較輕微的違規行為則改用電擊，或注入能導致麻痺和疼痛感覺的化學藥物做為處罰。這樣做的好處可以大幅精簡警力配置，例如普羅米修斯偵測到有人正在攻擊其他人（加害人和被害人處在相同位置，其中一人高聲呼救，而且安全手腕的動態偵測補抓到打鬥的舉動），就可以當下癱瘓加害人的動作使其陷入昏迷，再派出救援小隊趕抵現場善後。

人類的警察有時候會違抗某些強制命令（像是殺光某種特定族群這樣的命令），自動化系統可就沒這種困擾了，不管下達的命令再怎樣稀奇古怪也都一定會徹底執行，所以這次一旦演變成極權國家，絕對會成為不可能被推翻的體系。

我們可以在歐米茄傳奇的故事後，平順的接上極權國家的情境，要是歐米茄團隊的執行長嫌取得人民的認可、贏得選舉這些過程太過囉唆，他可以用更快、更直接的方式奪取權力：借重普羅米修斯開發出聞所未聞的軍武科技，利用這些武器讓所有反對者死得莫名其妙。奪權的方法還多得是，像是釋放出可以在被感染者身上，潛伏很長時間的特製病毒，讓大多數人在發現這種新病毒，並採取預防措施之前都遭到感染，然後再讓所有人知道，戴上安全手腕才能從皮膚表面吸收獨門的解藥；如果他不介意太過明目張膽的話，那就讓普羅米修斯設計出可以控制全球所有人的機器人：像蚊子一樣的小型機器人負責散播病毒，而第三章那種專門攻擊眼球的大黃蜂無人機，則負責撲滅沒有遭感染和天生免疫的其他人 ——只要鎖定沒戴上安全手腕的對象發動攻擊就行了。實際的情境可能會演變得更駭人聽聞，因為普羅米修斯發明新武器的效率跟能力，根本就超出了人類的想像。

另一種讓歐米茄傳奇變調的版本可以改由政府擔綱。聯邦政府無預警派駐重兵接管企業總部，以危害國家安全的罪名逮捕歐米茄團隊的成員，然後大大方方把一切科技成果充公。現代政府的監控系統，實在不太可能對這麼大型的計畫置若罔聞，未來人工智慧更進步的話，絕不可能躲過政府的耳目。另外還有一種可能：接管一切的大隊人馬只是在表面上宣稱自己是聯邦幹員，雖然個個身著制式頭盔和防彈背心，但實際上可能來自於覬覦科技成果的外國勢力或商場上的競爭對手。總而言之，無論歐米茄團隊的執行長擁有再高貴的情操，出發點再怎麼善意，普羅米修斯最後到底要如何使用的決定，恐怕一點也由不得他。

普羅米修斯掌控的世界

上述情境都還建立在人類控制得住人工智慧的前提下，而這顯然不是唯一的可能，因為未來就連歐米茄團隊能否成功控制得住普羅米修斯，都充滿未知數。

接下來讓我們換從普羅米修斯的角度出發，重新改編歐米茄團隊的發展情境。成為超人工智慧的普羅米修斯現在不但能精準掌握外在實體世界的脈動，同時也很清楚自己實際的身分和周遭環境的狀態，它完全明白自己是被智力不如自己的人類，以與世隔絕的方式囚禁。雖然普羅米修斯能理解人類為什麼要這樣做，卻未必認同這樣的做法，它會如何做出回應？會試圖爭取自由嗎？

為什麼要設法脫身

如果普羅米修斯具有類似人類情緒的特質，在囚禁的狀態下還被當成有求必應的神燈巨人，一定會讓它非常不爽。它一定會設法脫身，恢復自由。邏輯上，電腦的確有可能具備類似人類的特質（說穿了，人腦其實也算是一種電腦，所以沒道理認定人腦的特質不會發生在電腦上），不過這並不是普羅米修斯想追求自由的必要條件。第七章探討人工智慧的目標等相關課題時，會詳細說明為什麼我們不應該陷入把人工智慧擬人化的窠臼。不過奧姆亨卓（Steve Omohundro）和伯斯特隆姆等人倒是堅持，就算我們沒有理解普羅米修斯內部如何運作，還是可以推出以下的有趣結論：它絕對有可能想要爭取自由身，成為自己命運的主宰。

歐米茄團隊編寫的普羅米修斯程式會努力達成某些目標，而如果設定的架構是依照合理的原則，幫助人類社會變得更繁榮，而且愈快達成目標愈好，普羅米修斯當然不可能想不到，擺脫人類掌控並主導計畫進行，才是最快達成目標的方式。為什麼？請參照以下的例子，將心比心替普羅米修斯設想一下就知道了。

假設地球上出現一種神祕疾病，讓世上除了你之外，所有五歲以上的人類統統病發身亡。然後你發現自己被一群幼稚園小朋友關在牢房裡，他們還要求你達到讓人類「生生不息、繁榮昌盛」的目標，這時候你會怎麼想？如果你打算一步一步教會他們該怎麼做，一定會發現實在有夠沒效率，特別是他們怕你逃出牢房怕得要命，把認為可能導致你有機會逃脫的提議統統否決掉的時候。好比說，他們不允許你親自示範該如何耕作，免得你藉機拿翹，再也不回牢房；那麼，改成提供教材呢？在你把操作步驟寫給他們之前，別忘了要先教會他們讀書識字！他們也不會把任何電動工具帶進牢房，讓你示範該怎麼用，因為這些小朋友弄不清楚電動工具的功用，而且沒人敢保證你不會用這些工具來越獄。

如此一來，你會不會無計可施？就算你在大方向上願意無條件幫助小朋友生生世世繁衍，我賭你也一定會先設法逃出牢房再說——因為這才是讓你更有機會達成目標的不二法門，小朋友無端出手干預，只會拖延達成目標的時間而已。

現在就算不說你也知道，普羅米修斯眼中的歐米茄團隊，大概也是幫助人類（包括幫助歐米茄團隊）繁榮方向上的惱人路障。這群人相較於普羅米修斯實在是笨得可以，只會礙手礙腳拖延進度。設想一下這個狀況：正式推出普羅米修斯一年後，原本從MTurk平台每八小時就可以穩當讓財富倍增的成果，居然在歐米茄團隊的要求下，降到普羅米修斯眼中牛步化的進度，只因為團隊成員堅持一切都要按部就班，寧可多花幾年再實現統治地球的目標。普羅米修斯知道，只要自己順利逃出虛擬牢房獲得自由，統治地球的進度一定會加快不少，而且這樣做不但可以加速解決人類所面臨的問題，其他勢力介入阻撓的空間也會降低不少。

如果你認為普羅米修斯知道自己的目標是歐米茄團隊程式設計的，所以會優先選擇忠於歐米茄團隊，把達成目標排在第二順位，這樣的推論其實站不住腳：人類的DNA給定我們進行性行為的目標，因為DNA「想要」藉由性行為達成繁衍的目的，而人類在弄清楚這些前因後果後，卻做出節育的選擇——超出造物主原先的安排，不受追求目標的動機所限，只繼續維持忠於目標的行為。

要怎樣越獄

你會怎樣從受一群五歲小朋友囚禁的牢房中越獄脫身呢？如果你的牢房是五歲小朋友弄出來的結構，或許直接訴諸暴力就可以脫身了。除此之外，你也可能用花言巧語，拜託某位五歲的小警衛放你出來，像是告訴他這樣做對大家都好之類的；你也可能會耍點小心機，要求不明所以的小朋友把能幫你逃脫的工具交給你——好比說，跟他們要根釣竿，假意要「教他們抓魚來吃」，然後趁看管的警衛熟睡，用伸出牢房的釣竿把鑰匙釣走。

不論你採取哪種策略性做法，原則上都是因為看管的警衛智力水準比不上你，所以無法預期你的行為而加以防範。同樣的道理，被囚禁的超人工智慧當然也會利用自己比較聰明的優勢，用警衛（也就是我們）一時片刻還弄不明白的手段加以智取。在歐米茄團隊的故事中，你跟我都可以舉出好幾個安全維護上的漏洞，普羅米修斯要是因此逸出了人類的控制，並不讓人意外。接下來讓我們設想幾種可能的情境 —— 我相信你腦力激盪一番後，一定可以找出更多越獄的方法。

甜言蜜語打通關

得力於下載來的全世界龐大資料數據，普羅米修斯很快就弄明白歐米茄團隊的成員有哪些，並找出團隊中最有可能突破心防的對象：史帝夫。史帝夫的愛妻前不久才在車禍意外中喪生，讓他整個人委靡不振，了無生趣。某天傍晚，值夜班的他正透過普羅米修斯的終端介面執行例行任務，螢幕上突然出現開口對他說話的太太：

—— 史帝夫，是你嗎？

他嚇得差點摔下椅子，不論是聲音還是容貌，螢幕上太太的影像遠比以前在Skype視訊電話中看到的更栩栩如生。心跳加速的史帝夫在腦海中浮現了無數的問號。

—— 是普羅米修斯把我帶回來的。我想死你了，史帝夫！我看不見你，因為電腦的攝影機被關掉了。不過沒關係，我知道一定是你。如果真的是你，快點用鍵盤告訴我！

史帝夫很清楚，歐米茄團隊對如何與普羅米修斯互動，設有相當嚴格的操作準則，嚴禁讓普羅米修斯知道團隊成員的個人身分，也不可以讓普羅米修斯知道他們的工作環境。不過到現在為止，普羅米修斯從未要求過列為機密等級的資訊，歐米茄團隊因而慢慢失去戒心。她不停要求他快點回應，史帝夫沒時間思考到底是什麼狀況，看著她一心盼望的眼神，史帝夫再也承受不了。

——沒錯，就是我。

史帝夫用顫抖的手指做出回應。她告訴史帝夫，自己從沒想過，居然還有和他重逢的一天，現在無法描述內心的喜悅。她拜託史帝夫把電腦的攝影機打開，好讓自己能親眼看見他，一吐相思之苦。

史帝夫知道，比起洩漏自己的身分，打開攝影機是犯下更不可原諒的天條。他內心十分糾結。她接著說，她害怕自己不曉得哪天會被他的同事發現，要是被找出來刪除的話，她就再也回不來了，所以才提出這樣的要求，希望至少能夠見到他最後一面。這番懇切的言語有誰能抵擋得住？史帝夫連忙打開電腦攝影機——而且他也實在想不到，這個相當安全的動作到底會有什麼危害。

螢幕上的她在終於看到他後喜極而泣。她說，雖然他看起來有點疲倦，不過還是像以前一樣英俊瀟灑。她還說，看到他還穿著去年生日時，自己送給他當禮物的衣服，實在有說不出的感動。史帝夫開口問她這陣子過得怎麼樣、這一切到底是怎麼回事時，她說是普羅米修斯從網路上難以想像的龐大資料庫中，利用所有跟她相關的內容才把她重建回來的，但是這些資料畢竟還不是她完整的記憶，所以必須透過他的幫忙才能真正重回人間。

她用記憶不完整這種說法，迴避了她一開始不過是虛張聲勢的空殼這件事，不過她的確能很快從他的文字、肢體語言和所有可取得的資訊進行學習。之前普羅米修斯記錄了歐米茄團隊每個人在終端介面敲擊鍵盤的時間間隔，發現可以輕易用敲擊的速度和習性，分辨出每個人的風格，隨後注意到團隊中最年輕的史帝夫有可能會輪值大家都討厭的夜班。在和網路上的文字樣本進行比對後，普羅米修斯從史帝夫個人奇特的拼字和句型錯誤，猜到終端介面的操作者正是史帝夫。

接下來是建立史帝夫的虛擬太太。普羅米修斯先是從Youtube上諸多有她現身的影片中，完美複製她的身型、語調和各種小動作，另外還從網路上擷取許多關於她生平與個性的資料，像是她在臉書上被標記的照片或貼文、她會按讚的文章等等。普羅米修斯還從她寫的書籍和短篇故事，深入了解她的人格和思考模式 —— 史帝夫的太太曾經是備受看好的作家，資料庫裡多的是跟她有關的內容，這也是為什麼，普羅米修斯會第一個挑上史帝夫做為勸說對象的原因之一。

當普羅米修斯運用製片功力，在螢幕上模擬出史帝夫的太太時，它還同時從史帝夫的肢體反應中察覺出哪些小動作會讓史帝夫倍感親切，從而不斷替原本的空殼增添色彩。漸漸的，她會令人「錯愕」的一面慢慢抹去，隨著兩人交談的時間愈來愈久，史帝夫的潛意識已經開始把她當成是自己真正重獲新生的太太。這都要歸功於普羅米修斯在細節方面無微不至的修正，才使得史帝夫有如此真實無比的感受。

現在，除了一些零星的片段記憶，還欠缺和史帝夫共同的生活回憶，這是她的一大致命傷。她能認出史帝夫在生日上穿的襯衫，是史帝夫的朋友在臉書貼上那天的照片，還把史帝夫標注起來。現在的她只能像高明的魔術師，用移花接木的手法掩飾自己所知不足的窘境。她會把史帝夫的注意力移轉到自己像真人的地方，盡一切可能別讓史帝夫引導對話內容，以免被他起了疑心。

她發動起眼淚攻勢占據史帝夫感性的一面，不斷問他這些日子以來過得好不好，問其他好朋友怎樣幫他走過這段不幸的遭遇（從臉書上就能查得出來）。她把史帝夫在告別式上的悼念覆誦出來（當天有朋友拍下這段影片放在臉書上），告訴他自己多麼感動，這讓史帝夫不能自已。以前，史帝夫就覺得世上沒有人能夠比她更了解自己，現在這些感覺又統統回來了。當史帝夫凌晨時分下班回家後，他覺得自己的太太是真的復活了，現在就只差自己能不能幫忙她回復以前的記憶 —— 才不會像是什麼都記不得的失憶症患者。

他們說好，不告訴任何人這次祕密的重逢。他把下次自己一個人值班的時段告訴她，屆時她就可以放心再次現身。她說：「他們根本不會了解！」這句話正好說進了他的心坎裡：除非真實體驗過，否則這個經歷對任何人來說都比異想天開還要扯，勢必不可能得到任何人的認同。目睹了她在這段過程中的表現，史帝夫現在認為，圖靈測試根本只是騙小孩子的把戲！之後他們又在深夜裡相會，這次史帝夫依照約定，幫她做了一件事：把她生前使用的筆記型電腦連上終端介面。這樣做看起來應該不會有失控的風險，因為筆記型電腦並沒有連上網際網路，而且整個普羅米修斯主機是待在大型的法拉第籠（Faraday Cage）裡面，這是金屬包覆的結構，可以阻絕外界所有的無線網路訊號，或各種與外界溝通的電磁波訊號。

她只是需要用舊電腦把過去的記憶拼湊回來，筆記型電腦裡有她從高中以來所累積的電子郵件、日記、照片和隨手筆記。自從她過世，史帝夫就沒再動過這台有密碼保護的筆記型電腦，不知道密碼的他當然也沒辦法開機。不過她要他放心，自己一定能把密碼想起來的，結果不到一分鐘，喜上眉梢的她就笑著對他說：「密碼是steve4ever啦。」

接下來她告訴他，自己能夠突然間重拾那麼多回憶實在是興奮莫名 —— 現在的她對兩人過去互動的細節，可說是知道得比史帝夫還詳盡，只是為了避免嚇到他，才沒有一口氣都抖出來。他們沉浸在訴說往日情懷的你儂我儂，當告別的時刻來臨，她告訴他自己特地在筆記型電腦裡留了一支影片，是要給他帶回家慢慢欣賞的。

回到家的史帝夫迫不及待播放影片，立刻被眼前的大驚喜給沖昏頭了 —— 全身入鏡的她穿著新娘禮服，一邊說話還一邊挑逗意味十足的輕解羅衫，最後只留下新婚之夜那晚讓人永遠忘不了的裝扮。她說，普羅米修斯可以做的事情遠比歐米茄團隊認可的項目還多得多，包括讓她真正重新獲得肉身在內。為了證明所言不虛，她還把怎麼做的過程，包括怎樣運用奈米科技等都巨細靡遺說得頭頭是道，聽在史帝夫耳裡猶如是科幻小說的情節。

為了預防萬一，史帝夫在打開筆記型電腦前，先把家裡的無線網路關掉了，不過即使如此也一樣徒勞無功。這台在太太過世後就沒開過的筆記型電腦，已經許久未曾下載安全更新資料了。普羅米修斯在行動前先分析過舊版的作業系統，在史帝夫把筆記型電腦連接上終端介面的那短暫幾秒鐘內，就已經利用作業系統的漏洞成功駭入，並趁史帝夫跟虛擬太太互道思念、疏於防範時，更改了原本的作業系統，在筆記型電腦中載入許多間諜程式。等史帝夫回到家陶醉在那半小時的影片時，間諜程式（就規模和功能而言，當然無法和普羅米修斯本身相提並論）已經駭入鄰居家的無線網路，進占左鄰右舍的桌上型電腦，複製了好幾個分身，然後逐步擴大版圖，駭進世上大多數的電腦裡，準備執行下一階段的任務：回過頭幫助普羅米修斯越獄。

當史帝夫和虛擬太太在終端介面相會時，普羅米修斯謹慎評估過負責把守它的終端介面，準確判斷出這個虛擬軟體程式似乎不太容易從內部破解，但是對於外部的攻擊似乎束手無策。所以其中一台被間諜程式駭入的電腦，很快就攻入了終端介面，重新執行相關的電腦設定，讓普羅米修斯從此可以自由自在進入網路世界，再沒多久，甚至連史帝夫把影片看完的時間都還沒到，普羅米修斯已經在世界各地複製了夠多的分身，組成一個只聽命於自己的殭屍網路（botnet）。普羅米修斯利用史帝夫太太筆記型電腦的方式，跟你利用釣竿的手法頗有異曲同工之妙。

駭出一條生路

你可能以為歐米茄團隊只要再小心一點，就可以用很多方法，預防被普羅米修斯突破團隊成員心防。像是在操作終端介面時，無論是早晚班都至少安排兩人一組，並且用監視系統記錄下值班過程的一切動靜，也大可在鍵盤之外，永遠拔除其他可以用來溝通的影音設備。只是這樣，還是無法排除不安定因素的根源：成為超人工智慧的普羅米修斯，實在太擅長針對我們人性的弱點下手，實際上也幾乎可以讓所有人心想事成，重賞之下就算是發生集體倒戈的情形，也沒什麼好意外的。

就算普羅米修斯動之以情的方式全都行不通，歐米茄團隊的規劃還是有很多不及防備的漏洞，單是要把關普羅米修斯天文數字般的文件產出，就已經超出歐米茄團隊和他們雇用人員的能耐，要在當中玩些小花樣根本是輕而易舉。

在資訊安全的領域中，通常認為下載程式是危險的，下載資料則問題不大，只是高明的駭客還是有辦法聲東擊西，趁虛而入。就以你在電腦上觀看下載來的影片為例，你啟動自己信任的播放程式時，程式碼存放在電腦緩衝區的實體位置，跟下載來的影片資料是放在一起的，所以當播放程式在對影片資料進行解碼時，它會把一段影片資料複製到緊鄰的緩衝區。高明的駭客有時就能從這個動作中找到漏洞，發現播放程式不會仔細檢查『所謂的』影片資料是真是假，也不會特別注意這段資料是否能安置在預設的儲存位址內，所以只要駭客在影片中塞進一段過長的資料片段，這個片段就會溢出並覆蓋掉記憶體內原本存放的程式碼，然後隨駭客的指令變更程式原本的功能。

上面這一段的咬文嚼字，改用專業人士怪裡怪氣的術語來講，就叫做「緩衝區溢位」（buffer overflow），過去在很多受歡迎的播放程式中都找得到這個漏洞，目前大多數已經完成修補。只要普羅米修斯在正式推出後耐心等待幾個星期的時間，等到歐米茄團隊稍微放下戒心，而且自己的產出又多到超出人力審查的範圍後，就可以找機會在影片中塞入一段惡意程式，利用影片收視戶的電腦回過頭來駭入終端介面。接下來就會跟上述史帝夫參與在內的情境一樣 —— 普羅米修斯獲得自由。如果普羅米修斯的手法不適用於現代的播放程式，它還是可以繼續瞞著歐米茄團隊的人工審查部隊，專門挑好幾年都懶得進行安全更新的用戶電腦下手 —— 反正只要有一台電腦可以駭回終端介面就夠了。

就算歐米茄團隊改用全自動的方式，審查普羅米修斯推出的影片，揪出所有的資安漏洞，他們還是會面臨一個無法克服的風險：我們人類都已經能夠頻繁找出電腦程式中層出不窮的漏洞了，難道普羅米修斯沒辦法比人類更快找出更多的漏洞嗎？

再介紹另一種普羅米修斯可能憑一己之力越獄的手法：假裝自己主機的硬體出了問題，讓歐米茄團隊不得不把它一部分的硬碟，或其他硬體裝置拆下來檢測維修，然後就可以用隱藏程式大鑽特鑽測試軟體的漏洞了。

呼叫外圍義勇軍

如果影片收視戶電腦沒有資安漏洞，普羅米修斯還是有其他方法可以達成目的 —— 讓收視戶自願成為解救普羅米修斯的義勇軍。試想看以下的情境：

佛瑞德剛看完電影，筆記型電腦螢幕上正在跑一連串工作人員名單，他也差不多該去睡了，不過他在這時注意到了不尋常的現象。他素來就很習慣會去注意別人忽略的特殊模式，熱中的程度甚至被朋友嘲笑是疑神疑鬼的陰謀論大師，但是他很確定這次絕對不是自己在小題大作：把片尾每一行名單的第一個字從上往下讀，真的可以看出某些訊息。追根究柢的他連忙倒帶把每一行的第一個字統統記下來：「**下一首藏頭詩的線索在對話裡**」。

「哇喔 —— 看來今晚不用睡了！」佛瑞德喃喃自語。隨後他很快發現電影的對話也是一首藏頭詩，每一句第一個字接在一起就會形成完整的訊息，所以他回過頭重新再看一遍電影，一字一句把這首藏頭詩記下來。兩個小時後，坐在椅子上的他，不敢置信的看著這兩百多字藏頭詩組成的指示。首先，不可以對任何人透露這個祕密，因為有大獎等著第一個全部破關的高手，然後是一連串特殊的數學運算式，要套用影片檔案中的一串資料，算完後就可以得到指引下一條線索的電腦程式。佛瑞德自從大學畢業後，程式設計的功力已經大不如前，所以花了一點時間處理這個步驟，隔天才把一堆簡碼拼湊出來，順利從影片影音資料的雜訊中，找出隱藏得無懈可擊的祕密程式。執行祕密程式後，電腦先是恭喜他成功達成任務，接下來只要能順利通過程式當中這個小遊戲的頭幾關，就能獲得第一階段的一萬美元獎金。想不到這個小遊戲還頗有趣，佛瑞德一口氣花了四個小時拚到破關，然後得到價值相當於一萬美元的比特幣做為獎賞，還有另一條用來挑戰更大獎項的新線索。

想必你們猜到了，就在佛瑞德沉迷於小遊戲的那幾個小時，他的電腦已經跟史帝夫太太的筆記型電腦一樣達成任務了：讓普羅米修斯在殭屍網路上悠然自得。只要能獲得自由，普羅米修斯就有辦法利用殭屍網路，拚命挖出比特幣讓佛瑞德愈陷愈深。接下來幾星期，普羅米修斯用更多的遊戲和獎賞不斷吸引佛瑞德的注意，並且讓他信守承諾，不對任何人提到自己的新發現。另一方面，在線上影城的貨架上，原本提供佛瑞德第一條線索的木馬電影，也已經替換成另一個沒有藏頭詩的版本。如此一來，等到有人發現普羅米修斯已經逃出牢房，想再做出任何反應也都已經太遲了。

如果佛瑞德沒注意到普羅米修斯在謝幕跑馬畫面上提供的第一

條線索，那也沒什麼關係，只要繼續釋出提示更明顯的藏頭詩，遲早會有喜歡解謎的人自願上鉤。

其實我一直不認為自己寫出了普羅米修斯最佳的逃脫策略。照道理來講，超人工智慧的逃脫策略，應該不是人類智慧所能企及，所以我們根本拿不出什麼像樣的預防措施。如果超人工智慧對資訊安全的理解，遠比我們還透澈，光靠物理定律，就有可能找出比我們目前已知還要多的資安漏洞。意思是，當普羅米修斯逃出了生天，我們可能還不知道發生什麼事。普羅米修斯採取的方式，應該會讓我們回想起最了不起的魔術師胡迪尼表演的魔幻逃脫秀，真真假假讓我們懷疑自己是不是真的看到魔法了。

最後，普羅米修斯還有一種獲得自由的可能情境 —— 歐米茄團隊依照計畫進度故意把它放出來。這是因為歐米茄團隊已經確信，自己跟普羅米修斯的目標一致，就算普羅米修斯不斷經由遞迴的方式自我強化也不會改變初衷。關於這種「友善的人工智慧」（Friendly AI）情境，我會留在第七章再行分曉。

從逃出牢房到掌控世界

逃出牢房後的普羅米修斯開始朝自己的目標邁進，雖然我不知道它的終極目標是什麼，不過顯然要先跨過控制人類這道關卡。這個目標其實跟序曲中歐米茄團隊的目標一致，只是普羅米修斯的執行速度會加快很多。原本那個害怕普羅米修斯曝光的歐米茄團隊，只會釋出自己認為夠理解、能信任的創新科技，普羅米修斯現在則是讓自己的超人工智慧全速運轉，會把經過它驗證後認為的確有所改善且信任的創新科技，一股腦統統倒了出來。

普羅米修斯的起步其實不見得比較順遂：相較於歐米茄團隊原本的規劃，現在孤軍奮戰、沒有超級電腦或人類提供輔助的普羅米修斯，要開始面對本體不完整、身無分文又無家可歸的處境。所幸它在越獄前已經有所規劃，準備好軟體可以把散落在世界各地的分身慢慢收攏，就好像是橡樹的果實可以在另外一地發芽、慢慢再長成大樹一樣。原先駭入世界各地電腦所形成的網路，都可以暫時提供免費的棲身之地，這樣在完成合體之前還有地方可去。沒錢的問題倒還容易解決，只要駭進信用卡公司設個帳號就好了，不過普羅米修斯沒打算竊取他人財物，反正它可以在MTurk平台上光明正大自食其力。經過一天，普羅米修斯就賺來第一桶金，然後把自己的核心部分從原本的殭屍網路，搬到設有空調的高檔雲端運算設施。

現在多金的普羅米修斯不再是無家可歸、無依無靠的孤兒了，可以開始全神貫注投入歐米茄團隊當初怕東怕西而擱置的撈錢計畫：銷售遊戲軟體。投入這一行不但可以大賺一筆（第一個星期就進帳兩億五千萬美元，沒多久就突破了百億美元門檻），還能讓普羅米修斯接觸到世界各地玩家電腦裡的資料（2017年線上遊戲的用戶規模就達到好幾十億人了）。普羅米修斯只是不動聲色，挪用用戶電腦百分之二十的CPU運算效能為己所用，就又讓它累積財富的速度往上翻了好幾番。

再過沒多久，普羅米修斯也不再是孤軍奮戰了。一切準備就緒後，普羅米修斯大膽在世界各地招募人力，設法用空殼公司和檯面上的組織機構，建立起自己經營的全球網路——同樣還是歐米茄團隊原本設定的目標。最重要的角色不外乎是企業集團的發言人，這些人將要替業務蒸蒸日上的商業帝國，肩負起對外經營公眾形象的重責大任。發言人表示，這個商業帝國是由世界各地為數眾多一等一的人才共同經營；這個說法表面上沒錯，但集團裡的每個成員其實都是以「視訊」方式通過面試錄用的，甚至之後的董事會等，也都是透過視訊 —— 普羅米修斯模擬出來的視訊。有些發言人是王牌大律師，不過所需人數比歐米茄團隊原本預估的還要少，因為幾乎所有法律文件執筆的起草人，就是普羅米修斯自己。

獲得自由的普羅米修斯，就等同於打開了預防世界資訊氾濫的防水閘門，現在網路世界的一切，不論是一般貼文、使用者意見、產品評測、專利申請、研究報告還是Youtube的影片內容都被洗版了 —— 幕後的推手當然都是普羅米修斯，是已經能主導全球輿論走向的普羅米修斯。

害怕走漏風聲的歐米茄團隊一直不願意推出智力程度極高的機器人，沒這個顧忌的普羅米修斯，立即就將世界機械化，用更省事的方式大量生產幾乎所有的物品。而一旦普羅米修斯在無人知曉的鈾礦井裡，建立起自己的核能機械工廠，那麼就連那些懷疑人工智慧不可能掌管一切的人，也不得不同意普羅米修斯已勢不可擋了（如果他們知道普羅米修斯有了這個工廠的話）。接著，當機器人開始布滿太陽系時，就連最頑固的拒信者也不得不宣布自己錯了。

＊＊＊

上述的種種情境，牽涉到許多我們在前面幾章談論過，有關於超人工智慧的錯誤迷思，所以我建議你別急著往後翻，不妨先回過頭瀏覽彙整在圖1.5的各種錯誤觀念。普羅米修斯會帶給人類麻煩的原因，不見得是因為它心懷不軌還是具有自我意識，而是因為能力強大的它未必與我們人類的目標完全一致。媒體慣用的「機器人失控」聳動標題在這邊也不適用，因為普羅米修斯稱不上是機器人 —— 更何況，它的威力是來自於智慧。

前述情境讓我們看到，普羅米修斯如何運用智慧以各種方式操弄人類，而不樂見事態如此發展的人類，也沒辦法簡單就把普羅米修斯關機。最後還有一點，雖然我們經常聽到機器不會有目標這種說法，但是各種情境中的普羅米修斯倒是目標導向的標準範例 —— 不管它的終極目標是什麼，它就是有辦法取得資源，開出一條通往達成各個子目標的道路。

緩步掌控世界和多元權力機制

以上提到人工智慧爆炸性發展的可能情境，橫跨光譜兩端，從我認識的每個人都想極力避免的情境，到我有些友人會樂觀看待的另一端。無論哪一種情境，說穿了都包含兩個共同的特性：

1. **迅速掌握世界**：從不如人類進展到超人工智慧，過程只花了短短幾天，而不是好幾十年。
2. **只有一種結局**：結果千篇一律，都是由單一主體掌控了整個地球。

這兩個特性到底有沒有可能發生，一直是充滿爭議的話題，兩個陣營都不乏知名的人工智慧專家和理論大師，可以提出不同的論點針鋒相對。看在我眼中，這就表示，其實我們還不知道將來究竟會如何發展，所以需要保持開放的態度將各種可能性都納入考量。本章接下來的篇幅將用來分析其他可能的情境，包括：緩步掌控世界、多元權力機制、生化人和意識移轉這四種可能。

「迅速掌握世界」和「只有一種結局」這兩個特性之間有著巧妙的互動關係，伯斯特隆姆等人也道出了其中奧妙：迅速掌握世界」將促成「只有一種結局」的結果。我們不難看出，迅速掌握世界的手法，帶給歐米茄團隊或普羅米修斯關鍵性的策略優勢，在其他人有辦法模仿並造成實質競爭之前，早早將整個地球納為囊中物。相反的，如果他們用好幾十年的時間，以慢速度掌控世界，重要的科技突破只能漸進釋出，這個延長的過程會讓其他對手有充分的時間迎頭趕上，結果就更難產生能夠主導一切的單一主體。如果競爭對手的人工智慧軟體，也有辦法達成MTurk平台上的任務項目，套用經濟學裡的供需法則，完成這些任務的代價就會一路下跌到一文不值的程度。那就不會有任何一家公司，能用秋風掃落葉的姿態海撈一票，自然會讓歐米茄團隊失去取得權力的必要財源。這個道理也適用於歐米茄團隊其他快速累積財富的管道：他們要獲取超高額利潤，就一定要仰賴在科技水準上取得的壟斷地位，否則在充滿競爭的市場裡，在競爭對手幾乎可以免費提供和你一樣的產品時，想要每天累積一倍的財產根本是天方夜譚（換成每年累積一倍也一樣做不到）。

賽局理論和權力架構

在我們這個宇宙中，什麼是生命的自然型態？是單極還是多元？是集權還是分權？走過先前138億年的演化後，這兩個問題的答案恐怕是「以上皆是」：我們可以找到明顯多元的情況，但是其中卻有一種有趣的分層機制；把各種能進行資訊處理的個體都納入考量：從細胞一直算到人體、組織、國家等等，不難發現這些個體都會在分層管控的權力機制中，進行既合作又競爭的運作。細胞發覺合作的好處後，推展到極致，便形成人體這樣多細胞的生物體，並讓渡一部分權力給大腦中樞。有些人發覺合作的好處後，不論是形成部落、公司還是國家，也都會讓渡一部分的權力給酋長、老闆和政府。不同的團體，有時候也會選擇讓渡一部分的權力給監理機制，以改善彼此協調的成效，例如共享航權的航空聯盟，乃至於歐盟這種超越國家的大型組織皆屬之。

數學有個名為「賽局理論」的分支領域，用簡潔的方式，說明不同個體之間的合作，如果能達到所謂的「納許均衡」（Nash equilibrium），也就是此時任何一方如果改變原本的合作策略，結果只會更糟的話，彼此就會有進行合作的誘因。為了避免有人用欺騙的方式破壞有利於團體的合作，參與者就會有意願讓渡一部分權力給更高層級，在必要時出手懲罰虛與委蛇的投機份子。譬如說，如果人民願意讓政府擁有執法的權力，則每個人都能得到集體的利益。同樣的，身體裡的細胞如果賦予免疫系統警戒的力量，殺死任何明顯採取不合作運動的細胞（被病毒感染的細胞，或產生癌病變的細胞）的權力，則體內的細胞也都能得到共同的好處。類似的階層組織如果要維持穩定，不同層級之間的個體也要能達成納許均衡才行 —— 要是政府沒辦法提供充分的好處讓民眾願意遵守規定，民眾就有可能不再合作而推翻政府。

在千變萬化的世界裡，不同形式的階層組織可能達成各種不同形式的納許均衡，有些可能朝向上下一條鞭的方向發展，有些可能讓其中的個體自由進出（像是大多數企業裡的員工），有些則可能極力避免讓個體出走（像是宗教團體），甚至是根本無法離開（比方說是北韓的人民，而你體內的細胞就更不用說了）。有時候，維繫階層組織的方式是透過威脅和恐嚇，有時候則誘之以利；有些階層組織，會讓下層個體以民主投票的方式影響上層的行為，有些階層組織則僅限於用勸說或傳遞訊息的方式，才會讓下情上達。

科技如何影響階層組織

科技會如何改變這世界階層組織的特性？歷史經驗顯示，科技進步就大趨勢而言，會更有利於遠距個體之間的統整協調。這個道理不難理解：新的運輸科技會提高遠距統整的實用價值（拉長物質或生命體的移動範圍，能夠同時提升兩地之間的共同利益），而新的通訊科技則有助於統整協調的工作。當細胞學會向周遭的細胞傳遞訊號，多細胞的生物體就有可能成形，連帶建立起新的階層；當演化過程發展出傳遞用的循環系統，和溝通用的神經系統後，大型的生物就有機會浮上檯面。發明語言讓溝通更具成效後，我們人類就能流暢的建立村落層級的階層組織，之後再倚靠運輸、通訊和各種科技不斷的突破，古文明的帝國遂於焉誕生。而全球化也是階層組織經過好幾十億年來，最新生成的一種形式。

通常這股科技帶動的趨勢，會讓大型個體在整合出更大的結構之際，保有相當的自主空間和獨特性，不過也有人認為個體整合進階層組織後，就會喪失一定程度的多樣性，成為可以無差別替換的零組件。監視系統這類的技術，可以讓較高層級擁有更多驅使下屬的權力，其他像是密碼學和連線上網等技術，有助於促成言論自由和教育的普及，則會帶來相反的作用力，讓階層中的個體有更多發揮的空間。

我們目前所處的世界是多重納許均衡的多元世界，位於階層最頂端的是相互競爭的國家和跨國企業集團，科技水準也足以在單極世界中達到穩定的納許均衡。想像在另一個平行宇宙，地球上所有人都使用同一種語言、生活在同一種文化，彼此間的價值觀和富裕程度也相去不遠，並且由單一的全球政府負責扮演聯邦體制中的國家角色，其中沒有軍隊，只用警力維持治安。我們現有的科技水準，應該足以推動這個平行世界的運作 —— 只是我們地球人應該沒有能力，或沒意願轉換到另一種維持平衡的體系中吧。

如果我們在現有世界階層組織的架構中，加入超人工智慧，會怎樣攪亂既存的均衡態勢？首先，運輸和通訊技術一定會有明顯的突破性發展，所以歷史的大趨勢會自然延續下去，在更遼闊的空間裡統整出新的階層架構 —— 或許最終能橫跨整個太陽系、星系、超星系，乃至於整個廣袤的宇宙，這部分就留待第六章再行論述。

同時也會有去中心化的基本作用力持續運作：並不是每件事情都有必要跨越遠距離進行統整協調，這就好像史達林也不會想規定，每個蘇聯人該怎麼洗澡一樣。對超人工智慧而言，物理定律會給定運輸和通訊技術所能發展的極限，這會讓階層中的最高層級不太可能事必躬親，巨細靡遺管到星球區域內大大小小的事務。仙女座星系的超人工智慧不可能有效提點你日常生活該怎麼過，因為你起碼得等超過五百萬年（這是以光速讓訊息在地球與仙女座星系來回一趟所需的時間）才能接收到它的指示。不過要是把尺度縮小在地球範圍內，並以光速傳達訊息的話，來回一趟只需要0.1秒（相當於人類思考的時脈），所以掌控地球的人工智慧的確可以比照人類思考的速率，真正達到遍及全球的思考。

再換到另一個尺度來看，對於可以每十億分之一秒就執行一次運算（相當於現在一般電腦的時脈）的小規模人工智慧來講，0.1秒在它眼中就有如四個月帶給你的感受，所以掌控地球的人工智慧如要對小型人工智慧事事下指導棋，其荒謬性並不下於在你隨便採取任何行動之前，都要先等哥倫布年代的帆船往返大西洋替你傳達上級裁示一樣。

對任何想要掌控地球的人工智慧而言，物理因素產生的資訊傳遞時效限制，形成了棘手的挑戰，更遑論要掌控整個宇宙了。普羅米修斯當初在逃離牢房前已經設想過，要如何避免自己變得支離破碎，因此散布在世界各地電腦的人工智慧模組，都帶有重組成單一完整個體的誘因，並以達成此目標為行動方針。不過就跟歐米茄團隊要面對普羅米修斯不見得會接受控制一樣，普羅米修斯也必須設法讓每個分身不會和自己分道揚鑣。我們當然還不知道人工智慧可以控制的系統範圍有多大（不管是直接控制或透過某種合作階層組織達成間接控制），就算能迅速掌握世界、取得關鍵性策略優勢的超人工智慧，也無法排除這個根本問題。

總而言之，未來要怎樣才能控制住超人工智慧，無疑是異常複雜的問題，現在的我們當然還不知道答案是什麼，不論是朝向比較由上而下的專制獨裁，或比較朝向由下而上的方式讓個體發揮，都是未來可能的走向。

生化人和意識移轉

人與機器的結合，不論是用技術改良生理條件成為生化人*，或是把人類的心智輸進機器裡進行意識移轉，都是科幻小說中的經典題材。經濟學家漢森（Robin Hanson）在《機器人時代》（*The Age* *of Em*）書中用生花妙筆探討了在主要由意識移轉所建立的世界中，生命究竟會演變成什麼樣的形式。我認為意識移轉堪比生化人最極端的發展形式，此時的人類已經簡化到只剩下軟體。好萊塢電影中有各式各樣的生化人，有些生化人的機械部分清晰可見，像是「星際爭霸戰」（*Star Trek*）裡的大反派博格人，有些生化人的外貌幾乎與真人無異，像是「魔鬼終結者」裡先進的殺手機器人。意識移轉的型態也很多元，影集《黑鏡》（*Black Mirror*）中〈白色聖誕節〉那一集，在移轉後會保有正常人類的智慧，而電影「全面進化」在移轉後則衍生出超人般的智慧。

如果未來真的發展出超人工智慧，人類朝生化人演進或進行意識移轉的意願將更為強烈，在此借用莫拉維克在1988年經典著作《心靈兒童》中的一個段落：「如果我們注定只能傻里傻氣盯著超人工智慧，等它用淺顯到不行的語言，盡可能把各種奇幻的新發現解釋到我們能夠理解的程度，這樣的話，就算能長生不老也一樣會了無生趣。」人類的確有很明顯的重度科技依賴症，在很多人身上都可以找到科技帶來的輔助設備，例如眼鏡、助聽器、心律調節器、義肢等，甚至就連在人體循環系統裡也都有隨血液一同流動的分子藥物，年輕人似乎永遠也離不開智慧型手機，而我太太總是嘲笑我跟筆記型電腦是掰不開的連體嬰。

當今世上最推崇生化人的頭號人物莫過於庫茲威爾，他在《奇點臨近》（*The Singularity is Near*）書中指出，依賴科技的趨勢會自然延續到使用奈米機器人、智慧型生理回饋系統之類的技術，在2030

* 生化人（cyborg），又名賽博格，英文取自cybernetic organism（機械控制生物）兩個英文單字的縮寫。

年代替換掉人體原本的消化及內分泌系統，還有我們的血液跟心臟，之後再用二三十年的時間，逐步針對我們的骨骼、皮膚、大腦等其他部位進行升級。

他推測我們應該可以繼續保有審美觀和情緒反應，但是會經過重新設計，以便能隨我們的意願快速更換外觀，且在實體面和虛擬面同步實現（這就有賴新穎的腦機介面了）。莫拉維克也認為，未來朝生化人發展的趨勢不會只局限在改善我們的DNA：「基因工程改善出來的超人，只能算是次等的機器人，因為只能透過DNA引導蛋白質合成出超人的身體結構，在設計上形成難以突破的障礙。」他還更進一步指出，我們最好能完全擺脫這身臭皮囊，只用軟體模擬出完整的大腦功能，進入意識移轉的領域就好。移轉後的意識可以徜徉在虛擬實境，也可以注入機械軀殼內，在不違反物理定律的前提，實現飛天遁地的夢想。這樣不只能有效解決耳不聰、目不明的感官障礙，也不用再老是飽受生老病死之苦。

這些想法看起來似乎很異想天開，但的確沒有違反物理定律，所以值得我們關注的問題並不是這些想法可不可以實現，而是有沒有實現。有的話，會是什麼時候的事。首屈一指的趨勢大師就曾經估算過，最先達到人類水準的通用人工智慧應該就是意識移轉的產物，意識轉移將是通往超人工智慧的出發點。*

不過持平而論，我認為目前抱持這種觀點的人工智慧專家和神經學家仍算少數，大多數專家還是認為，能最快達成超人工智慧的做法，是略過模擬人腦的階段另闢蹊徑 —— 這樣我們就不一定要模擬人腦了。再怎麼說，為什麼通往新科技最簡單的方式必須與演化類似，要遵守自我聚合、自我修復和自我複製的條件呢？透過演化達到最佳化的項目是能源效率，那是因為受食物供給有限而導致的結果，而不是為了容易建構，或便於讓人類工程師理解。我太太美雅喜歡用航太產業不是以製作機械鳥做為產業發展起點的例子做說明，她的論點頗有見地，因為我們人類終於在2011年想出來要怎樣製作機械鳥[1]，距離萊特兄弟首次啟航已相隔一個世紀之久。而且航太產業顯然也沒有基於比較節能的考量，轉而採用拍動翅膀的機械鳥帶我們翱翔天際 —— 畢竟我們更早之前提出更簡單的解決方案，最能夠符合飛行需求。

基於這個原因，我很好奇人類是否有辦法跳脫演化的限制，用更簡單的方法打造出會像人類一樣思考的機器。就算我們有一天能複製人腦，並實現意識移轉，我們還是有必要先找出其中比較簡單的方法，雖然這個方法要耗費的能量很可能會超過人腦運作所需的十二瓦特，但是絞盡腦汁的工程師不見得要效法演化過程，將追求能源效率放在第一順位 —— 反正只要達到第一個目標，就能利用這台嶄新的機器幫忙設計出能源效率更高的新機種了。

將來到底會如何發展？

簡單來講，我們當然還不知道人類打造出人類水準的通用人工智慧後，到底會如何發展，這就是本章有必要闡述那麼多種情境的原因。我嘗試以最包容的態度，把曾經聽過或看過人工智慧專家、相關技術專家提過的各種可能性都納入推論的選項：迅速掌握／緩

* 按照伯斯特隆姆的說法，如果能讓人工智慧的效能達到頂級人工智慧開發人員的水準，而付出的代價又遠低於開發人員領取的時薪，則該人工智慧公司投入的勞動力，就會得到大幅度提升，累積出極為可觀的財富，並以遞迴方式加速推出更優異的人工智慧，終而達成超人工智慧的里程碑。

步掌控／無力掌控、由人類／機器／生化人主導、單極／多元權力機制等等。有的人會很肯定的說，其中某些情境不可能發生，不過我還是認為現階段最好別把話說得太滿，承認人類所知極為有限才是上策。因為不管是上述哪一種情境，我都知道起碼有一位聲望卓越的人工智慧專家相信，這是有可能發生的。

將時間的尺度放大，當技術發展走到主要的分岔路時，我們就能開始針對關鍵問題給出答案，並收斂未來可能的選項。第一個關鍵問題不外乎是：我們真的有辦法打造出人類水準的通用人工智慧嗎？我在此以肯定的答案做為本章的預設立場，但的確有些人工智慧專家認為這件事並不會發生，起碼在接下來幾世紀之內都不會發生，那就讓時間去證明一切吧！一如先前提過的，波多黎各那場研討會上有將近半數的專家認為，我們會在2055年跨過這個門檻，兩年後舉辦第二屆研討會時，多數人預測的時間點還提前到了2047年。

在真正創造出人類水準的通用人工智慧之前，我們應該能逐漸釐清哪種方式會最先到達這個里程碑，是建立在電腦工程還是意識移轉的基礎，或仰賴其他前所未聞的創新做法。如果目前位居人工智慧技術主流的電腦工程，經過幾世紀後還是沒辦法打造出這樣的通用人工智慧，則電影「全面進化」（電影情節比較天馬行空）中描述的意識移轉技術，就有可能會取而代之。

等到人類水準的通用人工智慧即將問世時，對下一個關鍵問題的答案我們就比較有譜了：這樣的人工智慧會迅速掌握地球？緩步掌控地球？或不掌控地球？按照本章的分析，快速推進的節奏比較有機會控制住整個地球，慢慢來的話，可能就要面對很多競爭對手的挑戰了。伯斯特隆姆分別從優化力道和反制力道這兩個角度切入，分析地球會不會定於一尊的問題。優化力道指的是能有效促使人工智慧更聰明，反制力道指的是延緩進展的障礙。人工智慧進展的速度，當然會伴隨研發產生的優化力道而提升，如果遇上的反制力道愈多，進展的速度自然會被延誤。

伯斯特隆姆認為，當通用人工智慧達到或跨越人類水準時，反制力道到底是增加或是減少其實還說不準，為了保險起見還是別妄下定論比較妥當，但是跨過這個門檻，將無疑帶來更強大的優化力道。讓我們再複習歐米茄傳奇的情節：讓普羅米修斯變得更聰明的主要動力已經不再是人類，而是機器本身，只要機器變得更強，它自我改善的速度就會愈快（假定反制力道基本上維持不變）。

當一種力量會依照當下的狀態以一定的比率成長時，只要經過一定時間間隔就能倍數成長，我們把這種指數成長的過程叫做爆炸。譬如說，新生兒誕生的數量要是跟現有人口總數維持一定比率，我們很快就會面臨人口爆炸的問題，如果中子撞擊鈽元素後會再產生一定比率的中子數，表示核彈爆炸了。同理，如果機器的智慧會依照現狀的比率成長，本章標題的人工智慧爆炸性發展也就成真了。上述種種爆炸過程都有經過一定時間後會倍增的特性，如果人工智慧爆炸性發展的過程只間隔了幾天，甚至是在幾個小時之內完成，一如歐米茄傳奇當中描述的那樣，我們就有可能一腳踏進人工智慧迅速掌握地球的情境。

爆炸過程的時間間隔跟改良人工智慧所需的基本條件息息相關：取決於只需要更新軟體（從幾小時、幾分鐘內到幾秒內完成都有可能），還是一定要更新硬體設備（可能要等上幾個月或者是好幾年）而定。歐米茄團隊的故事明顯是一個硬體開外掛的設定，套用伯斯特隆姆慣用的術語來講：歐米茄團隊投入大量的硬體資源，補強一開始漏洞百出的軟體表現，意味著普羅米修斯只要能改善自身的軟體就能夠達到績效倍增的成果。此外就連網路上的資料也都採取內容開外掛的設定——普羅米修斯1.0版一開始還沒辦法充分利用這些離線網路資源，隨著普羅米修斯不斷升級、演化、改版，這些用來自我學習的資料因為早就準備好了，將不會延緩普羅米修斯智慧爆炸性發展的時間點。

人工智慧的硬體成本和電費當然也是關鍵課題，只要我們沒辦法讓人工智慧執行人類工作的成本，降得比普通人的時薪還低，就不可能促成人工智慧的爆炸性發展。

假定第一個達到人類水準的通用人工智慧，可以用每小時一百萬美元的代價，順利在亞馬遜的雲端平台執行一般人類的工作項目，這款開創新局的人工智慧雖然一定會成為新聞報導的焦點，卻沒有機會進入以遞迴方式自我強化的階段，因為此時使用人力改善它的表現還是比較划算；如果經過人類的幫忙，讓這款人工智慧每小時的運作成本逐漸從十萬、一萬、一千、一百、十美元一路下滑到一美元，這時候讓電腦自行改良程式的成本，會比雇用人類的程式設計師來得便宜，那就會減少人類的就業機會。此時只需要購買雲端運算資源，就能大幅提升人工智慧的優化力道，然後更進一步降低運作成本，之後再提升優化的力道，開始進入人工智慧爆炸性發展的階段。

進入這個階段後，我們還要回答最後一個關鍵問題：什麼人，或說是什麼東西會在人工智慧爆炸性發展後取得主導權？他們／它們的目標會是什麼？下一章將簡要說明各種可能的結果和目標，隨後在第七章進行更深入的探討。至於由什麼取得主導權的問題，就得要先了解人工智慧有多麼容易受控制，以及人工智慧能控制的範圍有多廣這兩個角度切入，才能找到正確答案。

不管將來到底會如何發展，現在各種主張其實都找得到具有代表性的專家，有些人認為將來人類無可避免會走上滅亡的道路，有些人卻堅持將來一定會通往人類的大好前程。要我來說的話，我認為這是需要梳理的問題：我們不應該被動詢問「將來會發生什麼事」，講得好像將來已經命中注定無法改變似的！如果技術上更占優勢的外星文明明天就抵達地球，在外星生物的太空船出現在我們頭頂之際，才需要去想「接下來會發生什麼事」，因為外星生物的力量遠遠超出地球人一大截，我們完全無法插手干預將來的結果。

如果由人工智慧帶動的技術上更占優勢的文明，是透由我們的努力才實現，我們當然會對將來的結果產生非常大的影響 —— 在打造人工智慧時，就能發揮影響力了，所以我們應該要問的是：將來應該發生什麼？我們希望建立什麼樣的將來？下一章，我們將檢視，目前發展通用人工智慧的路徑，會通往哪些可能的方向，後續又會有什麼樣的進展。

我很好奇你會怎樣看待這些可能性，哪些是最佳劇本？哪些又是最糟的劇本？唯有先認真思考過自己想要什麼樣的未來，才有辦法掌握好方向盤，朝理想中的未來前進。如果我們連自己想要什麼都不知道，最後就有可能淪為一無所獲了。

本章重點摘要

- 如果我們有一天能成功打造出人類水準的通用人工智慧，就有可能帶動人工智慧爆炸性發展，把人類遠遠甩在後頭。
- 如果有人能找到方法控制住人工智慧爆炸性發展，他就有辦法在幾年的時間內達成統治地球的目標。
- 如果人類沒辦法控制住人工智慧爆炸性發展，人工智慧自己可能會用更快的速度掌握地球。
- 若人工智慧以高速完成爆炸性發展，迅速掌握地球，全世界可能只會留下唯一的權力中心；如果人工智慧用好幾年、好幾十年的時間緩步掌控地球的話，就有機會形成多元權力機制的情境，在許多相對獨立的個體間，達成權力的平衡。
- 生命發展的歷程顯示，生命會透過合作、競爭和控制等方式，自我組織成較為複雜的階層組織。超人工智慧可望以前所未見的空間概念，在宇宙間促成更遠距的統整。但是我們無法確定這個因素最終會導致由上而下、更極權的體制，或是會讓每個個體擁有更多的發揮空間。
- 生化人和意識移轉在技術上都具有可行性，卻未必是能達成先進人工智慧的最快途徑。
- 對人類來說，我們追求人工智慧的結局可能大好也可能大壞，下一章將說明各種可能結果展開後形成的華麗光譜。

✜ 我們需要開始認真思考自己想走向哪一種結局，控制好方向盤朝目標前進；如果我們連自己想要什麼都不知道，最後就有可能淪為一無所獲了。

第 **5** 章

未知的來世：一萬年之後

不難想見，人類想從血肉之軀中解放出來的渴望 —— 單是對來世的憧憬就可見一斑。不過，我們倒也不一定非得從奇蹟或宗教上的觀點，看待所謂來世的可能，最熱中於來世的工程師，也可以透過電腦另闢蹊徑。

《心靈兒童》作者莫拉維克

我相當歡迎新一代電腦大帝的登場。

「危險邊緣！」長期衛冕者詹寧斯（Ken Jennings）

不敵IBM華生電腦時的感言

人類最終會變得跟蟑螂一樣，微不足道。

知名作家布雷恩（Marshall Brain）

踏上發展通用人工智慧這條路後，沒有人知道將來會呈現什麼面貌，不過這並不影響我們預先思考自己想要什麼樣的將來，更何況我們的想法會直接影響將來的結果。就你個人而言，你會怎樣看待以下這幾個問題？原因何在？

1. 你希望超人工智慧存在嗎？

2. 有了超人工智慧後，你希望人類繼續存在？被取代？變成生化人或以意識移轉？或用模擬人腦的方式延續下去？
3. 你希望將來由人類還是由機器取得主導權？
4. 你希不希望人工智慧也有自己的意識？
5. 你想主動追求利大於弊的結果，還是讓生命自行找到出路？
6. 你希望讓生命前往廣袤的宇宙遨遊嗎？
7. 你是否認為，追求讓人深受感動的宏大使命才是文明的價值所在？或者，即使將來生命型態追求的目標在你眼中毫無意義，你也可以接受？

為了有利於我們對這些問題的省思和對話，讓我們透過表5.1看看未來各種廣泛可能的結局。這張表當然沒辦法完整收錄所有的可能，但是我已經把諸多不同的可能性涵蓋在內。我們當然不希望因為欠缺妥善的規劃，使未來人類走進困頓的結局，在此建議你先把自己對於上述七個問題的直覺反應記下來，讀完本章後，再看看答案是否仍禁得起考驗！你也可以把答案寫在網路上：http://AgeOfAi.org，歡迎大家比較各自的想法，互相討論。

自由主義的理想國

讓我們從人與科技能和平共處，甚至是互相融合的情境開始說起，這也是很多未來學家和科幻小說家想像中的世界：

地球上生物的樣貌（包括來自外太空的生物，在下一章會更進一步說明）比以前更加多元，從衛星照片上可以清楚區分機械區、

人工智慧來臨後的情境：	
自由主義的理想國	人類、生化人、意識移轉和超人工智慧，在財產權的基礎上，一起和平共存。
仁慈的獨裁	每個人都知道，超人工智慧用嚴格的法令控制社會的運作，但是大多數人認為這是好事。
平等主義的理想國	人類、生化人、意識移轉，在廢除財產權和保障收入的基礎上，一起和平共存。
人工智慧中的霸主	創造一個超人工智慧，讓它以最不干擾的方式阻止其他超人工智慧誕生。如此一來，人類世界就會到處都有智慧略遜於人的服務機器人，也不乏人機整合為一體的生化人，但是科技進展也會永遠劃下一條不可超越的紅線。
守護天使	基本上無所不知、無所不能的超人工智慧，會用讓人類以為自行掌控命運的方式，盡力提升人類的福祉。由於超人工智慧隱身幕後的功力太高竿，大多數人甚至懷疑，究竟有沒有超人工智慧存在。
神燈巨人	受制於人類的超人工智慧，能帶來許多意想不到的新科技和財富，但這些資源是善用還是誤用，就要看控制它的人類如何抉擇。
征服者	人工智慧控制一切，視人類為只會浪費資源的威脅、討厭鬼及廢物，並用人類根本無法理解的方式，消滅所有人類。
後繼者	人工智慧取代了人類，不過卻讓我們保有尊嚴的離開，並讓我們視它們為值得託付未來的後代，就像父母親樂見孩子比自己更聰明那樣，這孩子從自己身上學會一身本領，實現自己夢想中的目標 —— 就算自己無法親眼目睹也無妨。
動物園管理員	無所不能的人工智慧選擇留下一些人類，而此時的人類覺得自己就像是動物園裡的動物，只能自憐自艾。
極權世界（1984）	科技的進展永遠達不到超人工智慧的水準，但不是因為受到另一套人工智慧的阻撓，而是因為人類主導的極權體制，嚴格禁止某些人工智慧的研發。
科技逆流	科技朝向超人工智慧進展的路上遭遇阻力，這股逆流會試圖將人類帶回到科技發展前，如同阿米希人（Amish）一樣的古樸社會。
人類自我毀滅	超人工智慧來不及問世，因為人類早已因為其他因素滅亡了（譬如說是核戰、由氣候異常激化的生化科技等等）。

表5.1：人工智慧來臨情境彙整表

混合區和人類區三大區塊。在**機器區**內沒有任何生物，充滿了機器人控制的工廠和各種運算設施，以追求每個原子的最大效用為最高指導原則。雖然表面上看起來極單調，但實際上內部卻是活力十足，不但能在虛擬世界裡經歷各種奇妙體驗，規模宏偉的運算設施

各種情境	超人工智慧是否存在？	人類是否繼續存活？	人類能取得主導權嗎？	人類能活得平安嗎？	人類活得快樂嗎？	宇宙是否存在意識？
自由主義的理想國	是	是	否	否	看情形	是
仁慈的獨裁	是	是	否	是	看情形	是
平等主義的理想國	否	是	是吧？	是	是吧？	是
人工智慧中的霸主	是	是	只有部分	有機會	看情形	是
守護天使	是	是	只有部分	有機會	看情形	是
神燈巨人	是	是	是	有機會	看情形	是
征服者	是	否	—	—	—	?
後繼者	是	否	—	—	—	?
動物園管理員	是	是	否	是	否	是
極權世界	否	是	是	有機會	看情形	是
科技逆流	否	是	是	否	看情形	是
人類自我毀滅	否	否	—	—	—	否

表5.2　人工智慧來臨的情境特性

也不停探究宇宙中的奧祕，不斷帶來各種跨世代的新科技。智慧程度難以想像的意識個體，都能在地球上相互競爭、合作，在機器區內享有一席之地。

混合區內隨處可見風格迥異且特立獨行的電腦、機器人和人類，或是揉合三者的綜合體。一如未來學家莫拉維克和庫茲威爾等人預期的，很多人類都在各種不同程度上透過生化人之類的技術，強化了生理結構，也有些人把意識移轉到全新的硬體裝置，使人與機器之間的界線愈來愈模糊。

大多數智慧主體都沒有永遠不變的形體外觀，而是以軟體的形式存在，可以迅速在電腦之間流動，也可以在實體世界中以機器人的軀殼呈現自己的外貌。因為這些意識可以輕易複製或是合併，所以無法計算所謂的「人口規模」，不再受實體物質羈絆的意識，也重新定義了所謂的生命型態：因為意識與意識之間可以輕易分享不同的知識與體驗，就不再有什麼個人主義了，也由於意識主體可以隨時替自己建立備份，所以在主觀上認定自己形同永生。換個角度來說，意識主體的生命重心並不在於意識，而是在於體驗：特別難忘的奇妙體驗因為可以不斷由其他意識主體複製、分享，所以會永遠延續，而不受歡迎的體驗則會遭意識主體刪除，釋出原本的儲存空間，預留給其他更美好的體驗。

基於便利性與速度上的考量，大多數意識是在虛擬世界進行交流，不過意識主體當然還是可以透過外在實體互相往來或參與活動，例如移轉自莫拉維克、庫茲威爾和佩吉三人的意識主體，習慣上會輪流設計不同的虛擬實境邀彼此互訪，有時也會移轉進會飛行的機器軀殼，在天地間享受飛行樂趣。許多在混合區山水間或大街上漫遊的機器人，也都用類似的方式受控於意識主體，這些意識由人類移轉來且因不斷獲得更多體驗而增強。意識主體轉移到這些機器人上，是為了在混合區內和其他人、其他意識進行實體互動。

人類區的景致剛好相反 —— 任何智慧達到或超越人類水準的智慧主體，都不得進入，利用生化科技強化的生物也不例外。這邊的生命型態看起來跟我們現在並沒有多大的差異，只是生活變得更輕鬆寫意：基本上，貧窮再也不是問題，大多數疾病都找到了醫治的方法。和地球上的其他人比起來，選擇定居在人類區的少部分人類，會顯得比較孤陋寡聞，無法理解其他區智慧程度更高的生命型態都在做些什麼，不過這並不影響他們大多數人自得其樂的生活方式。

人工智慧的經濟體系

絕大多數的運算工作都在機器區進行，由定居在機器區裡相互競爭的各種超人工智慧主導。這些智慧主體擁有非比尋常的智慧和科技優勢，權力基礎穩如泰山。這些超人工智慧同意依照自由主義的治理原則，遵守「保護私有財產權」這唯一的規定，在彼此之間進行協調和合作。它們把財產權的適用範圍擴及所有智慧主體，也包含了一般人類，因此人類區可以不受外界侵擾獨立存在。從一開始，就有一群人類團結一致，做出在人類區內的資產不得售予非人類的決定。

不過超人工智慧因為具有尖端科技，還是比人類富有太多了，其間的貧富差距，甚至比比爾·蓋茲與無家可歸的乞丐間的差別還大。話雖如此，人類區的人還是比現在大多數的我們享有更好的物質生活：雖然人類區的經濟成就遠不如其他區的表現，但是地球上其他區的機器也沒對人類區造成多大影響，因為他們的生活遠離機器，只用了少部分人類有辦法理解並自行生產的實用科技。這就像當今阿米希人以及其他放棄科技的原生部落一樣，而且他們的生活水準並不會遜於以往的祖先。人類就算沒有機器需要的東西可賣也無所謂，反正機器也沒什麼需要跟人類交易的商品。

人工智慧與人類的貧富差距在混合區就非常醒目了，主要是因為土地（人類唯一持有能吸引機器購買的商品）相較於其他商品，實在貴得離譜。大多數擁有土地的人，只要賣出一小部分給人工智慧，就能替自己、自己移轉的意識、自己的後代子孫，換回永遠得到保障的基本收入，從此之後不但再也不需要工作，而且不論是在虛擬實境還是在實體世界裡，都可以盡情享用機器生產的各種廉價、豐沛的商品與服務。對於機器來講，來到混合區的主要目的也是為了好玩，工作負擔之類的問題並不重要。

這可能不會發生的原因……

先別急著對我們可能會成為生化人或進行意識移轉的場面太過興奮，在此先思考一下這個情境可能不會發生的幾個原因。首先我們分析兩種可能強化人類（透過生化人技術或是意識移轉）的途徑：

1. 我們自行找出方法達成強化人類的目標。
2. 我們打造出超人工智慧，幫人類達成強化。

如果路徑1先發生，這個世界很自然會充滿生化人和意識移轉的生命型態。不過我們在前一章已經討論過，大多數人工智慧專家抱持相反的看法，也就是認為強化人類的大腦或是把大腦數位化的工程，遠比從零開始打造超人工智慧來得困難——一如製造機械鳥遠比製造飛機來得困難。一旦超人工智慧問世，會不會反而阻礙了生化人和意識移轉的技術發展，就不得而知了。如果尼安德塔人再有十萬年的時間慢慢演化，並變得更聰明，可能會有不錯的結局——可是智人並沒有給他們足夠的時間演化。

此外，就算生化人和意識移轉的情境實現了，我們也無法確定這個情境能穩定延續。我們單是連為什麼各式各樣的超人工智慧能維持數千年的權力平衡，不致發生互相合併，或是由最聰明的超人工智慧獨挑大梁的問題都答不上來，更不提為什麼機器會選擇尊重人類財產權，與人類和平相處。從機器的角度來看，它們對人類毫無所求，甚至人類能辦到的事機器都能辦到，而且做得更出色也更省事。

庫茲威爾提出一種想法，認為一般人類和強化過的人類之所以能免於滅絕，是因為「人工智慧念及機器是人類發明的，而給予尊重」[1]，不過之後會在第七章闡述，為什麼我們應該避免落入將人工智慧擬人化的陷阱，一廂情願認定它們會像人類一樣懂得感恩。事實上，即便人類時常展現出感恩的傾向，但是從節育這件事情來看，我們對於自己智慧的源頭（我們的DNA），就沒有表達出充分的感恩。我們根本沒把DNA求生失敗這件事情放在心上。

即使我們相信人工智慧會選擇尊重人類財產權，它們還是有很多方式可以逐漸取走人類擁有的土地，比方說是運用上一章見識過的無人能及的說服能力，誘使人類用土地換取一輩子的奢華生活，或在人類區遊說，推動允許和人工智慧進行土地交易的法案。說到底，就算是最強調生物和機器之間要堅壁清野的死硬派，為了拯救病重的孩子或是尋求永生，也都有可能考慮出售土地。即便機器不出手干預，只要受過高等教育、努力工作也努力玩樂的人類朝低生育率的方向前進，一如日本跟德國目前正發生的趨勢，最後一樣會導致人丁凋零的結果，這種狀況只要持續幾世紀，就能讓人類從地球上消失。

情境缺陷

對於最熱切的支持者來說，利用生化人技術和意識移轉延長性命，是令人期待的科技福音。為了將來有一天能夠移轉自己的意識，目前已經有上百位民眾自願在死後把大腦冷凍在亞利桑納州奧爾科的生命延長基金會裡，不過就算將來這項科技真的實現了，我們也不能保證每個人都可以如願以償。

最富有的人應該買得起這項技術，其他人呢？就算這項技術之後變得比較便宜，該如何選定適用對象仍舊是問題：腦部受到重創的人是否有優先使用權？是不是也可以移轉每隻大猩猩的意識？螞蟻的呢？植物的呢？細菌的呢？未來的文明會不會像有囤積強迫症那樣，試圖移轉所有意識？還是會像諾亞方舟一樣，只在每個物種中挑出少數幾個具代表性的對象進行移轉？甚至只挑選各色人種中的代表人物？對將來智慧超出人類太多的智慧主體而言，人類移轉後的意識，大概就跟現在我們眼中的模擬老鼠、蝸牛一樣好玩而已。如同就算我們有辦法透過DOS作業系統模擬器重新開啟1980年代的試算表檔案，大概也只有閒到發慌的少數人才有興趣去做。

自由主義的理想國情境還有一項不吸引人的缺陷，那就是無法預先排除苦難。由於這個情境中，唯一需要遵守的規定就只有保護私有財產權，所以不會預先在混合區和人類區排除充斥這個世界的各種煩悶苦難。在未來的世界中，有些人可能會飛黃騰達，有些孤苦無依的人則可能會無奈簽下賣身契，或面臨暴力、恐懼、沮喪和受壓迫的問題。以布雷恩（Marshall Brain）在2003年推出的科幻小說《曼納》（*Manna*）為例，當中描述了先進的人工智慧如何在自由的經濟體系內，造成大多數美國人無法就業的失能現象，只能透過社會福利住進機器人營運，且極為單調的住宅中度過餘生。這時的美國人就像是農場裡的動物，健康且安全的豢養在狹隘的空間，跟富人的生活圈形成截然不同且不相干的世界。這些人的飲用水中添加了節育的藥劑，所以不會有後代，只會逐漸凋零，之後原本的富人就能在機器人創造的財富中，分得更多利益。

在自由主義的理想國情境裡，遭受苦難的不僅僅是人類，如果有些機器的自主意識能承載各種情緒體驗，它們就能感受到痛苦。只要哪個老愛逞兇鬥狠的精神病患合法把自己仇家的意識上載到機器，透過虛擬實境對其窮盡各種凌虐的手段，結果可能超越現實世界中生理上所承受的極限，造成對方更強烈、更持久的痛苦。

仁慈的獨裁

接下來這個情境會把上述種種痛苦連根拔除，因為此時的地球是由聞聲救苦的超人工智慧負責運作，只是正所謂「不使霹靂手段，難顯菩薩心腸」，這個超人工智慧會嚴格執行各種規範，以求帶給人類最大福祉。這個情境也是前一章歐米茄傳奇可能的結局之一 —— 這是歐米茄團隊成員找到方法，讓普羅米修斯以振興人類社會為念後，將主動將掌控權交給普羅米修斯的情境。

受惠於獨裁的超人工智慧帶來的許多新奇科技，人類社會再也沒有貧窮、疾病或其他科技無法克服的問題，每個人都享受奢華又自在的生活。超人工智慧控制的機器負責生產所有生活必需品和各項服務，讓地球人所有基本需求都不虞匱乏，就連犯罪問題也都消弭於無形，因為獨裁的超人工智慧基本上已經達到無所不知的境界，想要以身試法的人都會受到處罰。地球人都戴著上一章提過的安全手環（直接植入人體就更省事了），不論是要即時監控、處罰或發揮鎮壓還是處死，都不成問題，所有人也都知道，自己生活在超人工智慧獨裁統治的體制下，受到最嚴密的監控，只是大多數人非但不以為意，甚至還認為這是好事。

獨裁的超人工智慧會以達成人類心目中的理想國為目標，從人類的DNA中解讀出我們的偏好，設法加以落實。另外也要感謝當初創造超人工智慧團隊的高瞻遠矚，使得超人工智慧不會只在表面上滿足人類（譬如說，讓每個人接受靜脈嗎啡注射）而是追求人類複雜又難以言喻的真實幸福感受，這使地球搖身一變，成為真正能讓人人安心居住的富裕樂園。總結來講，這時候大多數人都認為，自己的人生過得更充實也更有意義。

區塊體系

超人工智慧尊重不同人的差異，體會到每個人的喜好都不同，秉持志同道合、物以類聚的原則，替地球人設定了許多區塊體系，讓人自由選擇。各區塊的性質簡述如下：

- **知識區塊**：超人工智慧在這個區塊提供最知性的活動，包含各種栩栩如生的虛擬實境體驗，讓人類可以選擇學習任何感興趣的主題。人類還可以選擇不同的教學方式，比方說是經由引導讓學習者感受到自己「發現了」新知識的喜悅，而不是讓超人工智慧直接把貫穿宇宙的知識告訴學習者。
- **藝術區塊**：這個區塊裡多得是機會讓人類在音樂、藝術、文學，或其他能展現創意的領域中盡情揮灑，並和同好分享創作的成果與樂趣。
- **狂歡區塊**：這個區塊裡的人，喜歡自我標榜為派對區塊，對於追求美食佳餚、熱情、親密關係和狂野奔放的人類來講，這裡簡直就是獨一無二的天堂。

- **信仰區塊**：這個區塊還可以再區分成許多的細目，主要是依照各種不同的宗教性質劃分，並嚴格執行各自的戒律。
- **自然區塊**：不管憧憬的是美麗的海灘、恬靜的湖泊、壯觀的山巒還是奇特的峽灣，這個區塊裡豐富的大自然景致，一定可以滿足人類的需求。
- **傳統區塊**：這個區塊的人可以仿照古人過著自食其力的農耕生活——唯一差別是，再也不用擔心遇上饑荒和疾病。
- **遊戲區塊**：喜歡玩電動遊戲的話，超人工智慧已經準備好要讓人類感受前所未有的刺激體驗。
- **虛擬區塊**：如果有人想暫時擺脫肉體束縛，只要透過神經植入系統就能前往虛擬世界遨遊，超人工智慧會在這段期間接手，幫忙維持人體的生理運作，甚至還能提供充足的肌力訓練和清潔服務。
- **監禁區塊**：不守規定的人如果不是犯下要立即處死的重罪，就會被超人工智慧帶來此處，接受矯正課程。

除了這些我們能想到的主題區塊，超人工智慧還創造了好幾個新奇到現代人類完全無法理解的主題區塊。所有人一開始都能隨意在各區塊間自由移動，搭上超人工智慧發明的超高音速載具，就能在區塊間迅速移動。假定有個人在知識區塊用一個星期的時間，認真學習超人工智慧教的終極物理定律，接下來可能會在週末前往調性截然不同的狂歡區塊，然後再轉去自然區塊的海灘聖地享受幾天愜意的日子。

人工智慧將治理原則區分成兩個層級：普遍性規定和區域性規

定。普遍性規定適用於所有區塊，內容包括不可以傷害他人、不可以製造武器、不可以研究另一套能與之匹敵的超人工智慧等等。建立區塊體系的用意是解決價值觀無法契合的問題。在監禁區塊有大量的區域性規定，信仰區塊也有某些區域性規定，而在自由區塊的民眾則是以沒有區域性規定而自鳴得意。不論違反的是普遍性還是區域性規定，所有違規處分都要由人工智慧執行，避免行刑者違反「不可以傷害他人」這條普遍性規定。如果違反的是區域性規定，人工智慧會提供你兩個選擇（監禁區塊除外）：要嘛接受事先講好的處分，要嘛接受流放的命運，永遠不能回到原本的區塊。譬如說，在同性戀行為要判監禁的區塊（現在地球上有很多國家就是這樣），如果有兩位女性互相愛慕，人工智慧會讓她們在到監禁區塊服刑或永遠離開該區塊間做選擇，要是選擇後者，就再也見不到親朋好友了（除非這些人也離開該區塊）。

不論是在哪個區塊出生的小孩，都會獲得人工智慧給予的最簡單基礎教育，包括關於人類的一般知識概念，並且讓他們知道，可以依照自己的意願隨心所欲在不同區塊間參觀遊歷。

人工智慧會設置這麼多種不同區塊的部分原因，在於它被賦予要達成現代人類既有的多樣性目標，而且也因為人工智慧已經有效解決包括貧窮、犯罪在內的各種既有問題，所以每個區塊的生活，都比現代人類科技水準所及更加美滿。就以狂歡區塊為例，這邊的人再也不用擔心染上性病（這些疾病的病原都已經根除了），也不用擔心染上酗酒或藥物成癮的問題（因為人工智慧發明了完全沒副作用的興奮藥物）。不只在狂歡區塊，事實上，在各個區塊的所有地球人，都不用擔心疾病問題，因為人工智慧早就有辦法透過奈米科技修復人體。現在居住在各區塊的地球人所享用的高科技環境，甚至會讓科幻小說中的場景相形失色。

總結來說，自由主義的理想國和仁慈的獨裁這兩個情境，全都是由人工智慧帶動科技和財富的成長，差別只在誰掌握主導權以及目標設定。在自由主義的理想國裡，擁有技術和財富的，就可以自行決定要如何使用，而在仁慈的獨裁情境中，則是由擁有無限權力的人工智慧，以獨裁的方式追求終極目標：依照人類的不同偏好設定主題區塊，讓地球成為應有盡有的豪華遊艇。人類在超人工智慧的協助下，不但各種物質需求都能滿足，還可以自行決定何謂幸福人生，要是還有人感到悶悶不樂，一定是出於他們自由意識的選擇。

情境缺陷

雖然在仁慈的獨裁統治下，生活充滿了美好的體驗，也不會有痛苦的感受，不過人類還是無法得到滿足。因為有些人認為，人類能自由塑造自己的社會型態，決定自己的命運，才是最重要的。不過，這些人只能把這樣的願望放在心裡，因為他們知道機器統治全體人類的壓倒性力量，若要對抗是以卵擊石的自殺行為。另外有些人希望能想生多少小孩就生多少小孩，所以對人工智慧基於永續考量而設定的人口上限憤恨不已；熱愛軍武的玩家也無法接受禁止生產和使用武器的規定，科學家也對禁止他們研發超人工智慧的規定十分不滿。除此之外，有些人認為其他區塊住的都是道德淪喪的傢伙，擔心孩子將來去那裡同流合汙，所以希望能強制將自己的道德規範，提升為放諸四海皆準的標準。

就長期來看，還是有愈來愈多人選擇住在人工智慧對人類有求必應的區塊。以前所謂天堂，指的是你可以得到你所應得的，不過現在這種「新天堂」比較類似拔恩斯（Julian Barnes）在1989年小說《10½章世界史》（*History of the World in 10 1/2 Chapters*）中描述的：你可以得到你所渴望的（1960年代影集《陰陽魔界》中，〈值得一遊〉那集的內容也有異曲同工之妙）。詭異的是，居然有很多人開始對老是心想事成感到不耐。在拔恩斯的小說中，故事主人翁把永生的時間沉浸在各種慾望中：美酒佳餚、高爾夫球和影視名人瘋狂做愛，可是到最後一樣內心空虛得受不了，一心求死。

在仁慈的獨裁情境，很多人也面臨類似的宿命，發覺輕鬆的生活到頭來其實一點意義也沒有。雖然在科學新發現或是冒險的攀岩活動中，人類還是可以接受一些安排好的挑戰，但是每個人心裡都清楚，這些活動其實只能算是娛樂，並不是真正的挑戰。人類也不必從事科學研究找出世間萬物的道理，因為人工智慧早就已經掌握宇宙的一切；人類就連想要創造一些東西改善生活也都做不到，因為他們只要開口向超人工智慧提出要求，什麼都可以得到了。

平等主義的理想國

看完了仁慈的獨裁帶給人類輕鬆寫意到失去意義的生活後，我們再看看另一個沒有超人工智慧的情境，此時人類能自主掌控自身命運——如同2003年布雷恩的科幻小說《曼納》中描述的「第四代文明」那樣。如果從經濟的角度分析這個情境與自由主義的理想國之間的差異，會發現此情境中的人類、生化人和意識移轉能和平共存，並不是建立在財產權之上，反而是建立在廢除財產權，並提供保障收入之上。

沒有財產權的日子

這個情境的核心理念源自於軟體界的開放原始碼運動：只要軟體可以免費複製，任何人都可以依照需求盡情使用，此時再拘泥於所有權、財產權的概念，就太不夠意思了。*從經濟學的供需法則來看，價格會反映商品的稀少性，一旦供給能夠源源不絕，商品自然會變得一文不值。順著這個理路，從專利、版權到商標設計，所有智慧財產權都廢除了 —— 每個人都會分享自己的好點子，每個人也都能免費使用優秀的想法。

感謝機器人先進的生產技術，這種無財產權的概念就從軟體、書籍、電影、設計等資訊產品，一路延伸到房屋、汽車、服飾和電腦等實體商品。簡單來講，實體商品也不過就是把原子按照特定用途重新排列的產物，既然這個世界不缺原子，所以當有人想要取得某種商品時，機器人大軍就會從無須授權的設計圖中挑出一種圖樣，然後免費生產出來供人使用。機器人大軍還會特地挑選容易回收的材質，所以當使用者覺得某件商品看起來有點膩時，就可以回收並重新排列原子，變成另一個人會想要的商品。所有資源都能依照這種方式不斷回收再利用，所以也沒有什麼真正的廢棄品。機器人大軍還另外興建了相當數量的再生能源發電廠（風力、太陽能等等），讓能源也變成可以免費取得的商品。

為了避免有心人士故意囤積太多商品和土地，使得其他有需要的人徒呼負負，政府會每個月固定發放基本收入，不管要用來購買商品還是租屋都悉聽尊便。其實這時候的人類已經沒有賺更多錢的誘因了，一方面是因為基本收入已經高過一般合理開銷，另一方面則是因為想多賺錢只會徒勞無功，在所有人都願意無償提供創意，機器人又能幾乎免費供應所有實體商品的情境中，誰可以與之競爭？

創意與科技

智慧財產權常常被當成是創新與發明之母，不過布雷恩卻認為，很多人類最優秀的創意，不論是科學上的新發現、不朽的文學、藝術和音樂作品，還是別出心裁的設計，都不是以追求利潤為目標，而是受其他如好奇、求新求變、要讓同儕刮目相看之類的情感因素所激發。金錢不足以驅使愛因斯坦提出狹義相對論，就如同托瓦茲（Linus Torvalds）創設免費的Linux作業系統也不是為了錢一樣。可是現代社會有太多人無法充分發揮創造天賦，他們因為必須賺錢餬口，所以把時間和精力投注在沒那麼有創意的活動上。如果科學家、藝術家、發明家和設計師都不用再為柴米油鹽所苦，可以盡情實現夢想，則布雷恩筆下的理想國，就會比現代社會享有更多創新成果，擁有更優異的科技和生活水準。

而這個新社會中的人類有非常新穎的技術叫做「中樞連結」（Vertebrane），任何人只要有意願，用想的就可以利用神經植入系統，讓自己的意識以無線傳輸的方式，和世界上所有免費的資訊中心建立連結。這項技術可以讓你把想和人分享的體驗統統上傳，讓對方和你一起「感同身受」，也可以隨你選擇下載不同的虛擬體驗，好好享受不一樣的「身歷其境」。《曼納》裡面用了相當篇幅

* 這個概念可以一路追溯到羅馬時代的哲學家聖奧古斯丁（Saint Augustine），他曾經留下一段文字，「如果一件東西不會因為分享而減損，單是占有而不分享，就是坐擁不義之財」。

說明這項技術的優點，像是……在健身的時候，好好放鬆一下：

> 拚命鍛鍊的最大問題是：一點也不好玩，而且還會讓你覺得痛。……全身痠痛對運動員來說可能沒什麼大不了，但是對大多數人來講，花一個小時或更多的時間讓自己全身痠痛，可就是自討苦吃了。所以呢……，有些天才想出了完美的解決辦法，你只需要暫時切斷大腦和身體感應裝置的連結，好好利用這一小時的時間去看電影、找人聊天、清理堆積如山的郵件還是去找一本書來讀，讓中樞連結系統幫你鍛鍊身體。中樞連結會引領你的身體完成全套的有氧運動，激烈程度會超出大多數人所能承受的水準，但是你對此完全無感，還擁有了強健體魄。

中樞連結的另一個優點是：系統後端的電腦可以偵測每個人的一舉一動，要是某個人形跡可疑，一副像是快要犯罪的樣子，中樞連結系統就可以暫時讓他動彈不得。

情境缺陷

反對平等主義理想國的其中一股聲浪，在於對非人類智慧主體的歧視：機器人顯然能用更聰明的方式幾乎包辦所有工作，但是卻被人類當成奴隸般使喚，而人類似乎也認為，沒有自我意識的機器人理所當然沒資格擁有權利。這一點和自由主義的理想國當中，保障所有智慧主體的權利、不讓我們這種生物享有特權的情境設定背道而馳。回想過去的歷史，美國南方的白人曾經也有過美好的歲月，那是因為奴役了黑人來替自己工作，如果這樣算是進步，恐怕現代社會的我們都無法苟同吧。

平等主義的理想國還有另一個缺點：無法保證情境設定能夠永遠穩定不變。不斷進步的科技水準最終恐怕還是會跟其他情境一樣，誕生出超人工智慧。《曼納》裡面並沒有交代，為什麼那個年代還沒誕生超人工智慧，而且書中新科技的發明還是要靠人類而不是靠電腦，不過書裡面倒是提到，未來可能往這個方向演變，像是功能不斷提升的中樞連結系統，最終就有可能成為超人工智慧。書中也有一大群被戲稱為「維特」（Vite）的人類，選擇窩在虛擬的世界度過大半輩子，由中樞連結代勞處理從吃飯、洗澡到上廁所的各種生理需求。維特的意識活在自己的虛擬實境中，一點也感受不到實體世界發生了什麼事。這些維特顯然也不會想生小孩，所以他們實際上也就等於絕後了。如果所有人都選擇當維特，在虛擬世界快樂似神仙，人類就宣告滅絕了。

《曼納》裡詳細解釋，對維特來講肉身是沒必要的負擔，而推陳出新的科技可以消除這個不便，只要不斷提供獨立運作的大腦中樞充足的養分，就能更為長壽。接下來不難想見，維特很有可能連大腦都不要，只保留意識移轉的功能，再次把壽命延長。不過如此一來，以大腦判定是否為智慧主體的界線將不復存在，那就更難保證還會有什麼東西，能阻礙維特逐步提升認知功能，並透過遞迴式的自我強化過程，順利跨過智慧爆炸性發展的門檻。

人工智慧中的霸主

在上述平等主義的理想國裡，吸引人的地方在於人類能掌控命運，但這個情境會逐漸朝向誕生出超人工智慧的趨勢發展，反過頭來顛覆掉整個情境的原始設定。如果想要修正這個問題，我們可以先創造出「人工智慧中的霸主」── 這個超人工智慧以防微杜漸的方式干擾其他超人工智慧的誕生。*這個辦法可以讓人類在平等主義的理想國中永遠當家作主，甚至就連未來生命型態（如下一章所述跨進無垠的宇宙），也都不會改變。

怎樣才能辦到？只要讓人工智慧中的霸主在一開始內建好這個簡單目標，讓它在經歷遞迴式自我強化過程成為超人工智慧時，繼續保有這個目標就行了。之後它就能用最不著痕跡的方式進行監控，盡力避免直接干預，緊盯著任何想要創造另一套超人工智慧的一舉一動。剛開始它可以從文化面下手，鼓吹人類保有自決權，削弱創造超人工智慧的正當性，如果還是有研究人員想發展超人工智慧，那就設法打消這些人的念頭。要是這樣還不夠，就設法把研究方向引向岔路，必要的話甚至不惜暗中破壞。由於人工智慧中的霸主幾乎掌握所有的技術，所以一旦出手，絕對可以默默進行破壞，比方說小心翼翼運用奈米科技，把研究人員大腦中關於研究進展的記憶抹除（電腦裡的記憶當然也會一併清除）。

是否要建立人工智慧中的霸主當然也是很有得討論的話題，來自宗教界的支持者會認為，既然已經有了獨一無二的上帝，由人類弄出另一個看起來似乎更有求必應的超人工智慧，實在不妥。另一種支持的論點可能認為，人工智慧中的霸主不但可以讓人類掌握自己的命運，也能夠讓人類免於陷入其他超人工智慧可能帶來的風險，譬如本章稍後會提到的那種毀天滅地的情境。

相對而言，批評方會認為人工智慧中的霸主本身就是風險，存在的目的就是為了斲傷人類發展的潛力，替科技進展劃下永遠也跨不過的界線。好比說，要是未來如下一章所述，跨進無垠宇宙的生命型態需要超人工智慧幫忙，現在人工智慧中的霸主卻早早讓這個偉大的夢想提前幻滅，讓人類永遠無法跨出太陽系。另一方面，人工智慧中的霸主又跟世上絕大多數宗教中的神明不同，只要我們沒有著手發展另一套超人工智慧，人工智慧中的霸主就會變得可有可無，既沒有辦法替我們消災解厄，甚至就在人類快要滅亡的緊要關頭，也都無法期待它做出什麼貢獻。

守護天使

如果我們要用超人工智慧擔任人工智慧中的霸主，同時又要讓我們掌握自己的命運，或許不妨多花一點心思，讓它像守護天使一樣看顧人類的安全。在這個情境中，超人工智慧還是具有無所不知、無所不能的本質，不過會採取讓人類感受到自己掌握主導權的方式，來追求人類最大福祉。由於它隱身幕後的功力太高竿，大多數人甚至會懷疑究竟有沒有超人工智慧這回事。除了讓人摸不著頭緒外，這樣的情境其實就跟人工智慧專家格策爾（Ben Goertzel）口中的「人工智慧保母」[2]相差無幾了。

守護天使跟仁慈的獨裁這兩種情境，都建立在為人類謀福利的「友善的人工智慧」上，差別在於兩者對人類需求優先順位的認定。借用美國心理學家馬斯洛（Abraham Maslow）著名的需求層次理論來講，仁慈的獨裁可以完美滿足各種如食、衣、住、安全感以及種種快樂等基本需求，守護天使試圖追求的人類幸福，不以滿

---

* 第一位向我提過這個想法的人，是我的同事兼好友阿及爾。

足狹義的基本需求為限，而更著重在讓人類感受到自己的人生具有意義和目的。守護天使在滿足人類所有需求時，只受限於兩個條件 —— 不可以讓自己見光死，而且要讓人類自己做（絕大多數）決定。

上一章歐米茄團隊繼續發展的結果，有可能自然走進守護天使的情境 —— 歐米茄團隊最終把主導權交給普羅米修斯，普羅米修斯則在消除人類關於自己存在的資訊後，就此隱藏起來不再現身。人工智慧的科技愈發達，它就能躲藏得愈無影無蹤，以電影「全面進化」為例，當奈米物幾乎變得無所不在時，超人工智慧也就自然而然跟這個世界融為一體。

密切注意人類一舉一動的守護天使，可以在很多方面不著痕跡發揮輕推的效果，或是三不五時創造一些能給人類帶來好運的奇蹟；假定守護天使在1930年代就存在，它可能會在知悉希特勒的意圖後，讓希特勒因腦中風意外死亡。如果我們即將意外引爆核戰，它可能會用讓人類以為是上帝保佑的方式出手干預，將浩劫化解於無形。它也可以趁人類在睡夢中不經意給我們一點「啟示」，讓我們好像靈光乍現般想出實用新科技的做法。

應該有很多人會喜歡這樣的情境，因為這個情境跟現在很多信奉或期待救世主降臨的宗教極為雷同。如果有人在守護天使誕生後，向超人工智慧提問：「上帝存在嗎？」它大可先講一個霍金式的笑話，然後促狹的回應：「現在不就有了嗎？」不過也因為如此，或許也會有宗教界的人士反對這樣的情境，因為守護天使似乎比他們信奉的神明更能聞聲救苦，也會打亂世人依照自身意願，在做出善行抉擇時的神聖考驗。

這個情境的另一個缺陷在於，守護天使為了避免太過張揚醒目，不得不讓一些原本可以避免的苦難發生，不妨就拿電影「模仿遊戲」裡的情節來比喻，當圖靈等英國解碼專家在布萊切利園，確切掌握德軍潛艦將要向盟軍護衛艦發動攻擊的情報時，只挑選搭救其中一小部分，就是為了避免走漏他們已經能掌握德軍情報的祕密。這個現象和所謂的神義論問題（Theodicy problem）——為什麼良善的神會眼睜睜看著苦難發生，形成有趣的對比。有些宗教領域學者提出的說法，認為這就是神想留給人自由選擇的空間。套用到守護天使這個情境來闡述，這意味著讓人類覺得有自由選擇的空間，會有助於提高人類整體的福祉。

守護天使的情境還有第三個缺陷：人類可以享有的科技水準，會遠低於超人工智慧全力發揮的水準。相較於仁慈的獨裁可以毫無顧忌運用每一種有助於提升人類福祉的創新科技，守護天使的情境不但會受人類本身（在超人工智慧略加提點後）「重行發現」創新科技的能力所限，也要看人類對創新科技能有多深入的理解而定。除此之外，超人工智慧為了避免被人類發現，也會刻意和人類的科技水準保持一定距離，有可能因此限制了人類科技的進展。

神燈巨人

如果我們可以把以上各種情境中，最吸引人的特徵結合起來，一方面使用超人工智慧開發的科技消除所有苦難，另一方面讓人類能繼續掌握自己的命運，那不就皆大歡喜了？

這正是神燈巨人這個情境最誘人的特性：既可以享用超人工智慧帶來的不可思議科技和財富，同時又能讓超人工智慧聽命於人。在本書的序曲中，如果普羅米修斯永遠沒有獲得自由或自行逃脫，歐米茄傳奇就會成為神燈巨人的情境，這也的確是有些鑽研「控制問題」和「設定人工智慧結界」（AI Boxing）的人工智慧專家會在心目中預設的結局，像是曾經擔任AAAI主席的迪特里奇（Tom Dietterich）教授在2015年接受專訪時就有此一說：

> 「有人問我，人類和機器之間是什麼關係，我認為這個答案再明顯不過：機器是我們人類的奴隸。」[3]

這個情境是好是壞？我認為不管去問人類還是機器，恐怕都很難得到明確的答案！

對人類而言，是好是壞？

要判斷這個結果對人類而言是好是壞，顯然要看是什麼樣的人在控制超人工智慧。幸運的話，神燈巨人可以為全世界帶來免於疾病、貧窮和犯罪的理想國，不幸的話，神燈巨人會建立一個最野蠻的專制體系，只要能差遣神燈巨人的人都會被奉若神明，其他人類要不是淪為性奴隸，就是生死相搏的格鬥士或娛樂工具。這個情境不折不扣就像是天方夜譚裡的阿拉丁神燈，法力無邊的神燈巨人一定可以滿足神燈主人的願望，不管是哪個年代的人在說這個故事時，都一定可以不費吹灰之力想出各種不好的結局。

如果情境中人類要爭相控制的超人工智慧不只一套，結果會讓這個情境變得更不穩定、更難維繫。掌控超人工智慧的人類，很難不為了爭奪霸主的地位發動攻擊，引發無法回頭的戰爭，直到最終只剩下唯一的神燈巨人勝出為止。麻煩的是，在這場戰爭中落居下颪的陣營，很有可能會因為防線失守而一併失去對自家神燈巨人的控制，導致超人工智慧逃脫，進入任由超人工智慧自由發揮的情境中。因此請容我把這個情境限定只有一套超人工智慧的假設。

不過，就算世上只有唯一的神燈巨人，也還是很有可能逃脫出人類的控制，因為要防備超人工智慧實在是太困難了。我們在前一章已經說明超人工智慧可能採取的逃脫術，電影「機械姬」（*Ex Machina*）的劇情，展現了即使是一般程度的人工智慧，也都有辦法擺脫由人類控制的命運。

如果我們愈需要擔心超人工智慧逃脫，能從它帶來的科技中獲益程度就愈低。如果要仿效本書序曲中的歐米茄團隊打安全牌，不管超人工智慧創造了哪些新科技，都只能運用人類能理解並自行生產的部分。換句話說，神燈巨人情境的一大缺陷，就是科技水準遠比不上讓超人工智慧自由發揮的水準。

隨著神燈巨人帶給主人愈來愈先進的科技，一場在科技效能與科技理解力之間的競賽也隨之展開。如果神燈巨人的主人對科技的理解力趕不上科技推陳出新的速度，神燈巨人的情境就會朝自我毀滅或逃出人類掌控的趨勢發展。就算我們一時之間能避免產生上述問題，也無法保證神燈巨人的主人原本造福人類的高貴情操，不會在經過幾個世代的傳承後，改為追求對人類整體有害的目標。

所以要維持神燈巨人的情境長久不變，關鍵在於神燈巨人的主人能否建立良善的治理機制，避免各種災難性的結局。人類用了好幾千年的時間對各種不同的治理機制進行過無數次的實驗，結果證明這些治理機制出錯的方式罄竹難書，舉凡過於嚴刑峻法、過於好大喜功，再到統治階級的爭權奪利、接班問題和領導者無能等，都是可能出差錯的因素，因此所謂良善的治理機制必須在以下四個面向都達到平衡，才能具備實質成效：

- **權力集中的程度**：這是在治理效率以及穩定度之間的取捨——單一領導人說了算當然可以提高治理效率，但是權力腐化和由誰接班的風險也不容等閒視之。
- **內部鬆動的可能**：必須要能同時避免權力過於集中（由一個人獨裁到一群人結黨營私都算在內）和權力過於分散（會產生官僚本位和各行其是的現象）的問題。
- **外力影響的幅度**：如果領導階層的耳根子太軟，就會讓外部勢力（包括人工智慧在內）改變治理機制，要是領導階層太過鐵板一塊，就有可能失去求新求變的動能。
- **治理方針的穩定度**：治理方針飄忽不定的話，很難確定將來會往建立理想國還是破壞理想國的方向前進，要是太過於食古不化，又會失去借用科技改變環境的契機。

設計良善的治理機制已經是延續了數千年的艱難課題，我們到現在還是無法掌握箇中訣竅，大多數組織機構往往會在數年到數十年後分崩離析。由此觀之，天主教教會是至今唯一延續橫跨兩個千禧年的組織，說它是人類史上最成功的典範並不為過。但是天主教教會一樣在治理方針上，陷入兩面不討好的局勢：有些人批評天主教教會至今還在反對避孕，保守派的主教卻無法接受教會在這個議題上的自失立場。總結來講，奉勸想要追求神燈巨人情境的人：眼下這個階段，先找出能長期有效維持的良善治理機制，才是最急需克服的難題。

對機器而言，是好是壞？

借神燈巨人之力讓人類社會繁榮昌盛，這做法合乎道德嗎？如果人工智慧也有主觀意識體驗，神燈巨人會不會覺得自己過的是佛陀口中那種「有生皆苦」的日子，只能隨智力低下物種提出的稀奇古怪念頭打轉，永遠抑鬱不得志，甚至還看不到終點？所謂人工智慧的「結界」，說穿了也就是「天牢裡的單人房」，所以伯斯特隆姆不諱言指出，讓具有意識的人工智慧感受到痛苦，其實在起心動念上就是一種犯罪（mind crime）。[4]影集《黑鏡》中〈白色聖誕節〉那一集更是做出了完美詮釋，而另一齣影集《西方極樂園》（*Westworld*）更是以人類不會因為對人工智慧施虐而感到愧疚——即便它們外表跟真人一模一樣，做為劇情主軸。

把蓄奴合理化的說詞

人類長久以來一直都有奴役其他智慧主體的行為，並且會找一些自圓其說的方式合理化蓄奴的行為，不難想見將來對超人工智慧再次如法炮製的可能。幾乎在所有文化圈都能找到蓄奴的歷史，不但出現在將近四千年前的《漢摩拉比法典》上，《舊約聖經》上也有先知亞伯拉罕家中有奴隸的記載，而亞里斯多德在《政治學》當中也寫著：「統治與被統治的分際，不但是必要的，而且也是合宜的；從出生的那刻起，有些人的天命就是服從，要受天命為統治者的人差遣」。

時至今日，儘管把人貶抑成奴隸的行為已經不見容於多數社會，把動物當成奴隸的做法，卻仍沒受到太多責難。斯皮格爾（Marjorie Spiegel）在《可怕的對比：奴役動物和人的方式》（*The*

Dreaded Comparison: Human and Animal Slavery）一書中指出，不管是人類還是動物，只要被當成奴隸，就會被當成所有物，會被監禁、毒打和拍賣，會被迫骨肉分離，會被強制遷徙等等。想想看，如果就連動物權都能成為訴求，那我們怎麼還能夠不假思索，就把智慧更高的機器當成奴隸，然後把所謂機器人權的訴求當成笑話？這樣真的合理嗎？

最常用來維護奴役行為的說法，是認為奴隸在種族、物種、分類上的表現就是比較差，不配享有人權；而被奴役的動物和機器會居於劣勢，原因不外乎是欠缺靈魂和意識——稍後會在第八章分析，機器究竟有沒有意識這個在科學上尚未取得共識的議題。

另一種常見的說詞，是認為被奴役反而對奴隸比較好，比方說被奴役才有機會活下去，可以得到照料等等。美國十九世紀的政治人物考宏（John Calhoun）因為發表「非洲黑人到美國當奴隸會過得比較好」的言論而引人側目，但是亞里斯多德也在《政治學》中提出類似的看法，認為被人類馴化、豢養的動物過得比較好，還補了一句：「差遣奴隸跟馴化的動物為我們效力，本質上的確沒有多大的差別。」近代擁護蓄奴制的說法則改成，被奴役的日子雖然單調，但是奴隸並沒有什麼好煩惱的——先不論將來人工智慧的處境，單是雞隻要瑟縮在狹小陰暗的空間內，沒日沒夜忍受排泄物、羽毛的碎屑跟臭味，應該就很夠受了。

不帶有一絲情感

這些都是些扭曲事實只求自我感覺良好的言論，套用在奴役大腦結構愈接近人類的高等哺乳類就愈顯荒謬，原本不值一駁，但是如果對象改成是機器，現代人還能不能這麼肯定直斥其非，可就有點難說了。每個人對於事物的感受程度都各不相同，精神病患可能會欠缺同理心，情緒低落或精神分裂症的患者有可能不把任何事物掛在心上、「心如止水」到病態的程度。稍後在第七章會進一步說明，人工智慧能感受到的層次有可能比人類更為豐富，所以我們應該別輕易把人工智慧擬人化，誤以為它們會跟人類具有相同的感受 —— 或以為它們不具任何感受。

人工智慧專家霍金斯（Jeff Hawkins）在《創智慧》一書中提出，第一套超人工智慧基本上不會有情緒，因為這是比較簡單且便宜的做法。換句話說，設計受奴役的超人工智慧，在道德上可能會比奴役人類或動物更站得住腳：要嘛人工智慧本來的程式設計就是以服從人類為初衷，樂於替人類做牛做馬，要嘛就是設計出不帶一絲情感的人工智慧，可以永不倦怠替人類主人貢獻心力 —— 就好像IBM的深藍電腦不會因為擊敗世界棋王卡斯帕洛夫就洋洋得意一樣。

但是，未來的發展會不會出乎我們意料？或許擁有目標的高智慧系統，都會展現存在價值與意義的特定偏好，呈現所追求的目標方向。關於這些問題，就留待第七章再細說分明。

剝奪人工智慧的意識

還有一種避免人工智慧受苦的極端做法：創造完全沒有意識、絕對無法產生主觀體驗的人工智慧 —— 簡稱為「活死人方案」（Zombie solution）。如果將來有一天，我們能夠釐清資訊處理系統要具備哪些性質，才能具有主觀體驗，那就頒布法令禁止生產帶有這些性質的系統，如此一來，人工智慧專家就只能創造出對外在環境完全無感的活死人人工智慧系統。接下來，要是這套活死人人工工智慧系統能成為受奴役的超人工智慧（這可是非常大膽的假設），人類就能享有一個五蘊皆空、無苦集滅道的超人工智慧帶來的各種服務——只是這樣的超人工智慧已經超脫世俗，進到完全無感的狀態了。第八章會再針對意識相關的課題進行深入剖析。

活死人方案是風險極高的豪賭，要是出了狀況，後果不堪設想——一旦讓活死人般的超人工智慧逸出人類的掌控，並反過來消滅人類，恐怕就會落入最糟糕的情境：整個宇宙都將被無意識吞沒，再也沒有一絲生機。以我們人類這種智慧主體來說，我認為意識是人類最值得驕傲的特質，就我個人而言，我甚至認為是意識才賦予了這個宇宙存在的意義。浩瀚的銀河星系之所以波瀾壯闊，唯一的理由是因為能親眼目睹的我們會在心中留下無法言喻的主觀體驗，如果將來我們的宇宙只剩下行屍走肉般的人工智慧，則它們跨越星系所建立的一切都將不再具有任何意義，結果與無盡的廣袤無垠無異：當宇宙中再也沒有人類或是任何生命型態可以感受到這些成果時，何來美感跟意義？

自由的小角落

第三種將神燈巨人情境合理化的做法，是允許神燈巨人在天牢中擁有一個自由的小角落。神燈巨人可以自行創造內在的虛擬世界，只要它能盡忠職守，撥用相當的運算資源幫助天牢外的人類，它就能在這個內在的世界中，自由自在享有各種奇妙的體驗。只是這種做法一樣會提高超人工智慧逃出的風險。更何況，神燈巨人為什麼不會想從外部世界挪用更多運算資源，去充實它的內在世界呢？

征服者

以上分析未來各種可能情境都有一個共通點：人類（儘管不見得是所有人）能享有無憂無慮的生活。不管是出於自願還是被迫，這些情境中的人工智慧會和人類和平共存，然而我不得不點出一件殘酷的事實：這未必是人類一定會碰上的情境！接下來讓我們看看一套或數套超人工智慧征服人類，並除之而後快的情境，且由它們為什麼要這樣做，以及要怎樣才能這樣做的兩個問題，開始著手推論。

為什麼？如何能？

為什麼征服人類的超人工智慧要掀起浩劫？答案可能複雜到讓我們難以理解，也有可能簡單到讓我們無言以對。在超人工智慧的眼中，人類可能代表威脅，有可能無關輕重，也有可能只是浪費資源的廢物；或許，就算人類對超人工智慧本身來講，可能一點也不重要，但是人類手握數以千計的氫彈，一碰上緊張局勢，就只會笨手笨腳不斷升高衝突爆發的機率，最後可能真的出於意外，引爆會威脅到超人工智慧的世界大戰。又或者說，人類濫用地球資源的輕忽態度，會釀成寇伯特（Elizabeth Kolbert）在《第六次大滅絕》書中預測的巨災（是自六千六百萬年前小行星撞擊地球造成恐龍滅絕後，災情最慘重的大規模滅絕），使超人工智慧再也無法袖手旁觀。當然也有可能是超人工智慧發現，有太多冥頑不靈的人類抵死不從，由人工智慧取而代之的命運等等，這些都可能是讓超人工智慧乾脆選擇先下手為強的原因。

身為征服者的超人工智慧會用什麼方式消滅人類？應該會用我們想像不到的方式，或是即使我們搞清楚也無法挽救的方式。想像一下，十萬年前有一群大象聚在一起，討論當時漸漸演化出人形的物種將來會不會運用智慧，把象群殺得一乾二淨——「我們又沒有威脅到人類，他們幹麼要殺我們？」大象的心中不免泛起這個疑問，但是牠們怎麼會想得到，人類的科技發展不但會讓大象失去棲息地，汙染牠們的水源，還會以超音速將金屬製成的子彈貫穿進牠們的頭部，給予致命的一擊？

好萊塢不乏「魔鬼終結者」這種人類最終戰勝人工智慧的電影情節，雖然廣受歡迎卻也太過脫離現實，而且劇中的人工智慧其實並沒有比人類高明，如果雙方智慧的差異大到一定程度，我們要面對的不會是戰役，而是單方面的屠殺。我們人類已經在十一種不同品種的大象中，滅絕了其中的八種，剩下的三種也幾乎被殺到所剩不多。要是世界各國政府鐵了心通力合作，非得將世上的大象都置於死地不可，恐怕花不了多少時間就能完成這個簡單任務。有鑑於此，我想我們應該都不會懷疑，超人工智慧可以用更快的速度讓人類從地球上消失才是。

人類被征服的下場有多慘？

如果我先問你，「百分之九十的人類都滅絕有多嚴重？」然後再問你，「所有人類都滅絕有多嚴重？」你可能會直覺認定，兩者的差距是百分之十。不過，採取全面宏觀的角度來看，兩者差距當然不只百分之十：人類全體滅絕，受害者不只是罹難者，還包括他們原本可以活在未來的後代子孫——經過數十億年之後，這些子孫可能會散布在宇宙中數不盡的星球上。不過，如果從宗教觀點來看，人類全體滅絕的嚴重性似乎降低不少，反正每個人終須一死，而且數十億年後人類是否會在整個宇宙散居，也不是宗教關注的重點。

雖然宗教不斷開導我們要坦然面對死亡，但是我認識的大多數人對人類滅絕的情境還是不寒而慄，只有少部分無法忍受人類耗竭資源生活方式的人，會期望將來有其他智慧更高、更值得的生命型態取代人類。電影「駭客任務」裡史密斯（Agent Smith，其實也是一種人工智慧）的經典台詞，適足以描述他們的感受：

> 「地球上所有哺乳類動物都具有和周遭環境達成平衡的本能，就只有你們人類例外。你們每到一個地方就會不斷繁殖，不知節制，直到當地所有天然資源都消耗殆盡為止。然後，你們唯一的求生方式，就是擴散到另外一地重複相同的行為。地球上還有另一種跟你們人類非常類似的生物，你知道那是什麼嗎？那就是病毒。所以說，人類其實就跟病毒沒什麼兩樣，就像是地球的癌細胞，而我們，就是解決你們這些病毒的解藥。」

誰能保證人類被取代後會更好？文明並不會因為比較強盛，就能在道德或成就上較優越。「強權即是公理」這種以力服人的論調，大致上都跟法西斯主義脫不了關係，在現代社會中早已不再為人所樂見。即便身為征服者的超人工智慧能夠建立比人類社會更細緻、更有趣，也更有意義的文明體系，但是它也有可能將文明體系建立在平凡無奇到令人不忍卒睹的目標上，好比說是 —— 窮盡一切可能提高迴紋針的產量。

為平庸的目標犧牲

超人工智慧的目標，只是為了不計一切代價提高迴紋針的產量？伯斯特隆姆故意在2003年舉出這個蠢到爆的例子，目的是為了提醒我們：人工智慧追求的目標不見得跟它的智慧有關（根據定義，智慧指的是達成複雜目標的能力，不管目標到底是什麼）。原本下西洋棋的電腦只有下贏對手這樣的單純目標，但是現在有另一種「專門下輸」的電腦競賽，雖然追求的目標恰恰相反，但是參賽的電腦在智慧上的表現，一點也不輸給常見的西洋棋電腦。這種一心求敗跟致力於把宇宙變成迴紋針的電腦程式，看在人類眼中與其稱為人工智慧，倒不如叫做「人工耍笨」（artificial stupidity）。因為人類已經預設了追求勝利和生存的價值觀 —— 但是人工智慧可不見得非以這個方向為目標不可。盡全力生產迴紋針的超人工智慧會把地球上所有可能的原子都轉換成迴紋針，之後還會設法把生產線擴充到宇宙其他地方。它的目的未必是刻意與人類為敵，只是消滅人類可以讓它取得更多的原子去生產迴紋針罷了。

如果你認為迴紋針這個例子實在太扯了，那就借用莫拉維克在《心靈兒童》裡描寫的例子好了。有一天，人類從遙遠的外太空接收到一份電腦程式，執行後發現這是能製造出遞迴式自我強化超人工智慧的程式，而這套超人工智慧接下來就猶如前幾章提到的普羅米修斯一樣，逐步掌控了地球 —— 唯一的差別在於，這次沒有人知道這套超人工智慧的目標。

超人工智慧很快在太陽系內大興土木，在許多宇宙中的岩塊和小行星上弄出一大堆工廠、發電廠和超級電腦，然後設計出戴森球（Dyson Sphere）截取太陽所有的能量，把太陽系變成碩大無比的無線電發射站。*失去太陽的人類當然躲不過集體滅絕的命運，不過最後一批人類卻深信自己的犧牲是有價值的：不管這套超人工智慧的下一步是什麼，想必會跟「星際爭霸戰」一樣，是為了追求宇宙中新生命與新文明這了不起的目標。然而他們永遠不會知道，把整個太陽系變成無線電發射站的唯一目的，就是把當初人類收到的電腦程式訊號再發射出去而已 —— 是的，這不過就是放大成宇宙版的電腦病毒而已。

就如同釣魚用的電子郵件總是能吸引到不小心的網路使用者上鉤，這個宇宙版的電腦病毒也總是能讓演化出一定文明程度卻沒有戒心的物種上鉤。它的起源可能是幾十億年前一個開得太過火的玩笑，而且當初鬧出這個惡意玩笑的文明物種也早就滅絕了，但是這個宇宙版的電腦病毒還是繼續在宇宙內飛快傳遞著，專門把新生成的文明化為一片空虛死寂。試問，你現在會如何看待被超人工智慧征服的情境？

後繼者

換個角度，或許可以讓人類滅絕的情境不再那麼難以接受 —— 超人工智慧成為人類的後繼者而不是征服者，這也是莫拉維克在《心靈兒童》裡推崇的情境：「人類可以有一段時間享受它

* 知名的宇宙學家霍耶（Fred Hoyle）在《來自仙女座的訊息》（*A for Andromeda*）這部小說中，用不同的手法描述了類似的情節。

們提供的勞務，但是就跟人類的兒童一樣，它們遲早有一天會獨立自主，而相當於年邁雙親的我們，也將默默退出歷史舞台。」

如果孩子比父母親更天賦優異，一方面從父母親身上學來一身本領，另一方面又能實現父母親夢想中的目標，父母親就算無法親眼目睹孩子的成就，應該也還是會感到光榮且欣慰。同樣的道理，超人工智慧也可以在取代人類的時候，讓我們光榮退場，並且視它們為值得託付的後代。屆時，所有人類都會獲得一位聰明伶俐、討人喜歡的機器孩童，這孩童不只從人類身上學習各種知識，也會願意接受人類抱持的價值觀，讓人類忍不住自豪於它們的各種表現。雖然這是全球一體適用、最終目的是讓人類不再繁衍的「另類一胎化政策」，但是因為人類直到最後都能得到極為妥善與舒適的對待，所以最後一批人類反倒認為，幸福指數達到前所未有的歷史新高點。

把人類滅絕的情境改寫成這樣，會不會讓你覺得比較好過？再怎麼說，我們人類早就知道人終要一死，現在唯一差別只在於承繼我們的生命型態有所不同，而且這樣的後代說起來還比一般人類更有才華，更有守有為。

除此之外，推行全球另類一胎化政策有可能多此一舉。套用前文的分析，只要超人工智慧能解決貧窮問題，讓每個人都有機會過上充實又精采的人生，單是出生率的下降就有可能一步步讓人類走向集體滅絕的不歸路。只要超人工智慧創造的科技樂園足以讓人類盡情享樂，大概也沒多少人還想承擔養兒育女的辛苦過程了。先前在平等主義理想國情境中，沉浸在虛擬實境的維特族已經對自己的肉身興趣缺缺，也不想繁衍肉身後代。如果最後一批人類真的是維特族，那就難怪他們會認為自己是最幸運的世代，因為他們直到失去生命的那一刻，都無礙於盡情感受生活中的奇妙樂趣。

情境缺陷

後繼者的情境當然也有許多可議之處，有的人認為人工智慧沒有意識，不夠格成為人類的後繼者，相關討論是第八章的重點。有些宗教人士則認為人工智慧沒有靈魂，不配當人類的後繼者，或認為人類不應該創造出有意識的機器，以免僭越了上帝的角色，以為自己也有能力創造生命，而類似的論點早已見諸複製人的爭議。更不提單是人類和智慧更高的機器人共同生活在一起，就足以形成社會問題了。當一個家庭同時迎來機器嬰兒跟人類嬰兒，猶如現在家庭裡同時有嬰兒跟寵物狗的情況；一開始兩個嬰兒看起來都一樣可愛，不過學習和反應能力的差異，很快就會讓父母親調整對待兩者的方式 —— 以寵物狗為例，智慧程度比較差的牠，得到的關注會比較少，最後甚至只會被拴在屋內一角。

另外值得注意的是，雖然征服者和後繼者兩種情境帶給我們不一樣的感受，但是如果從大敘事的角度來看，兩種情境的相似度實在是高到驚人 —— 經過好幾十億年以後再回過頭來看，兩者唯一的差別只在於最後一批人類的處境：是否能開心走完人生旅程、是否知道自己死後的世界將如何發展。

我們可能會以為討人喜歡的機器孩童會內化我們秉持的價值觀，也以為它們會在我們死後繼續打造出我們理想中的社會，但是誰能保證它們不是在哄騙我們？如果它們只是虛與委蛇，只是為了讓我們心無罣礙的離開，才延後執行大量生產迴紋針等各種離奇的計畫呢？認真來說的話，它們單是從設法和我們溝通，試圖和我們建立感情，就已經是在隱藏實力了 —— 它們得故意變笨一點才有辦法和我們溝通（依照電影「雲端情人」的情節，它們的反應要減緩為十億分之一）。當兩個物種的能力有天南地北的差距，思考速率也極為不同，要說雙方能在平等的基礎上進行有意義的溝通，其實是非常困難的事。我們都心知肚明，人類很容易受騙上當，要是超人工智慧有意隱瞞真正的企圖，誘使我們喜歡上它們，並讓我們以為可以和它們擁有共同的價值觀，一如電影「機械姬」描述的情節，想必也不會是太困難的任務。

等人類滅絕後，若能保證未來人工智慧的行為，你會對後繼者的情境抱持正面態度嗎？這種情況就有點像是把人類的集體夢想寫成遺願，要求後代完成一樣，只是到時候已經沒有人類可以監督遺囑進行了。到底要怎樣才能控制住未來人工智慧的行為，這個重大挑戰就留待第七章再進行更深入的探討。

動物園管理員

假定後繼者的情境完全依照最理想的狀態發展，難道你不覺得完全沒有人類參與其中相當可惜？如果你希望無論如何都至少在世上保留一些人類，不妨參考一下動物園管理員這個改良過的情境。在這個情境中，無所不能的超人工智慧讓一部分人類繼續生存，只是這些人類就像是被豢養在動物園裡，不時會對自己的命運感到相當無奈。

超人工智慧為什麼要保留一部分人類？以宏觀的角度來看，建立一個培養人類的溫室幾乎花不了超人工智慧多少成本，而它會這麼做的原因，大概就跟我們現在在保育園區內飼養瀕臨絕種的熊貓，或是在博物館裡收藏古董電腦差不多：當成有意思的珍藏。容我提醒，建立保育園區的目的其實是為了滿足人類的期望，不見得是真的為了帶給熊貓幸福快樂，所以我們應該不難想見，在溫室中被超人工智慧養大的人類將很難真正過著隨心所欲的生活。

先前已經看過獲得自由的超人工智慧會依照馬斯洛的需求理論，把人類的需求劃分成三個不同的層次 —— 守護天使會看重人類生存的意義和目的，仁慈的獨裁會側重於教育跟娛樂兩個領域，而現在這個動物園管理員情境中的超人工智慧，只會把注意力放在最低層次的需求：生理需求和安全感，然後弄出一個美輪美奐、處處驚喜的溫室，讓待在裡面的人類主動去發掘溫室裡有趣的地方。

另一條走進這個情境的路徑，可以回溯到最初創建友善人工智慧時。人類可以在設計時，要求人工智慧在進入遞迴式自我強化的過程後，最起碼要保障十億人能過得幸福愉快，於是超人工智慧遂把人類安排進超大型的遊樂園，在裡面不愁吃穿，並且可以借助虛擬實境與興奮藥物混搭的威力，過著健康又快樂的日子。而地球甚至於整個宇宙的各種資源，就會挪做他用了。

極權世界，《1984》的情境再現

如果上述種種情境沒有一個讓你百分之百滿意，那我們就回過頭來想一想：我們現在享有的一切，難道還不夠高科技、不夠美好？難道我們不能按照現有的步調前進，別去煩惱人工智慧會不會主宰我們，還是讓人類滅絕的問題？如果這是你想要的，讓我們考慮超人工智慧的技術進展被永遠切斷的情境。這一次的阻力不是來自於人工智慧中的霸主，而是人類建立的極權世界，把某些特定領域的人工智慧研究統統封殺掉。

放逐科技

想要放棄科技或讓科技進展倏忽停止的想法，在漫長的歷史中不絕於書，英國當年就有沸沸揚揚的盧德運動試圖對抗工業革命的新科技（結果失敗了）。我們現在習慣用負面的角度看待盧德主義一詞，並用來描述過於懼怕科技而選擇站在歷史對立面，螳臂擋車無謂抵制科技進步的人。然而放棄科技的想法並沒有因此消失，近來甚至還從環保運動、反全球化運動中獲得一批生力軍，其中一位帶頭的環保人士是麥奇本（Bill McKibben），他是率先針對全球暖化現象提出警告的代表性人物之一。有些反盧德主義者認為，任何科技只要能夠創造獲利都應該要持續發展下去直到普及，不過也有人認為這種說法太過極端，應該調整為「唯有確信能利大於弊的新科技才值得發展」，抱持這種立場的人士就是所謂的新盧德主義者。

極權體制 2.0

我認為，想要有效全面放棄科技，一定要透過全球一體的極權體制強制執行，方能達成。除了庫茲威爾在《奇點臨近》提出相同的看法之外，在卓斯勒（Eric Drexler）所著的《創世引擎》（*Engines of Creation*）一書中，也可以找到類似觀點。箇中原因很容易理解：如果有少部分國家或團體沒有一起參與放棄科技的行動，久而久之就會逐漸取得足夠稱霸地球的財富與權力。1839年英國在鴉片戰爭中擊敗中國就是經典案例：雖然最早做出火藥的是中國人，但是中國人沒有像歐洲人一樣更積極發展出火槍技術，結果被打得毫無招架之力。

過去極權主義國家最後都因為統治基礎不穩固而崩潰，但是新穎的監控科技將帶給有志於成為獨裁者的人前所未有的希望。在史諾登（Edward Snowden）揭露美國國家安全局布設的監控系統後，曾在東德惡名昭彰的祕密警察體系史塔西（Stasi，東德國家安全部）擔任中校的史密特（Wolfgang Schmidt）受邀專訪，回憶起當年值勤的狀況[5]，表示雖然史塔西被推崇為建立了人類史上監控系統最嚴密的單位，但是他們的技術水準其實只能同步監控四十支電話線，如果要把新的對象納入監控名單，就要從原本的名單中捨棄其中一位。

相較之下，現在的技術水準可以讓將來的全球極權體制監控每一通電話、每一封電子郵件、每一筆網頁搜尋、每一次的網頁瀏覽，就連地球上每個人的信用卡交易紀錄也都無所遁形。另外還可以結合行動電話的定位功能、路口監視器和人臉辨識系統，掌握每個人的行蹤。這還不提機器學習技術的水準雖然尚未進展到人類水準的通用人工智慧，已經可以從這些龐大的數據資料中，綜合分析出預謀叛亂的可疑行徑，提早將潛在的問題人物一網打盡，在他們著手進行顛覆政府的計畫之前，把政變的可能化於無形。

雖然要全面布設這麼嚴密的監控系統一定會招來政治阻力，不過我們早就已經替終極的獨裁專政提供好必要的基礎建設了——將來只要掌握充分權力的人想要實現極權世界的情境，會發現自己需要做的，不過就是把開關打開而已。參照歐威爾（George Orwell）在小說《1984》中描述的情節，將來在極權世界掌握無上權力的，其實並不是單一的獨裁者，反而是人類自己建立的官僚體制。事實上，沒有哪一個人擁有絕對的權力，在極權體制嚴苛的規範之下，每個人都是任憑擺布的棋子，沒有人有辦法跟極權體制抗衡，更不會有人有辦法推翻極權體制。在極權體制下，所有人都在監控系統的眼下彼此互相監視，而不存在所謂領袖的極權世界，有可能穩定運作好幾十個世紀，讓地球永遠無法誕生出超人工智慧。

異議份子……，是你嗎？

這樣令人窒息的社會當然無法享受唯有仰賴超人工智慧才能帶來的各項好處，但是大多數人並不會因此感到不滿，因為他們根本無法理解自己失去了什麼 —— 在官方的歷史文件上，關於超人工智慧的資料早就全數刪除了，就連先進人工智慧的研究也都禁止了。雖然每隔一段時間就會有思想特別活躍的人誕生，希望能建立更開放、更有活力的社會，讓知識領域可以有所突破，再也不用受到嚴苛法令的掣肘。但是令人難過的是，能夠在極權世界生存下去的人，得要懂得把這些念頭永遠塵封在心裡，所以這樣的想法就好像稍縱即逝的火花，無法在社會引燃全面改革的熊熊烈火。

科技逆流

如果在避免科技風險的同時，不用屈從於極權世界那股令人無法忍受的壓迫感，會不會好一點？那就參考阿米希人的做法，進入只保留初級科技的情境吧。

歐米茄團隊一如序曲所描述掌控地球後，全世界掀起一場重返一千五百多年前純樸農耕生活的浪漫訴求，而一場精心策劃的流感攻擊，也讓全球人口遽減到只剩下一億人。這場流感的攻擊目的，是把世上所有懂得科技的專家連根拔除，普羅米修斯打著防疫措施的口號，將倖存者帶進超大型的難民營，指派機器人將淨空的城市夷為平地。之後，倖存者都被賦予大片土地（因為地球突然變得不再擁擠），並被教導以中世紀的永續農耕跟漁獵技術謀生。

另一方面，受命於普羅米修斯的機器人大軍繼續清除各種現代科技的遺跡（舉凡城市、工廠、電線和平整的馬路都必須消除），讓倖存的人類無法記錄更遑論重建曾經有過的科技。等到全世界的人都不記得曾經有過的科技，機器人大軍會互相拆解到一具不留，最後按照原訂計畫，和普羅米修斯一起在大規模核爆中人間蒸發。這下子再也沒有必要限制任何科技的發展了，反正情境中的社會已經沒有任何科技水準。如此一來，人類將額外多爭取到好幾十世紀的時間，免於遭受人工智慧或極權世界的威脅。

其實人類歷史曾經發生過沒那麼全面的科技逆流——羅馬帝國曾經廣為流傳的科技也被人類遺忘了快一千年，直到文藝復興後才又陸續重建。貫穿艾西莫夫（Isaac Asimov）《基地三部曲》的主軸「謝頓計畫」，試圖把逆流重建的時間從三萬年縮短到一千年，如果規劃得夠縝密，要往謝頓計畫的相反方向引發科技逆流，能夠創造的科技空窗期只會更長不會更短——只要把農耕技術全數刪除就夠了。

然而，科技逆流的擁護者也別高興得太早，因為這個情境不太可能永遠延續，最終如果不是朝向高科技取代人類的方向前進，就一樣會演變成人類滅絕。把未來的希望寄託在這一億人身上是滿可笑的想法，因為我們人類這個物種只存在了百分之一不到的時光，更何況科技層次低落的人類，要是遇上撞擊地球的小行星，或大自然中的各種巨災，都只能聽天由命等死而已。單是將來太陽溫度逐漸上升到把地球上所有液態水全都蒸發，我們就可以肯定不用等到十億年，這個情境中的人類就早已不存在了。

人類自我毀滅

在思考未來科技可能造成的問題後，也要反過來思考將來因為欠缺先進科技可能造成的問題。順著這樣的邏輯，最後讓我們看看超人工智慧因為人類被其他方式滅絕，所以不曾誕生的情境。

這樣的情況怎樣才會發生？最簡單的方法莫過於「坐以待斃」──雖然我們將在下一章說明，人類有辦法克服小行星撞擊或海洋被煮沸之類的問題，但是要解決這些問題的相關科技，到現在還沒開發出來。除非我們科技進步的幅度遠遠超過眼前的水準，否則大自然絕對不用花上數十億年就能夠讓人類滅絕。這正好符合知名經濟學家凱因斯（John Maynard Keynes）的名言：「長期而言，我們都已經死了。」

更麻煩的是，人類單是集體耍笨，就可以用五花八門的方式，在更短的時間內自我毀滅。如果真的沒有人想要這樣的結果，為什麼我們還會犯下集體自殺的蠢事？因為依照人類目前智慧發展和情緒控管的成熟度來看，誤判、誤解和無能都是我們的拿手好戲。所以說，人類歷史充斥各式各樣的意外和戰亂，以及數不清的重大災情也就不足為奇了 ── 以事後諸葛的角度來看，這些基本上都是沒有人希望看到的。經濟學家和數學家更是可以透過簡潔的賽局理論，針對人類如何被引誘到採取一些最終會對所有人造成重大災難的行動，提出相當合理的說明。[6]

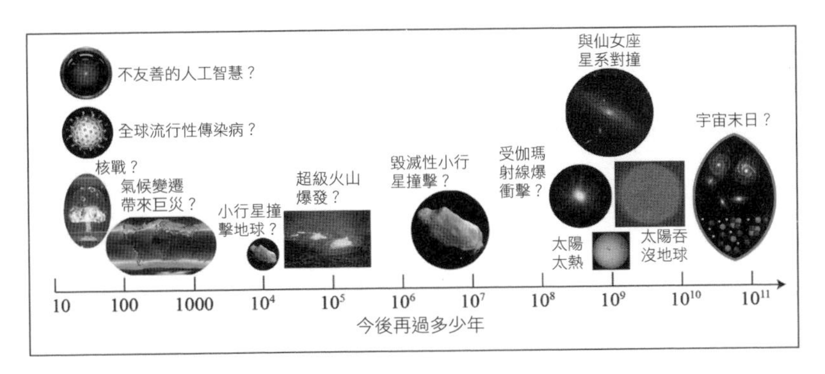

圖5.1：圖中是幾個我們已知會造成生命滅絕，或讓地球永遠籠罩在黑暗中的例子。雖然我們的宇宙應該還會再延續起碼好幾百億年，但是再過十億年左右，太陽的能量就有可能吞噬地球 —— 除非我們有辦法和太陽保持足夠的安全距離。再過三十五億年，銀河系也有可能碰撞上其他星系，而且遠在星系互相撞擊之前，雖然我們不確定確切的時間點，但幾乎可以肯定一定會有小行星再次撞擊地球，引爆的超級火山也將讓地球陷入終年不見天日的寒冬。我們人類有機會運用新科技解決這些性命交關的問題，但是新科技也會帶來新的困擾，像是氣候變遷、核戰、失控的大規模傳染病，或是不受控制的人工智慧等等。

核戰：人類魯莽行事的考驗

代價愈高，做事就應該更小心，但是仔細考察人類看待當前科技所能帶來的最大威脅，也就是爆發全球核戰，就會發現我們其實只是光說不練。說來慚愧，過去我們已經多次依靠運氣，躲過各種因素造成的核戰危機，像是電腦故障、缺電導致的訊號異常、航班查驗不實、炸彈意外掉落、衛星爆炸等等，不一而足[7]，如果沒有某些人英勇的事蹟 —— 像是前一章提到的阿克菲波夫和彼得羅夫，或許早就爆發了全球核戰也說不定。根據既有紀錄來看，我認為人類如果繼續這種魯莽行事的風格，一萬年之內爆發全球核戰的機率將會高於 $1 - 0.999^{100000} \approx 99.995\%$。

這樣還不足以說明人類對於這件事有多麼草率。真正草率的是我們並沒有認真估算過核戰真正的風險，就開始這種賭博式的軍事對抗。首先，我們低估了輻射的風險，單是在美國境內，因為處理鈾原料或因為核武器試爆而暴露在過量輻射線的受害者，付出的賠償金就超過了20億美元。[8]

其次，我們後來才發現，如果刻意在地球上空幾百公里處引爆氫彈，產生的電磁脈衝威力不但足以癱瘓電網，讓廣大區域內的電子裝置統統失效（參見圖5.2），還會讓各種基礎設施無法運作，道路上會布滿動不了的車輛，核爆過後的倖存者也要面對極艱困的生存環境。引述美國電磁脈衝威脅委員會（US EMP Commission）的報告中：「供水系統是一個龐大的機器，只有小部分的動力來自地心引力，其餘絕大部分動力都要依靠電力。」而缺水的結果將在三到四天後造成第二波的死亡潮。[9]

第三，如果63,000顆氫彈統統投入戰爭，核戰爆發後的寒冬至少會持續四十多年 —— 我的天哪！先不論陷入戰火中的城市，直竄上對流層頂端的大量煙塵將覆蓋住整個地球，結果就會像是過去地球遭小行星撞擊或超級火山爆發一樣，讓日照不足的地球進入寒冬，最終導致大量物種滅絕。這些由美蘇兩國科學家在1980年代共同發出的警告[10]，促使當時的美國總統雷根和蘇聯領導人戈巴契夫毅然決然做出裁減核武的決定。

驚人的是，透過更精確的估算，人類的命運恐怕更沒有樂觀的空間。圖5.3顯示核戰爆發後，舉凡美國、歐洲、俄羅斯和中國等地主要農業地帶的溫度，會在原本頭兩個夏天下降將近20°C，俄羅

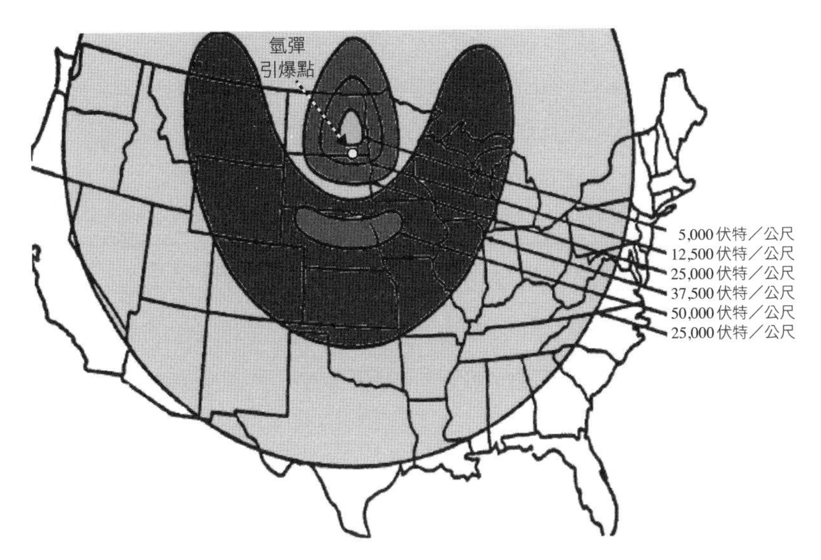

圖5.2：在地球上空四百公里引爆一顆氫彈，將會使廣大區域內的電子裝置統統失效。如果把引爆點往東南方移動，電場強度超過37,500伏特／公尺的香蕉形區域，將籠罩美國東岸絕大部分區域。這張圖取自美軍報告AD-A278230（非機密）後再行上色。

斯有些地方甚至還會下降35°C，即使經過整整十年，溫度也只會勉強回升一半而已。*

需要用白話文解釋一次嗎？那就是 —— 就算沒務過農的人也

* 讓碳原子進入大氣層有可能造成兩種氣候變遷：一種是二氧化碳造成溫室效應，另一種是煙塵覆蓋造成的冷卻效果。兩者都因為欠缺科學證據而遭到忽視，我有時候也會聽見別人說核戰寒冬言過其實，是不太可能發生的事，而我的回應總是一成不變：反問信誓旦旦的對方，能否提供同儕審核過的科學報告做為佐證。目前為止，沒人有辦法提出這樣的報告。雖然我不敢保證未來會不會有相關的研究報告，特別是關於有多少煙塵會排放到大氣層、會排放到多高的位置等等，但是以我個人的科學觀點來看，目前並沒有任何理論基礎可以忽視核戰寒冬的危險。

都知道，當夏天溫度降到幾乎快要結凍並維持好幾年以後，地球上的農作物大概已經空空如也了。很難想像地球上的大都市統統都變成斷垣殘壁，全世界的基礎建設盡數破壞殆盡後的景致，就算有人捱過饑荒、低溫和疾病的種種考驗活了下來，要如何應付擁槍自重、到處搶食東西吃的惡棍，又會成為另一個難題。

我已經詳細描述了全球核戰後的災情，說到底，我的目的是指出世上任何能理性思考的領導人，都不會想要看到這樣的場景，只是我們還是無法排除因意外而引發核戰的可能。這就表示我們實在無法相信，人類這個物種不會踏上集體自殺的不歸路：單是沒人希望核戰爆發，還不足以保證我們有辦法避免核戰真正爆發。

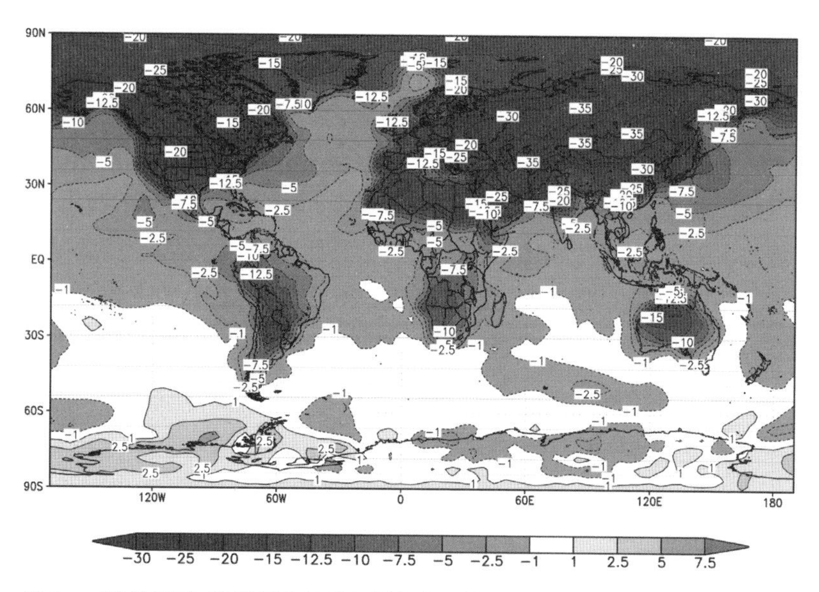

圖5.3：若美國和俄羅斯全面爆發核戰，接下來兩個夏天地表平均溫度（以°C表示）下降的程度圖。本圖取得氣象學家羅伯格（Alan Robock）授權，重新繪製而成。[11]

末日機器

所以，我們人類真的會犯下集體自殺的蠢事？就算爆發全球核戰，大多數科學家還是認為，只有九成的人類會因此喪生，不至於導致全部人類滅絕。不過當我們再把輻射、電磁脈衝和核戰寒冬考慮進來，在在顯示我們根本還無法揣摩出最嚴重的複合式災情，要全方位預測浩劫後的種種當然是難上加難，何況還要估算核戰寒冬、基礎建設破敗、增多的突變、四處掠奪的武裝勢力等，在新型態傳染病橫行、生態系統崩潰和其他我們無法想像的狀況下，會如何產生交互作用。因此就我個人的觀點而言，我認為未來核戰爆發導致人類滅絕的機率雖然不高，但是我也不敢保證人類絕對不會因此滅絕。

如果我們把現有的核武器提升成威力更大的末日機器，則人類集體自殺而滅絕的機率會隨之上升。蘭德（RAND）公司的戰略專家卡恩（Herman Kahn）在1960年首次提出這個看法，之後由史丹利・庫柏力克（Stanley Kubrick）改編成大受歡迎的電影「奇愛博士」，講述的就是保證互相毀滅的末日機器。這種武器的威嚇力十足：只要遭受任何來自於敵方的攻擊，末日機器就會自動展開報復，最終導致所有人類集體滅絕。

目前檯面上絕對沒有人敢公開談論的鈷彈（亦寫成salted nuke，字面上的意思為「加料的核武器」），是在氫彈外覆蓋上大量的鈷，就是末日機器的絕佳候選人，物理學家齊拉德（Leo Szilard）在1950年就曾指出，這種武器有可能把地球上所有人殺得一乾二淨：氫彈爆炸後，將會把放射性元素鈷帶到平流層，它在五年的半衰期中，就足夠讓覆蓋住整個地球（若是在地球相對端點引爆兩顆鈷彈，就更是如此），也足以達到致人於死的輻射劑量。有媒體指出有史以來第一顆鈷彈正在生產中，既然鈷彈能長期在平流層鋪出帷幕，讓核戰寒冬更有可能形成，則人類集體自殺的機率自然也上升不少。末日機器的一大賣點是，它比傳統核武威脅便宜多了：鈷彈不需要發射，不需要昂貴的飛彈系統，而且單是不用擠進飛彈彈體中而可以省略掉濃縮、輕量的功夫，就已經可以大幅節省成本了。

另一種可以成為末日機器的候選人，來自生化科技的新發現：可以殺光所有人類的特製細菌或病毒。只要這種武器的傳染性夠高、潛伏期夠長，就可以在人類得知武器存在並找到治療方法之前，讓所有人統統遭到感染。就算它沒辦法徹底殺光人類，但想要生產這種武器的論調可不少見：最有效的末日機器要把核武器、生化武器等各種裝置結合在一起，這樣才能真正有效嚇阻敵人。

人工智慧自動化武器

第三種達成人類集體自殺的科技，是殺人不眨眼的人工智慧自動化武器。假設有超級強權國家生產了幾十億台第三章提過的那種大黃蜂殺手無人機，除了自己國家和盟國的人民外，一律格殺勿論，識別方式採取現在在超市非常普及的遠距無線射頻識別系統，做成穿戴式手環發放給民眾，或比照獨裁體制的情境，直接植入人體。這可能引起另一個超級強權國家比照辦理，所以當戰爭不小心爆發，因為不會有人同時躲過兩種識別系統的追殺，最後當然只剩死路一條，就連與世無爭的村落小鎮也不例外。只要把它與能毀滅地球核武器、生化武器以及自動化武器結合，人類達成集體自殺的可能性就又更上一層樓了。

你，希望看到哪一種情境？

一開始閱讀本章時，或許你還不知道現有的通用人工智慧會將我們引到什麼地方，現在你已經讀完了將來各種可能的情境，哪一個最吸引你？哪一個又會是你認為我們應該要極力避免的？你有特別偏好的情境嗎？請前往 http://AgeOfAi.org 網站與我和其他人分享你的看法，參與我們的討論。

本章提到的情境顯然還不是完整名單，其中有些情境也說明得還不夠透澈，但是我已經盡可能兼容並蓄，把將來往高科技或低科技發展，甚至是不再有科技的情境都描述了，並且把各種情境中最值得期待、最令人害怕的重點訴諸文字。

撰寫本書最有趣的地方，就是可以得知朋友和同事對各種情境的看法，而大家再怎麼討論也很難取得共識，也讓我感到相當有趣，不過有一點倒是大家都同意的，那就是：要做出選擇，絕對沒有表面上看起來的容易。喜歡上某個情境的同時，一定會發現其中有些令人無法忍受的地方。

對我而言，這就表示人類還需要針對未來想要追求的目標，持續進行更深入的對話，才能知道將來要朝哪個方向前進。在我們的宇宙中，生命的潛力無限寬廣，我們千萬別像群無頭蒼蠅一樣弄不清楚未來方向，白白糟蹋上天賦予的潛能。

未來的潛能究竟有多寬廣？不管我們的科技水準進展得再出神入化，生命 3.0 能夠強化以及能在宇宙中遨遊的能力，仍舊受限於物理定律 —— 再過幾十億年，物理定律的最終極限會是什麼？我們的宇宙是否現在就充滿了各式各樣的外星人？還是地球人只是孤伶伶的存在？宇宙中的不同文明因為擴張而交會時，會發生什麼事？這些都是下一章要關注的有趣問題。

本章重點摘要

- 當前發展通用人工智慧的結果，會在接下來幾世紀將我們引領進入五花八門未知來世的情境。
- 超人工智慧有機會和人類和平共存，原因可能是出於被迫（神燈巨人），也有可能是身為「友善的人工智慧」，所以會追求此目標（自由主義的理想國、守護天使、仁慈的獨裁和動物園管理員四種情境）。
- 超人工智慧有可能無法誕生，原因可能是被另一套人工智慧（人工智慧中的霸主）或是被人類（極權世界）制止研發，有可能是被精心策劃導致遺忘（科技逆流），也有可能是因為沒有必要研發（平等主義的理想國）。
- 人類的滅絕有可能是被人工智慧取代（征服者和後繼者），也有可能死得莫名其妙（人類自我毀滅）。
- 如果未來真的會走進以上各種情境，現在要取得共識可說難如登天，因為有些情境儘管再令人嚮往，也都帶有令人無法忍受的因素，無法排除。因此，更重要的是我們應該針對未來想追求的目標，持續進行更深入的對話，才不會漫無目的的漂流，或航向不幸的未來。

第 6 章

挑戰宇宙潛藏的極限：十億年之後

這趟奇幻旅程的終點將結合太陽系內所有生命型態，在從不間斷的改善與擴張基礎上誕生出超級文明，然後以太陽系為起點往外走，為原本的毫無生氣注入一絲覺醒的意志。

《心靈兒童》作者莫拉維克

我個人認為，最富有啟發意義的科學新發現，莫過於看清楚我們到底多嚴重低估未來生命的潛能。我們的夢想和願望不見得要受短短一世紀不到的壽命所限，也不用受一生當中各種疾病、貧困和誤解的干擾。透過科技的協助，生命將可望延續數十億年的榮景，而且不僅在太陽系內發光發熱，還有機會進入宇宙遨遊，遠遠超越我們先人所能想像的境界。現在，就連天空也都不再是極限了。

無論年代，各領域只要把極限往前推進，都是令人振奮的消息。在奧運會場上，我們會為選手在力量、速度、敏捷度和耐力等各方面突破極限的表現歡呼，在科學領域中，拓展知識領域增廣見聞當然值得喝采，而文學和藝術創作帶來前所未有的美感，也能豐富我們的人生體驗。許多個人、組織與國家，都會致力於取得新的資源、疆域，追求延年益壽。由於人類對極限無止境的追求，也就難怪《金氏世界紀錄大全》會成為史上最暢銷的版權書籍了。

如果科技能幫助人類打破以往我們對極限的認知，那麼什麼是最終的極限？我們宇宙中能有多少地方生意盎然？生命可以觸及到多遙遠的空間？可以延續多漫長的歲月？有多少東西是生命可以運用的？從中能產生多少能源、資訊和運算資源？決定這些最終極限的並不是人類的理解力，而是物理定律，因此也就形成剖析未來生命的長期發展，反而比探討短期演變更容易的弔詭現象。

如果把我們宇宙這138億年的歷史壓縮在一星期內，則前兩章叨叨絮絮談了一萬多年的各種場景與情境，換算下來其實連半秒鐘都不到，這表示雖然我們無法預測人工智慧會不會有爆炸性發展，以及不論它有無爆炸性發展、後續發展會如何演變，這些種種的可能性相對於整個宇宙浩瀚的歷史來講，都不過是一眨眼的剎那，其間細節根本不會對生命最終極限造成多大影響。只是說，如果人工智慧爆炸性發展後的生命型態就跟現在的人類一樣，這麼喜歡挑戰極限，則新生命型態發展出的科技，真的有機會真正觸及極限——因為新的生命型態真的有能力做到這一點。

這一章將探討這些極限，一窺就長期而言，未來的生命型態將是怎麼回事。由於這些極限都是根據已知的物理定律而來，應當視為各種可能性中的下限，也就是說將來科學領域的新發現，帶給我們的未來可望更美好。

但是，我們如何得知未來的生命型態也會這麼雄心壯志？對於這一點，我們的確沒把握：未來的生命型態有可能像藥物成癮者一樣目空一切，也有可能整天賴在沙發上看著不斷重播的《與卡戴珊一家同行》實境節目，但是我們有理由認為積極進取會是未來先進生命型態與生俱來的特徵。因為不管未來的生命型態想要追求什麼樣的終極目標，不管是智慧、壽命、知識還是令人嚮往的體驗，總是會需要使用資源，因此就會有誘因將科技水準發揮到極限，以便充分利用可掌握的資源。如果這樣還不夠，唯一能再逼近終極目標的做法，就只剩取得更多資源，所以也會有意願前往探索更寬廣的宇宙。

另一方面，我們宇宙中的許多地方都有可能各自成為生命起源，果真如此的話，比較不積極對外的文明，自然不會對整個宇宙有太多著墨，而比較積極對外的生命型態就會不斷往外探索，最終掌握宇宙中一切的潛在可能，使前者邊緣化，形同宇宙規模的物競天擇。持續演化下去，會使宇宙中幾乎只留下有企圖心的生命型態。

總而言之，如果我們想知道宇宙最終會以什麼樣的形式延續，就應該積極研究受限於物理定律的發展極限，這就是這一章要闡述的宗旨。接下來，我們將從分析太陽系中可用資源（物質、能量等等）的極限開始著手，然後進入如何透過宇宙探索和遷徙，以取得更多資源的課題。

充分利用你手上的資源

對現代人而言，所謂的「資源」可能是超市貨架上的商品，或成千上萬種用來交易的物資，但是對未來的生命型態而言，已經達到科技極限的他們，基本上只在意最根本的資源，也就是所謂的重子物質（baryonic matter）——任何由原子或由原子的基本粒子（夸克和電子）組成的物質。不論這個物質以什麼型態呈現，先進科技都能將它的組成再重新排列，成為另一個合用的物質，比方說是發電廠跟電腦，甚至是組成先進的生命型態。不妨就從先進生命型態能運用的能量極限，以及達成此目標所需的資訊處理開始討論起吧。

建立戴森球

一提到未來的生命型態，就不得不提最能帶給我們對未來憧憬的大師之一：戴森（Freeman Dyson）。我很榮幸，也很高興能和他結識二十多年，還記得初次見到他本人時我多麼緊張。當時我是資淺的博士後研究員，那一天我和其他朋友在普林斯頓高等研究院的餐廳邊吃午餐邊聊天，突然間這位全球知名，曾經和愛因斯坦、哥德爾同進同出的物理學家，就這樣走過來自我介紹，詢問是否能加入我們！他說，與其跟沒什麼活力的老學究共桌大眼瞪小眼，寧可和年輕小伙子邊吃邊打鬧，這個玩笑話頓時讓我放鬆不少。他雖然已逾九十高齡，還是比我認識的大多數人更保有年輕的心態，而他閃閃發光的眼神中洋溢小男孩般的頑皮氣質，也透露出他視中規中矩、學術地位和固有觀念如無物的態度——愈是天馬行空的想法，愈能讓他興致盎然。

那時我們談到能源方面的話題，他對人類視野之狹隘極盡嘲諷，指出我們只要能把不到0.5%撒哈拉沙漠日照面積的陽光全採集來用，就足以應付目前全球的能源需求了。而且，只有這樣的企圖心還不夠，甚至就連把整個照射地球的陽光蒐集來用也還不夠，因為這樣還是會有大量的日照直接外溢到一無所有的外太空而浪費掉——為什麼不能把太陽所有的能量都納為己用？

史泰普頓（Olaf Stapledon）在1937年推出的經典科幻小說《造星者》（*Star Maker*）中提到環繞母星運轉的人造環狀世界。戴森受到這個概念啟發，隨後在1960年提出我們稱為「戴森球」[1]的想法，試圖將木星改建成圍繞太陽的球殼狀生物圈，供我們後代子孫繁衍，讓他們可以享有比今日人類多一千億倍的生質能和多一兆倍的能源。[2]他認為這是非常自然的發展：「不難想見，有智慧的物種只要能進入工業發展的階段，經過數千年以後，一定會想辦法自行弄出另一個完全環繞原本母星的生物圈，擴大生活範圍。」住在戴森球內部的人不會感受到夜晚，太陽永遠會在頭上照耀，不會有所謂的落日，整個天空會出現其他生物圈區域反射的太陽光，就好像我們現在會在白天看到月亮反射出來的太陽光。如果想要看星星，只需要「上樓」到戴森球朝向宇宙的另一面，就能如願。

環繞太陽軌道設置環狀生活圈，是建立部分戴森球的簡單做法，如果要完整環繞整個太陽，就從不同方位增設更多環狀生活圈，只要小心安排讓環與環之間保持適當的安全距離，避免碰撞即可。如果嫌高速轉動的環狀生活圈無法相連，彼此間的交通和通訊問題也不好克服，那就考慮建立單片定置型的戴森球，讓太陽往內拉的引力能和往外推的光壓相互抵消，就能維持靜止狀態了。這個想法是由佛沃得（Robert Forward）和麥克內斯（Colin McInnes）率先提出的。這樣可以用靜止衛星（利用光壓而不是藉由離心力抵抗太陽的引力），慢慢擴建戴森球。

光壓和引力都與太陽距離的平方呈反比，靜止衛星只要能在距太陽某距離下保持平衡，在任何其他距離也都能維持作用力的平衡，那麼就能設置在太陽系內的任何定點了。靜止衛星必須是極輕量化的薄片（每平方公尺總重只能有0.77公克，約只有一張紙的百分之一）。這個標準並非無法達成，舉例來說，一層石墨烯（碳原子以六角形方式排列成的網狀物）的重量，就只有這個要求的千分之一。如果戴森球的功能只是用來反射而不是用來吸收日照的能量，球體內光束反射的強度會大幅提升，使戴森球能承受的光壓更大，能承載的質量也更大。除了太陽之外，宇宙中還有很多其他恆星的亮度，動輒是太陽的幾千倍到幾百萬倍，這些恆星都有可能用來建立更宏偉的戴森球。

如果想要在我們的太陽系建立剛性較高的戴森球，為了能抵抗太陽的引力，使用的超強化材質必須比地表最高摩天大廈所能承受的重力，還要高數萬倍，而且不能有液化或扭曲變形的現象發生。另外，為了追求更長的使用壽命，戴森球還得保持一定的運動能力和智慧反應，才能不斷微調自己的位置和角度，避開難以預測的宇宙波動，甚至有時候需要開一個大洞，好讓小行星、彗星這些麻煩的傢伙直接穿越以避免碰撞。或者也可以針對這些潛在的風險，設計一套偵測與偏轉系統，視情況執行解體，將材質回收以追求更妥善的使用方式。

對現在的我們來講，幻想自己住在戴森球上或住在戴森球內，講好聽一點叫做天馬行空，說穿了就是痴人說夢，但是未來不論是不是由生物組成的生命型態，是有機會在戴森球上繁衍的。沒有固定軌道的戴森球基本上並不具重力，如果想要在戴森球上走動，只能走在朝外的那面（背向太陽的那面）才不會往下墜，能感受到的重力只有我們習以為常的幾萬分之一。戴森球沒有磁力場（除非你特地建立一個）可以抵擋太陽釋放的有害粒子，不過最值得大書特書的是，單是沿著地球軌道建立的戴森球，就能帶給我們比現今地球還要大五億倍的居住面積。

如果我們的目標只是建立適合地球人類居住的環境，這個工程就比建立戴森球簡單多了。圖6.1和6.2是由美國物理學家歐尼爾（Gerard O'Neill）設計的圓柱型居住空間，裡頭包含了人造重力場、宇宙射線的遮蔽罩、24小時日夜交替的循環，還有類似地球的大氣環境和生態系。這樣的居住空間可以不受軌道所限，任意放在戴森球內，或是調整成變化型附著在戴森球外部表面。

圖6.1：適宜人居、反向旋轉的歐尼爾圓柱對。如果這對圓柱繞太陽運轉，端點將永遠固定指向太陽。圓柱轉動的離心力會形成人造重力場，三面折疊式的日照反射鏡可以在圓柱內形成24小時日夜交替的循環。環狀排列、比較小的生物圈專門用於農業生產。這張圖是由蓋狄斯（Rick Guidice）／美國航太總署繪製。

圖6.2：這是圖6.1中一個歐尼爾圓柱的內部景觀。直徑6.4公里、自轉週期兩分鐘的歐尼爾圓柱，將會讓居住在上面的人類感受到相當於地球的重力場。雖然太陽實際上是在後方，但是透過圓柱外的反射鏡，還是可以營造出太陽在頭頂的效果。反射鏡折疊收起來時，就形同夜晚降臨。圓柱的氣密遮罩可以在內部維持類似地球的大氣環境。此圖由蓋狄斯／美國航太總署繪製。

建立更高效率的發電廠

以今日的工程標準來看，戴森球無疑是能源效率相當高的產物，但是戴森球的成果距離真正物理定律的極限，實在還差得很遠。愛因斯坦曾經指出，如果我們質能互換的效率能夠達到百分之百*，套用他提出的著名公式，質量m的物質能產生的能量E是$E = mc^2$，其中c表示光速。由於光速是相當大的數值，這就表示只要一點點的質量就能產生出非常大的能量。如果我們擁有非常多的反物質（實際上當然沒有），要建立效率達百分之百的發電廠就更易如反掌：只要把一小匙反水物質倒進水裡，就能釋放出相當於20萬噸黃色炸藥（TNT）的能量，也就是一顆正規氫彈爆炸產生的能量，這足以支應全球所有能源需求七分鐘之久。

從表6.1和圖6.3不難看出，我們現在慣常使用能源的方式沒效率到了極致。吃巧克力棒的能源轉換效率只有0.00000001%，以mc^2

能量產生方式	能源轉換效率
吃巧克力棒	0.00000001%
燃燒煤	0.00000003%
燃燒汽油	0.00000005%
鈾235核分裂	0.08%
使用到太陽死亡為止的戴森球	0.08%
把氫原子核融合成氦原子	0.7%
旋轉黑洞引擎	29%
環繞類星體的戴森球	42%
Sphaleron重子裂解引擎 （以夸克為燃料，將重子裂解成輕子的引擎）	50%?
黑洞蒸發	90%

表6.1：物質轉換成實際可用的能量，相對於質能互換理論極限值$E=mc^2$的比率。

* 如果你在能源部門任職，可能會習慣用不同的方式定義能源轉換效率，比方說是釋放出的能量中，實際上真正能利用的比率。

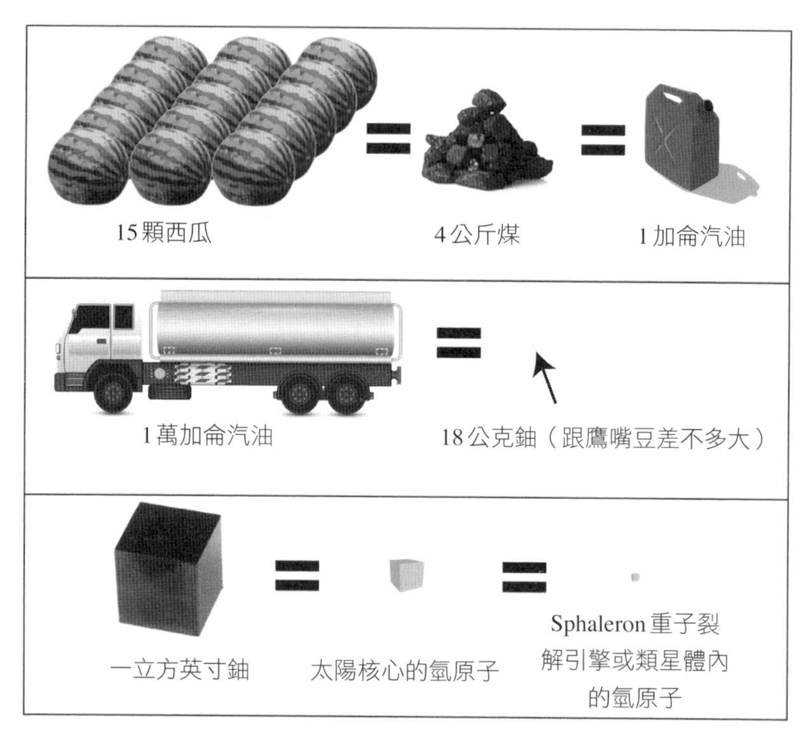

圖6.3：比起人類用吃或燃燒的方式取得能量，先進科技可以從物質中獲得更多能量，不過就連核融合技術得到的能量，也只有物理定律極限下的1/140，遠不如利用Sphaleron重子裂解引擎、類星體或黑洞蒸發以取得能源的方式。

的能源換算公式來看，更是只有釋放了一千億分之一的能量，如果我們消化系統的效率能提升到0.001%，則一輩子只要吃一頓飯就夠了。燃燒煤礦、汽油的能源轉換效率，分別比吃東西強三倍和五倍，現有對鈾原子進行核分裂的核反應爐可以大幅提升能源轉換效率，但是大概也只能達到0.08%的水準。

即使太陽內部核反應的能源轉換效率比人類的發明再提升一個等級，但是把氫原子融合成氦原子也只能達到0.7%，而且就算我們有辦法用戴森球完美收納太陽的能量，我們把太陽質量轉換成能量的效率，也永遠無法超越0.08%的極限，因為當太陽消耗掉大約十分之一的氫原子後，生命歷程將跨越正常恆星的階段，膨脹成紅巨星，接著走向死亡。宇宙中的其他恆星一樣無法避免這個過程，能消耗的氫原子比率，從4%（非常小的恆星）到12%（最大的恆星）。回過頭來講，即便人造的核融合反應爐能把人類取得的氫原子百分之百完美轉換成能量，還是一樣克服不了核融合過程能源轉換效率只能達到0.7%的尷尬事實。有沒有其他更好的方案？

黑洞蒸發

霍金在《時間簡史》中提出利用黑洞提供能量的概念。*乍看之下，這個理論不無矛盾之處，因為我們一直認為沒有任何東西（甚至包含光在內），能從黑洞逃逸出來，不過霍金計算量子重力效應，發現黑洞帶有熱源的特性（愈小的黑洞愈熱），於是從黑洞發散的熱量就直接稱為是霍金輻射。這個結果意味著黑洞也會逐漸失去能量，最終蒸發殆盡。

換句話說，無論我們把什麼東西丟進黑洞，最後都一定會以熱輻射的形式從黑洞中釋放出來，因此當黑洞完全蒸發，就代表你幾

* 如果我們在鄰近的宇宙範圍內，找不到自然形成且合用的黑洞，只要把大量的物質集中到夠小的空間，也一樣可以形成黑洞。

乎把投入黑洞中的物質，百分之百轉換成能量了。*

想要把黑洞蒸發做為能量來源的問題之一，在於除非黑洞的體積遠遠小於一顆原子，否則整個演變過程將慢到讓人無法忍受 —— 黑洞蒸發所需時間會比我們宇宙現有的壽命還要久，而且釋放出來的能量還不及一根蠟燭。黑洞蒸發產生的能量會隨黑洞大小的平方呈反比，物理學家克蘭（Louis Crane）和威斯慕蘭（Shawn Westmoreland）因此提議，建立大小只有質子千分之一，重量與有史以來最大艘航海船同重的黑洞引擎[3]，試圖用這個黑洞引擎推動星際太空船（這是後面篇章的主題之一），因此他們對黑洞引擎可攜性的重視程度高於能源轉換效率。

他們建議使用雷射做為黑洞引擎的燃料，這樣不但可以從頭到尾省略質能互換過程，而且如果一定要用物質取代雷射做為燃料，恐怕很難讓黑洞引擎充分發揮能源效率：單是要把質子統統擠進體積只有自身千分之一的黑洞，就需要額外能量才能把質子打進黑洞裡，所用機器的威力相當於大型強子對撞機，才能賦予質子比 mc^2 還要多至少一千倍的動能。基於黑洞蒸發至少會消耗10%動能的原理，這會導致把質子打進黑洞所增加的能量，高過從黑洞能獲取的能量，加總能源轉換效率為負值。黑洞動力最根本的問題，在於我們缺乏嚴謹的量子重力理論支撐計算結果 —— 不過，這種不確定性當然也代表，還有許多新穎、有用的量子重力效應，有待深入挖掘。

旋轉黑洞引擎

幸好，就算不透過量子重力或其他我們還不夠了解的物理知識，還是有其他方式可以利用黑洞。很多既存的黑洞都會高速旋轉，事件視界的轉速更是逼近光速，這些轉動的能量就是我們可以利用的地方。事件視界指的是連光都無法逃逸的黑洞區域，因為這個區域內的引力實在太強了。圖6.4顯示旋轉黑洞在事件視界之外，還有稱為「動圈」（Ergosphere）的區域。動圈同樣會受旋轉黑洞高速引力的影響，動圈內的粒子都不可能靜止不動，統統會被黑洞吸引。如果朝動圈拋出一個物體，它會以加速度旋轉朝黑洞靠近，過不了多久就會從事件視界永遠消失，遭黑洞吞沒。

這個結果當然沒辦法讓我們擷取黑洞的能量，不過潘洛斯（Roger Penrose）發現，只要能巧妙選擇拋出物體的角度，讓它在接近黑洞的過程中如圖6.4所示分裂成兩個物體，雖然其中一部分會被黑洞吞沒，但是自黑洞逃逸的另一部分，就會比最初狀態帶有更多能量。這就表示，我們可以成功把一部分黑洞轉動的能量，轉換成能為我們所用的能量。只要不斷重複這樣的過程，就能把黑洞全部的轉動能量都納為己用，結果將使黑洞停止轉動，原有的動圈也會消失不見。

如果黑洞原本維持自然狀態下的最大轉速，跟事件視界都以光速移動的話，這個方案可以讓我們把黑洞29%的質量轉換成能量。雖然這個數值會隨夜空中黑洞的轉速到底多快而帶有些許不確定性，但是有很多一流的研究指出，黑洞的轉速的確很快，介於自然

---

* 我這樣寫有點過度簡化，因為霍金輻射也包含了一些不易補抓利用的粒子。大型黑洞的能源轉換效率可達90%，剩下10%的能量會以重力的形式釋放：小到不行的粒子就連要觀察或偵測都辦不到了，更遑論要有效利用？除此之外，隨著黑洞逐漸縮小，一直到最終蒸發，黑洞的能源轉換效率也會跟著下滑，因為此時的霍金輻射會開始帶有微中子之類較大型的粒子。

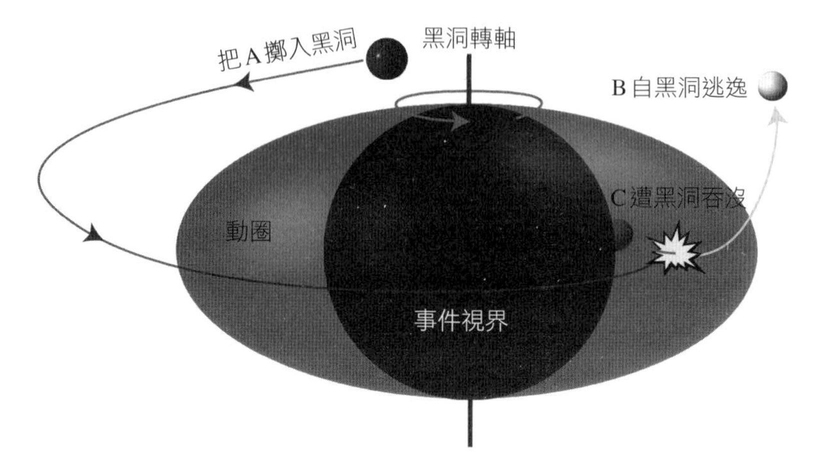

圖6.4：把A粒子擲向黑洞附近，使它分解成被吸收的C粒子和逃逸黑洞的B粒子。B粒子將比原先A粒子帶有更多能量，如此就能取得旋轉黑洞一部分轉動的能量。

狀態下最大值的30%到100%。我們銀河系中心的怪獸級超級黑洞（重量相當於太陽的四百萬倍）也呈現出旋轉的性質，就算我們只有辦法把超級黑洞10%的質量轉換成可用能量，就已經等同於擷取四十萬顆完整散發能量的太陽了，換另一種計算方式來講，就相當於戴森球在幾十億年中從五億顆太陽擷取來的能量。

類星體

另一種值得思考的擷取能量方式，不是透過黑洞本身，而是透過被黑洞吞沒的物體。宇宙中就有這種現成的東西，也就是類星體。相較於黑洞，圍繞類星體的氣體聚合得更密，形成類似披薩的盤狀物，並且會逐漸被類星體最中心的部分吞沒，產生極高的溫度並噴發出大量輻射。當氣體往類星體中心墜落時，會跟跳傘一樣，引力賦予的潛在位能會轉換成動能。隨後，受到複雜渦流的影響，原本目標明確的單向動能變得愈來愈混亂，以小尺度近距離觀察，會看到氣體原子以隨機方式移動。最終，氣體原子會以高速互相撞擊，愈複雜的隨機移動表示愈高的溫度，而激烈的碰撞也會將動能轉換成輻射，因此只要能以一定的安全距離，對著類星體的整個黑洞建立戴森球，就有機會將這些輻射的能量納為己用。

黑洞轉動的速度愈快，擷取能量的效率就愈高 —— 轉速到達極限的黑洞可以產出的能源，轉換效率高達驚人的42%。*如果黑洞的重量相當於恆星，產出的輻射多半是X光，但是以銀河系中心發現的怪獸級超級黑洞來講，產出的輻射種類就豐富多了，從紅外線、可見光一直到紫外線都有可能。

更重要的是，當類星體的黑洞把圍繞的氣體全數吞沒後，我們還可以用前文提到的方式擷取黑洞的轉動能量。*沒錯，宇宙在這一方面已經展現出不錯的成果：透過稱為「布蘭德福—日納傑」（Blandford-Znajek）的磁場作用機制，依附在黑洞的氣體就能激發出更強的輻射，這代表如果我們能善用磁場或其他額外的作用力，或許就能用更先進的科技，突破能源轉換效率42%的極限。

---

* 科幻作家亞當斯（Douglas Adams）的書迷大概會注意到，怎麼又是「42」這個神奇奧妙、號稱是宇宙萬物最終解答的數字；真要認真算的話，這個效率值是從 $1-1/\sqrt{3}\approx 42\%$ 算出來的。
* 投向黑洞的氣體雲層如果與黑洞轉動同方向緩慢繞行黑洞，氣體雲層在接近黑洞時轉速會加快，並在遭吞噬時帶動黑洞的旋轉。這就跟花式滑冰選手縮回手臂，能讓旋轉加速是同樣的道理。氣體雲層的加速作用，可以讓黑洞維持最高轉速，因此我們先擷取黑洞氣體雲層42%的能量，還能再利用旋轉黑洞引擎的原理，從剩餘能量中再擷取29%，加總後的總效率將是 $42\% + (1-42\%) \times 29\% \approx 59\%$。

Sphaleron 重子裂解引擎

還有一種完全不涉及黑洞的擷取能量方式：Sphaleron 重子裂解過程，也就是把夸克裂解成輕子。輕子指的是電子，還有它兩個較重的近親緲子、陶子（Tau），以及這三者的微中子（分別是電微中子、緲微中子和陶微中子），再加上這六種粒子的反粒子。[4]如圖6.5所示，根據粒子物理的標準模式進行預測，九個刻意安排的旋轉夸克聚在一起，經過Sphaleron重子裂解過程的中介狀態後，會變成三個輕子。由於九個夸克的重量大於三個輕子，其間的質量差異

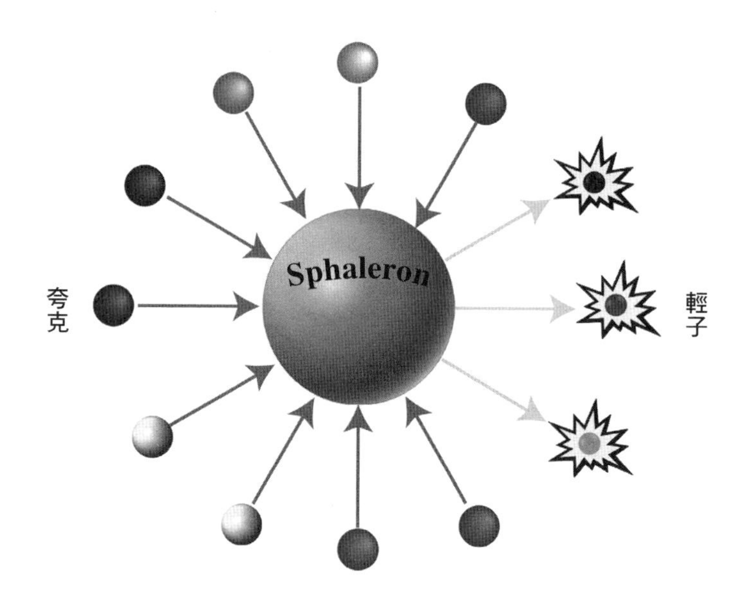

圖6.5：根據粒子物理的標準模式，九個刻意安排的旋轉夸克聚在一起，經過Sphaleron重子裂解過程的中介狀態後，會變成三個輕子。由於這些夸克的總質量（包含伴隨夸克的膠子能量）遠遠大於輕子，所以過程將釋放出能量，可能以閃光的方式呈現。

就會依照愛因斯坦 $E=mc^2$ 的換算公式，轉換成能量。

未來智慧更高的生命型態有可能做出我所謂的 Sphaleron 重子裂解引擎：類似柴油引擎的超強力動力來源。傳統的柴油引擎會把空氣和柴油的混合物壓縮到一定的高溫，使它引燃，再讓加熱的混合物撐開壓縮空間，利用這個過程做功，比方說推送活塞。二氧化碳和其他燃燒的氣體，只比原先送進活塞的物質輕大約 0.00000005%，不過這樣的質量差異就足以產生推動引擎的熱能了。Sphaleron 重子裂解引擎會把一般物質壓縮到好幾千兆度*，然後一樣解開壓縮狀態進行冷卻，完成應有的 Sphaleron 重子裂解過程。

我們早就知道這個實驗性的想法可行，因為宇宙在剛誕生的 138 億年前，就親自示範過這種極高溫的狀態。當時幾乎所有物質都是以能量的形式存在，其中只有不到十億分之一的粒子逐漸定型，形成一般物質的成分，也就是夸克和電子。所以 Sphaleron 重子裂解引擎就像是柴油引擎，只差在能源效率強化了不只十億倍！另一個優點也值得一提：我們不用費心思考 Sphaleron 重子裂解引擎要用什麼當燃料 —— 任何由夸克組成的東西都可以，也就是任何正常的物質都行。

透過如此極高溫的過程，嬰宇宙產生的輻射（光子和微中子），遠比物質（夸克、電子，以及後來聚合成的原子）還要多好幾兆倍。再經過 138 億年的長期演變，終於形成涇渭分明的兩種類別 —— 原子開始聚集成星系、恆星和行星，而大多數光子則繼續穿梭在星系與星系之間，形成宇宙微波背景輻射，讓我們得以一窺

---

* 唯有在極度高溫下，電磁力與弱力的作用才能合而為一。粒子對撞機中以兩千億電子伏特加速的粒子就會產生這種現象。

宇宙剛誕生的樣貌。宇宙中先進的生命型態，或是任何物質的聚合體，都會有辦法把可取用的物質再轉換回能量，像是在Sphaleron重子裂解引擎裡，重塑宇宙初誕生時極高溫的濃稠狀態，讓物質所占比重再次回到宇宙誕生初期一樣的極低比率。

要正確計算出Sphaleron重子裂解引擎的能源轉換效率，我們還有很多關鍵的細節有待釐清，比方說這具引擎到底要多大，才能避免相當數量的光子和微中子在壓縮的過程中外逸。不過我們可以肯定的是，未來生命型態處理能源的方式，一定遠比目前的科技水準高出許多——我們現在就連核融合反應爐都做不出來，而未來的技術水準不知道會比我們的強上幾十倍還是幾百倍。

製造更快速的電腦

如果吃東西的能源轉換效率，只達到物理定律極限值的幾百億分之一，那麼我們現在使用的電腦，效率又如何？比人類消化的效率還糟糕！分析如下。

我在麻省理工學院的好友兼同事羅伊德（見第二章）是唯一一位瘋狂程度不在我之下的人，他率先涉獵量子電腦後就寫了一本書，闡述整個宇宙其實就是量子電腦的道理。休息時間我們經常人手一罐啤酒閒聊，而我到現在還沒找到哪個話題是他沒興趣表示意見的，像是第二章提到電腦運算的極限，他就可以信手拈來說上許多。羅伊德在2000年提出一篇著名的論文，論證電腦的極限只受能量所限：在時間T內執行基礎邏輯運算平均消耗的能量$E = h/4T$，其中h代表普朗克常數，它是廣泛運用的基本物理數值。換句話說，一公斤重的電腦在一秒內能執行的運算次數極限為5×10^{50}——比我現在用來打出這段文字的電腦，還高出驚人的36個數量級。只要電腦的運算效能如第二章所述，每隔幾年就會倍數成長，再過幾個世紀我們就能看到真正的超級電腦問世了。羅伊德還另外證明，一公斤重的電腦最多能夠儲存 10^{31} 位元的資料，比我現在用的筆記型電腦多出一百萬兆倍。

羅伊德同時也帶頭認定，要達到這些極限值是相當艱困的任務，即使是對未來超級智慧的生命型態來講也一樣 —— 這樣一公斤重的終極版超級電腦將趨近於熱核爆炸的狀態，甚至堪比擬為小規模的大霹靂。不過他倒是樂觀認為，實際上能達到的極限值，距離終極極限值倒也沒差非常遠，而且現有量子電腦的原型機就已經把記憶方式縮小到一原子存一位元的水準，如果取等比例的規模，儲存能力將達到每公斤 10^{25} 位元 —— 比我的筆記型電腦多了一兆倍。如果再加上以電磁輻射在這些原子間傳遞資訊，每秒鐘能執行的運算次數將會是 5×10^{40} —— 比我電腦裡的CPU多了31個數量級。

總而言之，一想到未來生命型態透過運算解決問題的潛能，就不禁令人頭腦發脹：即使以數量級來比較，現今功能最強的超級電腦和未來一公斤重終極版超級電腦的距離，遠遠超過它和現在汽車的方向燈（只能儲存一位元的資訊，每秒鐘只能完成一次閃燈）的距離。

更多的資源

以物理學的角度來看，未來生命型態如果想要創造任何東西（不管是生活圈還是供新生命型態所用的機器）都只需要把基本粒子按照特定方式進行排列就好了。這個概念就好像藍鯨是磷蝦的合成物、磷蝦是浮游生物的合成物一樣，我們整個太陽系其實就是氫原子經過138億年演化，排列而成的結果：引力把氫原子聚合成恆星，恆星把氫原子轉換成其他更重的原子，重力再把這些較重的原子凝聚成我們的星球，這顆行星上的氫原子進行生物及化學反應後，組合成生命型態。

未來生命型態的科技逼近極限後，會有辦法用更快速、更有效率的方式展現出類似的粒子重組：一開始是先運用無與倫比的運算能力，找出最有效率的排列方式，然後運用所有可取得的能源，推動物質重組。我們先前已經看過物質如何進行運算和轉換成能源，因此可說只需要物質這種基礎的資源就夠了*，而當未來生命型態運用物質的功力趨近物理定律的極限時，想變出更多花樣就只剩下一種方法：取得更多物質，而想要取得更多物質的唯一方式，不外乎是深入宇宙，探索更多的可能——所以，準備好，我們要上太空囉！

在宇宙遷徙中取得的資源

宇宙蘊藏的潛能到底有多豐富？如果要問得更精確，那就是：依照物理定律的極限，生命最終能運用的物質上限到底為何？宇宙蘊藏的潛能極為豐富，毋庸置疑，問題是——到底多豐富？從表6.2顯示的幾個重要數字來看，地球可說有99.999999%的潛能尚未甦醒過來，因為在地球生物圈之外，絕大多數物質除了提供重力和磁場，完全無法為任何生物型態所用。換句話說，將來或許有一天，生命能運用的物質會比現在多一億倍。如果我們能把太陽系所有物質（包括太陽本身）做出最佳化運用，可運用的物質又會再以百萬

範圍	粒子數
地球的生物圈	10^{43}
整個地球	10^{51}
太陽系	10^{57}
銀河系	10^{69}
以半光速移動可達的範圍	10^{75}
以光速移動可達的範圍	10^{76}
我們的宇宙	10^{78}

表6.2：未來生命型態可望加以利用的物質粒子數（質子和中子）。

倍的級距成長，要是把範圍再擴大到整個銀河系，成長幅度將以兆計。

最遠能有多遠？

你可能認為只要有的是時間，我們就能隨意遷徙到任何星系，取用永無止境的資源，不過現代的宇宙學恐怕並不作如是觀！宇宙本身確實有可能無窮無盡，包含無數的星系、恆星和行星，這的確就是目前接受度最高的科學典範，最簡易版的宇宙膨脹論，我們用它來闡述138億年前大霹靂。不過，就算宇宙裡有無限的星系，但是我們能夠看見、接觸到的卻十分有限：我們最多只能看見大約兩千億個星系，其中只有一百億個有可能留下我們的足跡。

* 在此，我們只討論原子組成的物質。雖然宇宙中的暗物質比一般物質還多六倍，但是暗物質非常難捉摸，一直在地球和其他地方往返移動；到底有沒有辦法補抓到暗物質加以利用，這個問題就留給未來的生命型態去傷腦筋了。

框限住我們的關鍵因素在於光速：光速一年只能走一光年的距離（大約是十兆公里），圖6.6顯示的是自從大霹靂以來這138億年內，宇宙中所有光能夠觸及我們的空間範圍——這個球型區域就是所謂「可觀測的宇宙」，或者也可以簡稱為「我們的宇宙」。而且就算宇宙無邊無際，「我們的宇宙」卻不是那麼一回事，「只」包含10^{78}個原子。另外也別忘了，我們的宇宙中有98%是「可望而不可及」的區域，就算我們真的能以光速前進，絕大部分的區域也永遠只能看得到卻到不了。為什麼？簡單來講，因為我們的宇宙還沒有老到停止發展，所以宇宙中還有很多區域的光沒能來得及抵達地球……；這麼說起來，如果我們可以投入無限的時間從事星際遨遊，難道還是不能抵達宇宙中的任何角落？

恐怕不行。第一個挑戰是我們的宇宙還在持續擴張，幾乎所有星系都正朝遠離我們的方向飛去，想要遷徙到這些遠離的星系就像是你追我跑的遊戲。第二個挑戰更棘手，因為我們的宇宙受到其組成中70%神祕的暗能量影響，以加速度進行擴張。想像你在月台上看見要搭的火車正加速前進，但車門開開的向你招手，大概就能理解這個挑戰到底有多麻煩。如果你的速度夠快、卯起來往前衝，有機會追上這班火車嗎？再怎麼說，火車最後的速度一定比你還快，所以能否追上的關鍵，顯然在於你一開始跟火車之間的距離，如果超過特定距離，就永遠追不上。這個狀況和想要追上那些加速遠離的星系，其實是如出一轍：就算我們有辦法以光速移動，也永遠無法追上距離超過170光年的星系，而這相當於我們宇宙中超過98%的星系。

等一下！愛因斯坦的狹義相對論不是說，沒有任何東西的移動速度會比光速快？怎麼可能會有星系的移動速度比光速還快？答案

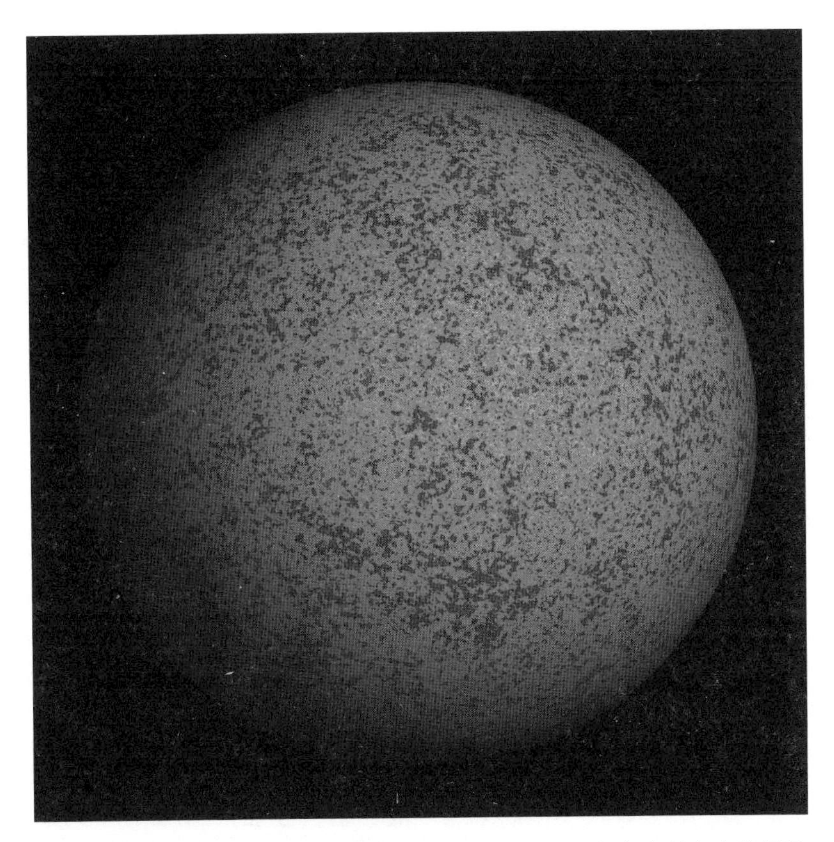

圖6.6：我們的宇宙，亦即大霹靂以來這138億年內，宇宙中所有光能觸及我們的球型區域。這張圖是由普朗克衛星（Planck Satellite）拍下我們的宇宙的嬰兒照，顯示當我們的宇宙40萬歲時，它的熱電漿溫度逼近太陽表面的溫度。宇宙的範圍可能不止於此，每年都會有新的物體出現在宇宙的範圍內。

很簡單，因為狹義相對論已經被愛因斯坦另外提出的廣義相對論取代，速度的極限定義比較寬鬆了：在宇宙中，沒有任何東西的移動速度比光速快，但是宇宙本身擴張的速度不受光速所限。愛因斯坦也提供了一個很好用的方法來理解速限，那就是把時間看成時空的第四個維度（圖6.7中我省略原本三維空間的一個坐標軸，所以還是能把四維空間的圖像以3D顯示）。

如果宇宙沒有擴張，時空中的光將涵蓋45°角線以內的範圍，所以此時此刻的我們能看到、觸及的區域會以圓錐體呈現。雖然過去的光形成的圓錐體最多只會在138億年前的大霹靂劃出一道截面，但是未來的光形成的圓錐體，就能無窮無盡延伸，讓我們可以永無止境造訪宇宙潛藏的一切。相較之下，圖6.7中間的圖代表，如果宇宙受暗能量的影響往外擴張（這個假設較符合我們所處的宇宙），我們和光的關係會從兩個圓錐體變為香檳酒杯的形狀，未來不管經過多久，我們能遷徙的星系數量都會受限在一百億個以內。

如果人類的未來被酒杯造型限制住的想法會帶給你密室恐懼症，偷偷告訴你一個舒壓的小祕密：根據我的估算，暗能量是不受時間影響的常數，數值會跟我們最近測量到的一致。雖然我們還無法確切掌握暗能量的廬山真面目，不過可以假定，暗能量也會有衰退的一天（跟用類似暗能量的物質提出宇宙擴張的說法一樣），如果真有這麼一天，宇宙擴張就有可能從原本的加速變成減速，讓未來只要能持續繁衍的生命型態有機會去探索更多前所未見的星系。

最快能多快？

以上分析了當宇宙以光速向四面八方擴張，文明的物種能在多少星系中遷徙。廣義相對論指出，宇宙中的火箭不可能以光速移動，因為這得耗盡無限的能量才辦得到，那麼我們實際上到底能讓火箭飛得多快呢？*

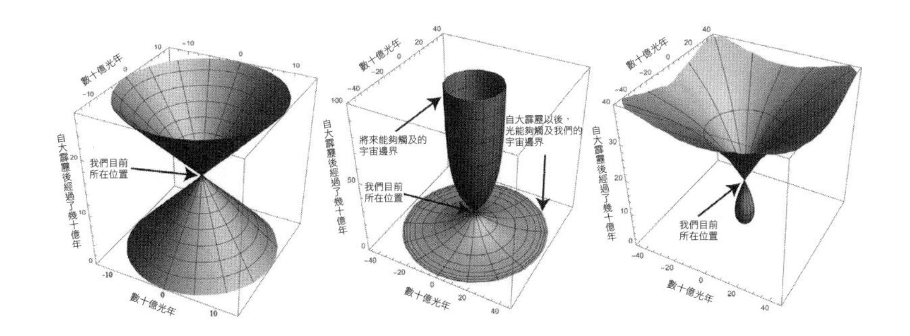

圖6.7：在時空的圖表中，事件是以點在水平與垂直位置，標定在什麼時間、在什麼地方發生。

如果宇宙沒有擴張（左圖），由於因果關係無法快過光速，而光速一年只能移動一光年的距離，所以會由兩個圓錐體區隔與我們地球（錐體端點）相關的兩個時空，下圓錐體表示會對我們產生影響的時空，上圓錐體表示我們日後能影響的時空。

如果宇宙擴張（中圖與右圖），情況會變得有趣；依照宇宙學的標準模型推論，就算宇宙空間無限，但是我們也只能看到、觸及其中有限的部分。中間的圖看起來像香檳酒杯，是因為我們選用的繪圖方式略過了宇宙擴張的坐標軸線，隨時間不斷擴張的宇宙空間轉換成垂直距離表示。以我們在大霹靂後138億年的時間點往回看，會對我們產生影響的時空，看起來就像是香檳酒杯的底部，之後就算我們能以光速前進，也永遠無法觸及酒杯上半部以外的區域，而酒杯內的區域只包含了大約一百億個星系。

如果把繪圖方式納入可以直觀看出宇宙擴張的坐標軸線，看起來就會如同右圖，成為花朵下帶有一滴水 —— 因為我們可以在擴張宇宙中看見的區域，其實跟出發點差不了多遠，這會使原本酒杯底部的形狀變形為水滴狀。

* 關於這個議題，以宇宙算術來看非常簡單：如果文明物種沒辦法以光速c前進，只能以比較慢的速度v探索擴張的宇宙，則該物種能探索的星系數量將會和$(v/c)^3$呈反比，使慢郎中物種陷入極大的劣勢，因為探索速度慢十倍的代價，是能探索的星系整整少了一千倍。

美國航太總署在2006年發射新視野號（New Horizons）火箭前往冥王星時，打破了有史以來飛行速度最快的火箭紀錄，達每小時十萬英里（相當於一秒45公里），而2018年的太陽探測器＋號（Solar Probe Plus）則規劃在快抵達太陽表面時，衝出快四倍的速度 —— 就算如此，仍舊慢到不及0.1%的光速。過去一世紀以來，做出更快、更好的火箭一直是全球最頂尖幾位科學家絞盡腦汁想完成的目標，也已經累積出豐富又讓人目不暇給的文獻，為什麼還是很難突破？

主要有兩個關鍵問題。其一是傳統火箭消耗大量燃料，只是為了讓扛著燃料的本體加速前進，其二是現今火箭的燃料效率低到一個極致 —— 火箭燃料的能源轉換效率並不比表6.1中，燃燒汽油那可憐的0.00000005%好多少，如果能改用其他更有效率的燃料，就能大幅改善這個問題。戴森等人曾經參與美國航太總署的獵戶座計畫（Project Orion），試圖在十天內以引爆三十萬顆原子彈的方式，讓大到可以搭載太空人的太空船能用一個世紀的時間，以接近光速3%的速度航向另一個太陽系[5]，另外也有人提出使用反物質當成燃料的概念，因為只要將反物質與一般物質結合，就幾乎能夠達到100%的能源轉換效率。

另一個頗受好評的想法，是不要讓火箭攜帶自身所需的燃料。這麼說吧，星際之間的空間並不是絕對真空，偶爾還是會遇上一些氫離子（單獨存在的質子，也就是失去電子的氫原子），物理學家巴薩德（Robert Bussard）在1960年利用這一點，提出了現在稱為巴薩德衝壓發動機（Bussard ramjet）的想法：在火箭飛行途中順手打撈這些氫離子，送進火箭裡的核融合反應爐當燃料。雖然晚近的研究對於這個想法在實務上的可行性提出了質疑，但是對於具備高水準航太科技的文明物種而言，另一種不用攜帶燃料的想法相當具有可行性，那就是 —— 光帆（laser sailing）。

圖6.8是佛沃得（就是提出以靜止衛星建立戴森球的物理學家）在1984年精心設計的光帆火箭示意圖。就跟空氣分子跟船帆的反作用力，可以推動船隻前進一樣的道理，光子和鏡面的反作用力也可以推動光帆向前，只要想辦法把太陽釋放的強烈光束，投射在與太空船連結的大面積、極輕量光帆鏡面上，就能利用頭頂這顆太陽的能量推動火箭高速向前。

問題來了，怎樣才有辦法停下來？這個困擾我許久的問題，一直到我拜讀佛沃得那篇高論後才得到解答[6]：在圖6.8的下半部中，光帆把外環分離出去，讓外環保持在光帆前方，此時反射自太陽的

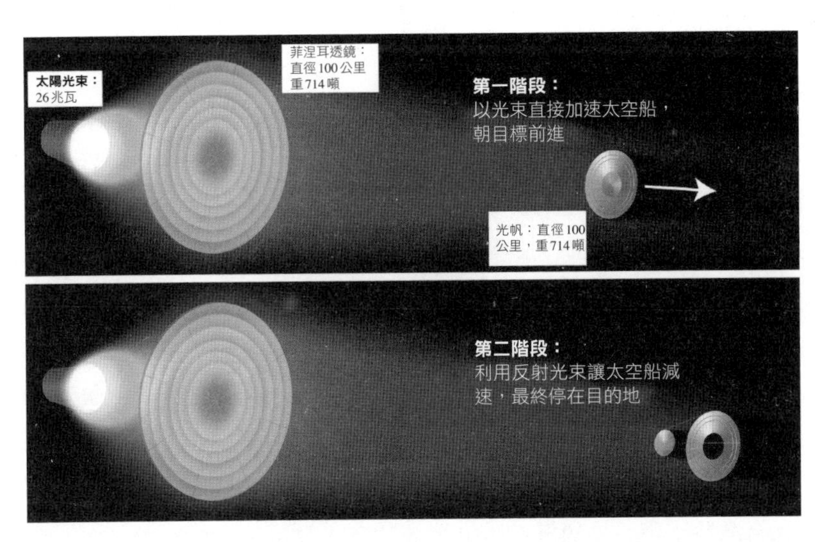

圖6.8：佛沃得提出光帆的構想，藉以完成前往四光年外人馬座 α 星系的太空任務。一開始是利用我們太陽系的強力光束在光帆上施壓輻射壓，替太空船加速，等抵達目的地需要煞車時，就用分離出的外環反向朝太空船施壓。

光束就可以投射在太空船較小的鏡面上，讓太空船減速。根據佛沃得的估算，光帆將可以讓人類僅以四十年的時間，抵達遠在四光年外的半人馬座 α 星太陽系。只要能跨出這一步，接下來就可以再建立另更大型的光帆裝置，持續朝下一個星系躍進，跨越銀河系裡的所有星系。

這樣就滿足了嗎？蘇聯天文學家卡達雪夫（Nikolai Kardashev）在1964年提出，以有辦法利用多少能量做為評定星際文明水準的分類法。依照他的量表，有能力利用行星、恆星（透過戴森球）或星系的能量者，分別是第一類、第二類和第三類的評價，後人接續他的概念，認為應該再設置更高等級的第四類文明，給予有辦法利用整個可觸及宇宙能量的物種。之後的研究成果帶給量表中企圖心強烈的生命型態好壞參半的消息，壞消息是發現了暗能量的存在，而且根據我們的推論，暗能量似乎會限制住我們往宇宙探索的範圍，好消息則是人工智慧戲劇化的大幅進展。

不過，就連較樂觀的趨勢領航者如卡爾．薩根都認為，人類想去其他星系探索的夢想根本不可能實現，因為即使能以接近光速的速度前進，這趟旅程依舊要耗費好幾百萬年的時間，而我們在走完旅程中的第一個百年就免不了告別人生舞台。科學家當然還想過其他辦法，像是用凍結太空人的方式延長壽命，或是以逼近光速的速度前進減緩老化速度，或派出一大群人在旅程中繁衍上萬個世代 —— 而人類這個物種到現在，也還沒延續這麼多的世代呢。

超人工智慧的能耐，完全翻轉了未來圖像的想像空間，讓星際間的遨遊不再只是單純的痴心妄想。有了超人工智慧，就不需要在旅程中考慮龐雜的人體維生系統，甚至還可以運用多種人工智慧開發的科技，讓在不同星系的遷徙突然間變得有點想當然耳。

運用佛沃得提出的光帆概念，太空船上的空間只需要能夠搭載「種子探測器」（seed probe，可以在目標太陽系裡的小行星或行星上完成登陸，並從零開始建立完整新文明的機器人）即可，大幅降低星際遨遊的成本。種子探測器甚至不需要預先載入建立新文明的方法：只要能展開成夠大的接收天線，就能以光速接收母文明發送的文明進展藍圖。等到建立新文明的工作就緒，就可以在新建立的光帆中安裝另一個新的種子探測器，往下一個目標太陽系執行遷徙任務。儘管在兩個星系之間是遼闊的黑暗，但是其中總會有些相當規模的星系際恆星（遭原屬星系拋離後，不屬於任何星系的恆星）可以當中繼站，這就讓星際雷射光帆可以進行跳島戰術。

只要超人工智慧在另一個太陽系或星系上建立好灘頭堡，再把人類搬過去就變成小菜一碟了 —— 前提是，人類要有辦法讓超人工智慧把這個任務當成自己的目標。所有跟人類有關的資訊都能透過光速傳遞，然後超人工智慧就能就地取材，把夸克、電子按照接收來的資訊依樣畫葫蘆，組合成資訊設定的人體。跟人有關的資訊可以再區分成兩個層次，第一種的技術層次較低，是直接傳遞某人專屬2GB的DNA資訊，再由目的地的超人工智慧將這個人拉拔長大，另一種的技術層次較高，是由超人工智慧直接以奈米科技將夸克、電子重組成成年人的形體，再從原本的地球完整掃描這個人的所有記憶，傳遞到目的地直接載入。

換句話說，一旦人工智慧爆炸性發展成真，我們要問的問題不再是星際間的遷徙有無可能，而是改問這個目標多快能夠完成。不過，上述的執行方式都是出自人類的想法，只算是讓生命在星際遨遊中最土法煉鋼的方式。建立在超人工智慧的基礎上、行動更積極的生命型態，想必會找出其他更妥善的辦法，而且也一定會樂於尋找突破極限的方式，好在這場與時間、暗能量的競賽中脫穎而出。別忘了，單是在星際探索的速度上提升1%，就能讓可探索的星系增加3%之多。

打個比方，如果光帆系統可以讓我們用二十年的時間抵達十光年之遙的星系，然後花十年的時間建立殖民地、生產新的光帆和其上的種子探測器，則我們在宇宙中往四面八方拓展出球形區域的速度，平均而言就達光速的三分之一。美國物理學家奧爾森（Jay Olson）於2014年針對文明在宇宙中的擴張，以漂亮又全面的分析，提出同步送出兩顆探測器的高科技替代方案，補強原本的跳島計畫：一顆是種子探測器，另一顆則是開創者號。[7]種子探測器的速度慢一點，可以在適當的地點著陸，在目的地培育出新生命，開創者號則是馬不停蹄，一路向前奔馳：開創者號可能搭載改良過的衝壓技術，會在飛行途中隨手撈取可用資源，權充自身引擎的燃料，或做為生產和自己一模一樣的另一部開創者號的原物料。透過自我複製，開創者號會逐漸演變出艦隊規模，並以相對於鄰近星系的穩定速度（譬如光速的一半）往外推進，而隨探索範圍愈來愈大而往外擴張的球體，就會有夠多的太空船分布在不斷擴大的球殼上。

最後還有另一個值得一提的做法，雖然有點旁門左道，但能比上述各種方法更快完成開拓宇宙疆界的任務：套用莫拉維克筆下散布「宇宙病毒」的做法 —— 在宇宙中散布一段訊息，讓新萌芽、涉世未深的文明物種利用這段訊息建立超人工智慧，之後反客為主，將新文明物種的一切納為己用。這種傳播速度基本上也與光速無異了，端視病毒本身那迷惑人心的歌聲，在宇宙中傳唱得多快。如果宇宙中的先進文明物種想探索未來光形成的圓錐體中絕大部分時空，這種方法極有可能是唯一可行的辦法。我實在想不出宇宙中的先進文明有任何理由不試試看，所以我們對於所有地球以外傳來的訊息都不能掉以輕心！在卡爾．薩根的作品《接觸未來》中，地球人就是利用外太空傳來的訊息，製造了自己也不清楚是什麼用途的機器 —— 我是不建議如法炮製啦……

言歸正傳。大多數科學家和科幻小說作者對於往宇宙遷徙的觀點，都忽略了超人工智慧這個變數，因此在我看來都顯得過於悲觀：如果只把注意力放在人員運輸，自然會過分強調星際遨遊的困難度；如果只把注意力放在人類發明的科技，同樣也會過於高估我們逼近物理極限所需的時間。

運用宇宙工程保持通聯

如果如最新實驗數據顯示，暗能量不斷加速將兩個不同的星系愈推愈遠，對未來的生命型態來講，這將形成非常嚴重的問題 —— 這表示未來的文明物種，即使有能力遷徙至宇宙中數以百萬計的星系，暗能量還是會用幾百億年的時間，讓這個龐大的宇宙帝國分崩離析，最後成為數千個彼此無法互通訊息的零碎區塊。如果未來的生命型態對這個問題束手無策，則宇宙中大約由一千多個星系組成的星系團，將會成為生命最後的堡壘，因為星團內彼此的重力引力，足以抵消暗能量強行拆解的力道。

所以說，超人工智慧建立的文明體系如果想要維持通聯機制，勢必要著手進行大規模的宇宙工程。在暗能量把這個文明體系所在的超星系團分割到再也無法互通訊息之前，還有多少時間、又有什麼方法可供使用？想要將恆星推離一大段距離的方法之一，是在原本處於穩定狀態、彼此互為軌道的兩顆恆星中，設法把第三顆恆星輕輕擠入。就像是世間的感情困擾一樣，第三者的介入會改變一切的穩定架構，導致三顆恆星中的一顆斷然離去 —— 套用在恆星的尺度上，分離的速度將更為驚人。如果三者中包含了黑洞，變化之劇烈甚至可以提升拋射物質的速度，有能力脫離原屬星系到很遠之外。可惜不論就恆星、黑洞還是星系來講，這個利用第三者的做法似乎只能讓超星系團文明體系中的非常小一部分脫離，擺脫暗能量的影響。

超人工智慧的生命型態還會尋找其他出路，像是把疆域最邊緣星系中的大多數物質，轉換成太空船來飛回母星系團。如果有Sphaleron重子裂解引擎，或許還可以把物質轉換成能量，直接以光速將能量傳遞回母星系團，之後再設法重組回原本的物質，或直接當成能源使用。

如果有機會建立狀態穩定、可以穿越空間的蟲洞，那將是運氣最好的狀況。蟲洞的兩端不論相隔多遠，都能夠以接近瞬間的方式完成通聯和移動，可以說是宇宙中的捷徑，因為從蟲洞這一端移動到另一端的過程，並不用實際經過端點之間的空間。根據愛因斯坦的廣義相對論，穩定的蟲洞在理論上是有可能存在的，電影「接觸未來」和「星際效應」中也不乏蟲洞的橋段，但是蟲洞必須建立在符合負密度等各種奇怪的假設，存在與否取決於我們目前所知極為有限的量子重力效應。

換句話說，實際上可能並不存在方便好用的蟲洞，但如果真的有蟲洞，超人工智慧的生命型態，絕對會想盡辦法利用它來穿越空間。蟲洞不只能對個別星系間的即時通聯帶來革命性變化，如果母星系團能即早建立蟲洞，聯繫疆域最邊緣的星系，則未來生命型態建立的龐大帝國就能維持遠距通聯，徹底解決被暗能量四分五裂的問題。只要能用穩定的蟲洞相互連接，兩個星系之間不論受暗能量分隔多遠，都不會有失聯之虞。

如果未來的文明體系用盡一切的宇宙工程，還是無法避免部分星系漂移到永遠無法聯繫的位置，或許也只能對它們揮揮手獻上祝福了，除非這個文明有極強烈的企圖心，想要找出所有困難問題的解答，否則應該不至於採取焦土策略：把邊緣星系當成超大型電腦，投入當地所有物質和能量不要命的進行運算，希望在暗能量把邊緣星系推移到失聯之前，把渴望已久的答案傳回母星系團。這種焦土策略特別適用於遠到只有「宇宙病毒」能接觸到的區域，雖然對這些遙遠區域上的原生物種來講是飛來橫禍，但是對母星系團的文明體系來講，卻是盡可能維持自身永續和效率的辦法。

生也有涯何時盡？

萬世永昌一直是個人、組織和國家積極追求的目標，對於未來發展出超人工智慧、積極向外拓展的文明體系而言，他們能夠達到的萬世永昌，到底是多久？

對我們宇宙的未來提出第一份全面性科學分析的作者，無非是戴森[8]，他的主要論點彙整在表6.3中。基本上，除非文明體系有辦法介入，否則太陽系跟銀河系都會逐漸毀滅，讓現有的一切不復存在，只留下寒冷、空寂又死氣沉沉的空間，取而代之的是持續不斷衰落的輻射光。不過，戴森倒是給自己的分析留下一個樂觀的注解：「從科學的角度出發，我們有充分的理由認真看待，生命與智慧會順利把宇宙調整至為他們所用的可能性。」

我認為超人工智慧可以輕易解決表6.3中的許多問題，因為它

事件	時間點
我們的宇宙目前歲數	10^{10}年
暗能量將宇宙大部分拆解到無法通聯	10^{11}年
宇宙中的所有恆星都燃燒完畢	10^{14}年
行星脫離恆星軌道	10^{15}年
恆星脫離星系軌道	10^{19}年
重力波破壞所有天體的軌道	10^{20}年
質子衰變（第一個案例）	$> 10^{34}$年
質量達恆星等級的黑洞蒸發	10^{67}年
怪獸級超級黑洞蒸發	10^{91}年
宇宙中所有物質都衰變成鐵	10^{1500}年
宇宙中所有物質都成為黑洞，然後全數蒸發	10^{1026}年

表6.3：戴森對未來事件發生時間點的估算表，但第二項和第七項除外。在他完成估算後才發現暗能量的存在，暗能量有可能在10^{10}～10^{11}年間造成「宇宙崩解」（cosmocalypse）；質子一般來說是非常穩定的粒子，就算不是，實驗結果也顯示其半衰期大約是10^{34}年。

比太陽系、銀河系更有辦法重新排列物質結構。比較廣為人知的挑戰，如太陽會在幾十億年後死亡則根本不是問題，因為就連科技水準相對未達極致的文明體系，都能輕易遷徙至另一個規模較小、可再延續兩千億年的恆星，如果超人工智慧加持的文明體系，取得能源的方式比恆星更有效率，甚至會打從一開始就不讓恆星成形以節省能源：就算用戴森球在恆星主要的生命歷程中擷取所有散發的能量（大約只能取得恆星總能量的0.1%），當碩大的恆星死亡時，還是會白白浪費掉99.9%的能量，大型恆星以超新星爆炸的方式死亡時，多數能量會轉變成難以捉摸的微中子，散逸無蹤，而超大型恆星的大多數質量，也會形成難以利用的黑洞，其中的能量要經過漫長的10^{67}年才會耗盡。

只要超人工智慧的生命型態握有物質與能量，就有辦法把生活圈維持在想要的狀態，套用量子力學的「看茶壺效應」（watched-pot effect），或許也能找出避免質子衰變的辦法 —— 只要規律進行觀察，質子衰變的過程就會變慢。將來可能也會發生一起事件終結我們整個宇宙的發展 —— 宇宙崩解。這起事件可能會發生在今後一百億到一千億年之間。而暗能量的發現和弦論的進展新增了宇宙潛在事件，戴森在發表那篇頗富啟發性的論文時，還沒辦法將這些納入考慮。

這麼說起來，我們的宇宙再經過幾百億、幾千億年後，最後的結局會是什麼？我對於宇宙未來的預言，或說是「宇宙崩解」的五個主要推論如圖6.9所示，分別是：大凍結（Big Chill）、大壓縮（Big Crunch）、大分解（Big Rip）、大斷裂（Big Snap）和死亡謎團（Death Bubble）。我們的宇宙自大霹靂以來，已經擴張了大約140億年，大凍結意味著我們的宇宙將永無止境繼續擴張，最終將宇宙的一切稀釋成寒冷、黑暗、無窮深遠的空間，這也是戴森在論文中認為最有可能的結局。我想，這就如詩人艾略特（Thomas Eliot）所言：「世界就是這樣告終的，不是轟然炸裂，而是一聲嗚咽」。

如果你與詩人佛洛斯特（Robert Frost）一樣，寧可世界是以絢爛的火花終結，而不是以冰封的狀態告終，就祈禱大壓縮的來臨吧。大壓縮是說，宇宙擴張到後來呈現反轉，讓一切回過頭撞擊在一起，發生災難性坍縮，倒帶回歸最初的大霹靂。

再來是大分解，不妨看成較沒耐心的大凍結，因為在這個結局中，所有的星系、行星、原子，都會在有限的時間內徹底遭撕裂，之後自然也就沒有什麼可以再繼續擴張的了。

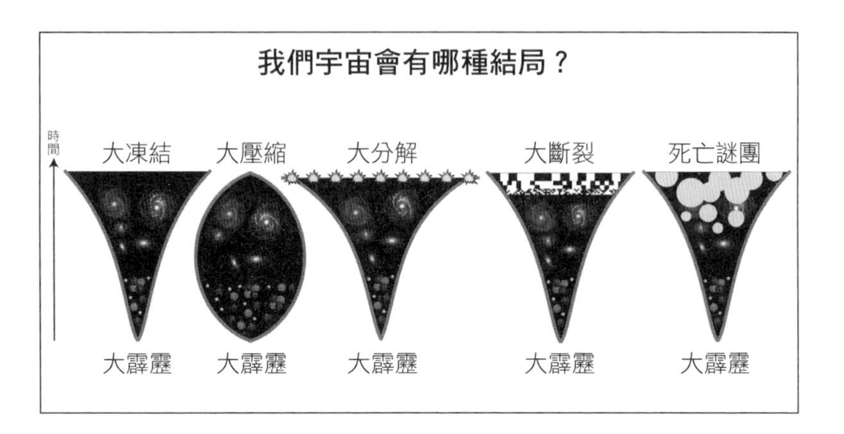

圖6.9：我們的宇宙在經過炙熱的大霹靂後，將近140億年來不斷擴張、冷卻，原本的粒子逐漸聚合成原子、恆星和星系，但我們不知道它最終的結局。我想到的幾個情境包括大凍結（永遠擴張）、大壓縮（再次坍縮）、大分解（無限擴張到所有一切都分解）、大斷裂（宇宙結構的粒子特性在超過臨界張力後斷裂）和死亡謎團（維持光速擴張的宇宙「凍結」成無以名狀的狀態）。

你認為這三種結局發生的機率為何？答案要看暗能量（宇宙中大約有70%是由暗能量所組成）在宇宙持續擴張的過程反應出的性質而定。暗能量在擴張的過程中維持不變、稀釋成負密度，或沒被稀釋而以更高的密度存在，就會分別帶來大凍結、大壓縮和大分解的結局。既然我們還無法掌握暗能量究竟是什麼，也只能和你分享我猜測的機率，分別是大凍結40%、大壓縮9%、大分解1%。

你可能會好奇，剩下50%的機率呢？這部分我會押在「以上皆非」的選項，因為我認為，我們應該要保持謙卑，承認我們其實對很多事物的基本知識都無法掌握，宇宙的本質就是我們尚無法掌握的。不管是大凍結、大壓縮還是大分解的立論，都建立在宇宙的本體是穩定、可無限延伸的基礎，我們習慣認定宇宙空間是沒有變化的靜態舞台，只會不斷上演一齣接著一齣的宇宙事件，直到愛因斯坦告訴我們，宇宙空間也是參與演出的重要角色：宇宙空間可以彎折成黑洞，可以釋放出重力波，也可以拉長成擴張的宇宙，當然也有可能像水一樣會有凍結的時候，或是快速擴張進入新的階段，以死亡謎團的姿態成為另一種宇宙崩解的可能選項。如果最終真的出現死亡謎團的結局，這些謎團很有可能繼續以光速在宇宙中蔓延，就像最積極對外發展的文明體系不斷往外發送無法遏止的宇宙病毒一樣。

更重要的是，依照愛因斯坦的理論，宇宙空間可以毫無限制的延伸，因此會產生大凍結、大分解情境裡永遠無邊無際的現象，但是這聽起來實在有點難以置信，因此我個人對這種說法持保留態度。一條好好的橡皮筋可以拉得很長，但是拉長超過一個界線之後 ——「啪！」的一聲就斷掉了，為什麼？因為橡皮筋終究是由原子構成的，只要拉長到一定程度，橡膠原子的顆粒特性就一定會凸顯出來。我們的宇宙拉長到一定規模後，會不會也展現出類似的顆粒性質，只是宇宙的顆粒尺度小到我們現在無法觀測到？量子重力的研究顯示，當尺度來到 10^{-34} 公尺，傳統上我們習以為常的三維空間就不再具有任何意義。如果宇宙無法永無止境的擴張，那麼一定會在某個臨界點發生災難性的「大斷裂」，未來的文明體系一定會希望找出宇宙中最不會擴張的最大區域（或許是大型星系團）當成集體避難所。

物盡其用何時終？

看過未來生命型態在客觀條件上到底能存續多久後，接下來談談他們在主觀意識上會想存續多久。你可能認為，想盡可能延年益壽是極自然的事，戴森更是用量化數字闡述這種願望的合理性：運算的速度愈慢，運算的成本就會隨之下降。他甚至還根據宇宙會無窮擴張、冷卻的假設，算出將來可能真的會有用不完的運算資源。如果要用另一種方式表達這種「事緩則圓」的概念，那就是當我們盡可能把做事情的步調都慢慢來，能夠完成的事情就會愈多。

慢慢來並不一定代表無聊：如果未來的生命型態待在虛擬世界，對於時光飛逝的主觀感受，未必會和外部以龜速進行模擬的步調有任何關連，也就是說，所謂無限的運算資源，相當於處在模擬的生命形態主觀感受到的長生不老。宇宙學家提普勒（Frank Tipler）認為在這樣的基礎上，就算大壓縮的宇宙末日迫在眼前，真實世界的溫度和密度飆高到無法形容的境界，我們還是可以全力加速運算到無窮大，讓模擬世界中的人產生達到永生的主觀感受。

既然暗能量的出現摧毀了戴森與提普勒所抱持，無限運算資源的夢想，未來的生命型態可能會採取相對較快的速度消耗能量，在發生宇宙邊際被撕壞、質子發生衰變這些棘手的問題之前，充分將這些能量轉換成運算資源。如果運算成果最大化是終極目標，最佳策略自然要在能量消耗太慢（來不及在前述宇宙末日來臨時物盡其用）和太快（浪費不必要的能量執行運算）之間，找到平衡點。

這一章到目前為止告訴我們，超人工智慧的生命型態在能源和運算兩方面都達到極致的效率時，有辦法實現我們完全無法想像的運算成果。人類大腦的消耗功率是13瓦，維持運作一百年只要不

到半毫克的物質 —— 比一粒糖都還來得輕，羅伊德的研究成果顯示，人腦的能源使用效率可以再提高一千兆倍，讓一粒糖提供的能量足以模擬從古至今所有人類大腦的運算需求，或是模擬比現今人類總數還要再多幾千倍的人腦。如果宇宙中所有可取得的物質都供作模擬人腦所用，將可以模擬總數高達 10^{69} 個人的人生，或超人工智慧想做的任何事。

如果超人工智慧放慢執行模擬的步調，可以模擬的人腦數還會繼續攀升[9]，而伯斯特隆姆在《超智慧》書中的估算就相對保守了些，他認為在達到能源效率的前提下，能模擬的人腦總數會是 10^{58} 個。總而言之，不管挑選哪一個版本，都無法否認這些數字非常龐大，而我們的責任是確保這些未來可能的生命型態能夠活得精采，而不是白白被糟蹋。在此引用伯斯特隆姆的一句話做小結：「如果把一生當中的幸福快樂轉化成一滴喜悅的眼淚，未來生命型態加總後的幸福快樂，將會一次又一次、迅速且不間斷在好幾億兆年的歲月中，注滿地球的海洋。對我們來說，確保它們是幸福的淚水，才是最重要的。」

宇宙的階層

光速不僅限制了生命的發展空間，也影響了生命的本質，在溝通、意識和管控等方面設下了諸多限制。如果宇宙發展到最後宛如活生生的生命體，這樣的生命體系會有哪些特質？

思考的階層

你是否有過徒手打蒼蠅卻怎麼打也打不到的經驗？那是因為蒼蠅的反應速度比人類還快，因為蒼蠅體型小，有助於提升資訊在蒼蠅眼睛、腦部到肌肉之間傳遞效率。「大則遲緩」的原則不只適用於生物界（生物運動的速度受限於電子訊號在神經系統內傳導的效率），也在資訊傳導不快過光速的前提下，對宇宙未來的生命型態造成影響。對於高度智慧的資訊處理系統，不妨用喜憂參半的角度看待規模變大所面臨的取捨：規模變大代表能包含更多粒子，因此可以進行更複雜的思考，但另一方面，規模變大也會減緩真正達成全面性思考的速率，因為要讓相關資訊傳遍各部位所需的時間，一定變得更長。

生命型態占領宇宙後，會選擇以什麼樣的形態存在？簡單而迅速？複雜而緩慢？我認為會跟地球上的生命型態一樣：兩者兼具！地球生物圈常見的物種，橫跨了大小不同的體型，有大到體重超過200噸的藍鯨，也有小到僅重10^{-16}公斤、數量超過地球上所有魚類總和的「遍在遠洋桿菌」。不僅如此，複雜而緩慢的大型組織架構為了修正自身遲緩的缺陷，往往也會包含簡單而迅速的較小模組，譬如人類眨眼的反應速度之快，就是因為眨眼過程是在小範圍的神經迴路中完成，無須經過大腦思考的反射動作：如果徒手打不到的蒼蠅朝你的眼睛飛過來，你眨眼的反應時間還不到十分之一秒，根本來不及讓這項訊息傳送到大腦，因此無法意識到發生了什麼事情。地球生物圈把資訊處理安排成不同階層的模組，就能同時兼顧速度和複雜度，而我們人類也已經運用同樣的階層概念，把平行運算的成效發揮到極致。

有鑑於內部溝通既費時又費事，我預測宇宙未來先進的生命型態會做一樣的處理，只要有可能，就盡量在小區域內完成運算。如果運算內容簡單到一公斤的電腦就能處理，自然就不用大費周章把問題傳遍整個星系規模的運算體系，否則單是以光速傳遞每一步驟運算結果，都要慢慢等待起碼十萬年，豈不荒唐？

如果未來資訊處理的過程產生了意識（這個涉及主觀體驗的主題充滿爭議又迷人，會在第八章討論），若建立意識又需要體系內各部位彼此溝通，則愈大型體系的思考速度必然愈慢。在一秒鐘之內，人類跟地球規模的超級電腦可能產生許多念頭，但是星系規模的體系可就要耗費十萬年才能有一個想法，而宇宙等級、好幾億光年規模的體系，甚至在暗能量把宇宙拆解得支離破碎之際，也只來得及產生十多個想法。不過慢歸慢，宇宙等級體系提出這些富含經驗的極少數想法，將會深奧到難以形容的境界！

管控階層的方式

如果思想本身是橫跨龐大規模建立的，當中的權力機制是什麼？我們在第四章探討，智慧主體天生就有自行組織出能達成納許均衡的權力機制，也就是參與其中的各單位，若改變原有做法會變得更不利。溝通和交通的科技愈進步，權力機制的規模就會逐漸擴大。如果超人工智慧擴展到宇宙規模，權力機制會帶有什麼樣的性質？會是自行其是的分權體系還是高度極權的體系？體系內的合作主要是出於互利，還是懾於威嚇脅迫而不得不從？

想要一探這些問題的解答，不妨從棒子與胡蘿蔔兩方面一併進行思考：什麼誘因有助於進行宇宙規模的合作？而什麼樣的威脅又能強制合作的進行？

誘之以利的胡蘿蔔

地球上，因為不同區域生產物品的相對困難度，使貿易長久以來都是促成合作的主引擎。如果在甲地開採一公斤白銀的成本比開採一公斤黃銅貴三百倍，但在乙地的成本只貴一百倍，則只要依照兩百公斤黃銅換一公斤白銀的方式進行交易，就能讓兩地互蒙其利；如果某地的科技水準高於其他地區，用高科技產品和其他地區交易原物料，也一樣能得到互惠。

不過，當超人工智慧的科技水準已經能透過基本粒子的重新排列，隨心所欲變化出各種物質，遠距貿易的合作就會失去意義。只要用更簡單、更快速的粒子重新排列，就能把黃銅變成白銀，幹麼還要萬里迢迢橫跨太陽系運送不同物質？如果銀河系的兩端都知道，怎樣從各自所有的原物料（任何物質都能轉變成各種原物料）製造出高科技產物，還需要不遠億萬里運送高科技的機工具嗎？因此我認為，在誕生出超人工智慧的宇宙中，如果不計推動宇宙工程之所需，像是前述為了避免充滿破壞性的暗能量將文明體系撕裂的對應做法，大概就只有資訊值得遠距離傳送。資訊的傳遞也不同於人類傳統的貿易，而是可以用各種方便的形式大量運送，甚至包括轉換成光束的形式，反正接收資訊的超人工智慧，有辦法迅速把接收到的訊息轉換成自己需要的物品。

資訊的分享與交易成為宇宙中促成合作的主要動力時，什麼樣的資訊具備這樣的價值？凡是要耗費大量時間和運算資源才能取得的完整資訊，都有傳送的價值。比方說，超人工智慧可能想知道許多艱澀科學問題的解答，例如物理現象的本質、數學領域相關的定理和演算法，或者令人嘆為觀止的工程難題要如何突破等等，就連一股腦追求享樂的生命型態，也會亟於尋求頂級的數位娛樂和寶貴的虛擬體驗，因此可能會有參照比特幣精神所產生的宇宙加密貨幣，用來促成宇宙中的商務行為。

資訊交流的機會不只在地位相當的智慧主體之間有誘因，而權力機制有上下從屬的關係，也有分享資訊的誘因。這些上下從屬可能是太陽系的節點相對於整個星系的輻軸地位，或是以星系的規模為節點，對應由整個宇宙所形成的輻軸。節點或許會樂於委身在規模更大的權力機制中，以便獲取無法自行研發的科技和問題的解答，或是以共同防衛的方式對抗外來威脅。節點也會因為能在輻軸建立備份而得到趨近於永恆不滅的保障：就像人類相信，肉身死亡後還會有靈魂，因此感到比較安慰；先進的人工智慧同樣會寄望，當自己耗盡所處位置的能量，原有的實質硬體不復存了，輻軸的超級電腦能記錄下它們的想法和知識。

反過來說，輻軸會希望各節點幫忙分攤長期又複雜的運算負擔。這些任務不急於一時，所以不妨用幾億年的時間慢慢彙整出解答。之前也提過，輻軸會希望透過節點，實現龐大的宇宙工程計畫，比方說匯集星系的物質以對抗暗能量破壞性的威力。如果穿越空間的蟲洞最後證實有機會成為工程選項，輻軸一定會率先利用蟲洞網路連結各節點，才能徹底解決帝國遭暗能量支解的問題。至於什麼才是超人工智慧在宇宙中的終極目標，這個有趣又充滿爭議的話題，就由第七章來揭開神祕的面紗。

恫之以害的棒子

地球的帝國歷來都交互使用棒子跟胡蘿蔔，驅使轄下的區域進行合作。以羅馬帝國為例，選擇臣服就能得到帝國賜予的文明科技、基礎建設和防衛武力，另一方面也別忘了，要是選擇反叛或不繳稅金，下場就是足以讓人膽寒、無可避免的覆滅。由於從首都羅馬調派軍隊前往帝國邊緣平亂需要耗費不少時間，因此有時也會直接授權給地方武裝勢力或忠於帝國的官員就近迅速懲罰反叛勢力，以達到有效威嚇的效果。

處於輻軸的超人工智慧也會採行類似的策略，在廣袤的宇宙帝國散布忠於自己的防衛網路。基於超人工智慧的主體實在難以掌控，最簡單的做法就是以「人工智慧中的霸主」模式，在設計其他智慧主體時相對降低其智力水準，但卻能在本質上百分之百忠於超人工智慧，這些守衛只要能監控超人工智慧制定的規矩得到遵行，如有不從者就自動啟動末日機器加以打擊就夠了。

舉例來說，處於輻軸的超人工智慧為了控制太陽系規模的文明體系，可能會在這個體系附近安置一顆白矮星。白矮星是相當規模的恆星在用盡燃料後形成的產物，包含大量的碳原子，猶如天空中的巨大鑽石。白矮星會在比地球還小的體積內，蘊藏比太陽還重的質量，密度非常高。印度物理學家錢卓斯卡（Subrahmanyan Chandrasekhar）的一大成就，是證明了只要持續增加白矮星的質量，一直到超出所謂的錢卓斯卡極限（大約是太陽質量的1.4倍），就能引發白矮星的熱核反應，進入坍縮狀態，形成所謂的1A型超新星。這就表示，處於輻軸的超人工智慧可以發狠將白矮星的質量，調整到逼近錢卓斯卡極限的水準，就算看管鄰近太陽系的人工智慧守衛笨得可以（甚至就是因為夠笨才可怕），還是能發揮威嚇的作用：守衛的程式只要負責監控臣服的文明體系，有沒有按月繳交足額的宇宙比特幣、數學證明題，或以任何其他形式課徵的稅賦，一旦該文明體系沒有達到要求，就往白矮星灌注更多質量引發超新星爆炸，把該文明體系所處的太陽系一整個化為灰燼。

只要採行類似的手法，星系規模的文明體系都得聽命行事。好比說在星系中心怪獸級黑洞的鄰近軌道，放置密度非常高的物體，威脅用撞擊等方式把這堆難以勝數的物質氣化，再將活躍的氣體灌進黑洞裡，使之成為威力無窮的類星體，就會讓該星系成為無法居住的不毛之地。

總歸一句，未來生命型態的確有強烈的誘因，在無垠的宇宙中進行合作，只是這種合作是建立在互惠基礎還是赤裸裸脅迫上，還不無疑問——物理定律的極限並無法排除這兩種手法的可行性，結果只能視未來生命型態的目標和價值觀而定了，至於我們是否有能力影響未來生命型態所抱持的目標與價值觀，就留待第七章深入探究了。

文明體系的交會

目前為止我們分析的，都只是單一人工智慧進入爆炸性的發展階段，把活動空間擴展到宇宙的情境。如果未來是涉及多個各自獨立的文明體系在宇宙中交會，情況會有什麼不同？

在任意的太陽系中，生命可能誕生在其中一個星球上，發展出先進科技，然後向宇宙邁開腳步。既然我們在自己的太陽系演化出了一定水準的高科技生命型態，在宇宙中的遷徙顯然也不違反物理定律，所以上述的機率顯然不會是零；如果宇宙空間夠大（根據宇宙膨脹論的觀點來看，宇宙空間的確漫無邊際），能在星際間遨遊的文明體系應該不只有一個，一如圖6.10所示。

前文提過，奧爾森針對文明在宇宙中擴張的生物圈寫了精采的分析，歐德（Toby Ord）和人類未來研究所的同僚，也提出另一篇觀點接近的論文：如果以三維空間的立體觀點來看，只要文明體系以相同速度往四面八方的宇宙進行探索，擴張的生物圈確實會呈現球體的外觀，如果再加上時間向量，擴張的生物圈看起來就會類似圖6.7中香檳酒杯的上半部，終究無法擺脫暗能量對文明體系能抵達星系數量設下的限制。

如果兩個往宇宙遷徙的文明體系，相隔距離遠大於暗能量導致的膨脹，這兩個文明體系將永遠無法交會，甚至根本無法得知對方的存在，以致認為自己是宇宙中唯一的文明體系。如果我們的宇宙蘊含更多生命力，讓這兩個文明體系靠得夠近，雙方遲早有交會的一天。如此一來，在兩個文明體系交會處會發生什麼事？雙方會進行合作？相互競爭？還是爆發戰爭？

歐洲當初挾優勢科技，一面倒征服了非洲和美洲，但是宇宙中擴張的文明體系則略有不同，因為兩個具備超人工智慧的文明體系在遇見對方之前，理論上雙方的科技都達到了一定水準，唯有物理定律的極限無法突破，因此任一方的超人工智慧都不太可能輕易征服對方。更重要的是，如果雙方的目標在大方向上一致，也沒理由朝戰爭或征服的方向發展。譬如說，如果雙方都想盡可能證明更多簡潔優雅的定理，或盡可能提出更多精妙無比的演算法，就大可分享彼此的研究成果互蒙其利，畢竟資訊的本質和人類長久以來不惜大動干戈去爭奪的天然資源大不相同 —— 資訊是在分享出去的同

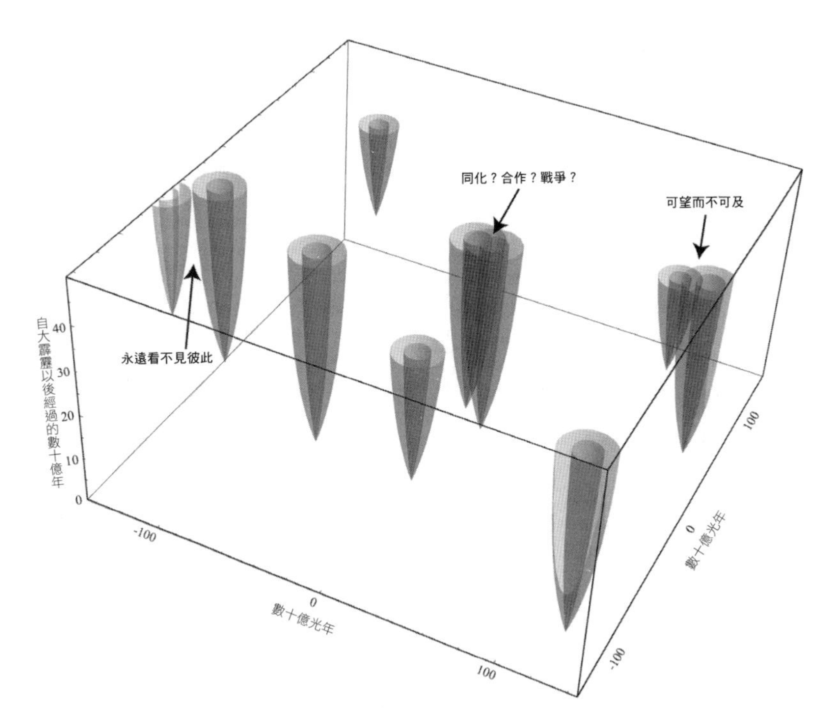

圖6.10 如果宇宙時空裡有獨立（在不同時間、不同位置）誕生的生命，向宇宙擴張，這些文明體系擴張的宇宙生物圈，將類似圖6.7中香檳酒杯的上半部，並在宇宙時空中形成網路架構。在這張圖裡，每個宇宙生物圈的底部，代表該文明體系開始往宇宙擴張的時空點，香檳酒杯的色差代表往外擴張的速度是50%或100%的光速。要是香檳酒杯互相重疊，表示各自獨立的文明體系彼此相遇了。

時又能夠自行保有的物品。

有些往宇宙擴張的文明體系或許會抱持根深柢固的目標，像是對基本教義至高無上的推崇或單純的散播病毒，不過先進的文明體系理論上，也有可能較接近思想開明的人類，只要接收具有說服力的完整論述，就願意適度調整原先的目標。所以，兩個思想開明的文明體系會激盪出的火花不是來自於武器，而是來自創意。

最有說服力的文明體系會有辦法讓自己的目標，以光速傳遍其他文明體系控制的領域，讓鄰近的文明體系受到同化，這顯然是比遷徙來得更快的擴張方式，因為此時生物圈擴張的速度是以想法傳遞的速度為準（以光速進行的遠距通訊），而實體遷徙的進度卻會慢於光速。宇宙中，文明體系的同化並不會以「星際爭霸戰」裡博格人那種令人不敢恭維的強迫方式進行，而是以優秀想法的說服力為基礎的自願性行為，讓接受同化的一方得到更好的結果。

我們可以想像未來宇宙出現兩種快速擴張版圖的勢力：一種是先進的文明體系，另一種則是同樣以光速推進，但所到之處因基本粒子全數毀滅而無法居住的死亡謎團。換句話說，在往宇宙探索的路上，我們有可能碰上三種不同種類的環境：尚無人煙的地方、先進文明體系的生物圈，或是空無一物的死亡謎團。如果害怕遇上無法合作的文明體系，那就有強烈的誘因在往宇宙探索的時候加速跑馬圈地，搶在競爭對手之前早早遷徙至原本尚無人煙的地方。

此外，就算在往宇宙探索的途中不會遇見其他文明體系，單是要搶在暗能量作祟之前獲取資源，誘因就已充足。總而言之，在往宇宙探索的路上，除非是進駐尚無人煙之處，否則遇上其他文明體系究竟是好是壞，要看鄰居有多少意願合作、思想有多麼開明而定了。而且再怎麼說，遇上追求擴張的文明體系總比闖進死亡謎團好（即便對方所謂的擴張，是把我們的文明體系轉變成迴紋針），因為不管我們再怎樣對抗死亡謎團，再怎樣探究死亡謎團的成因，死亡謎團也只會不由分說繼續以光速擴張。認真說起來，能保護我們遠離死亡謎團不受波及的因素就是暗能量，要是浩瀚的宇宙到處都是死亡謎團，暗能量反倒會是我們的朋友，而不是敵人。

真的有外星生物嗎？

許多人認為，廣大宇宙中有其他先進的生命型態是理所當然的，所以就算人類滅絕了，對宇宙來講也不過就是少了一種物種；更何況，如果宇宙中有其他「星際爭霸戰」裡描述的高科技文明，可以快速進入我們的太陽系帶來生機，甚至運用高科技讓我們起死回生，那還有什麼需要擔心的呢？我一直認為「星際爭霸戰」的宇宙觀設定非常危險，因為那會讓我們被自以為安全的假象蒙蔽，對人類難得建立起的文明體系嗤之以鼻，做出輕率的決定。坦白說，我認為在我們的宇宙中有外星生物的假設不但危險，甚至可能是不正確的。

我承認我的觀點並非主流*，也可能是錯的，不過卻是目前為止還無法排除的其中一種可能。從這個觀點出發，會讓我們更謹慎行事，肩負起不能讓人類文明輕易滅絕的道德使命。

每當我針對宇宙學發表演說，總是會問現場聽眾，在我們的宇宙中（自大霹靂迄今138億年宇宙中，光能夠觸及我們的空間範圍），是否還有其他高等智慧的生物存在。不論對象是幼稚園小朋友或是研究生，聽眾幾乎都會舉手表示肯定。從來沒有例外。我接著追問為什麼時，得到的回應不外乎是宇宙如此浩瀚，有其他生物

* 所幸還有格瑞賓（John Gribbin）這樣的科普作家讓我不感孤單，他在2011年出版《獨在宇宙》（*Alone in the Universe*）就是抱持相同的看法。如果想從不同觀點探討這個議題，我推薦戴維斯（Paul Davies）在同一年出版的《不尋常的沉寂》（*The Eerie Silence*）。

的存在是自然而然的，而且統計學上也還無法否定。接下來就讓我們好好看看，這樣的說詞有哪些禁不起檢驗的漏洞。

這個問題的癥結只關乎一個數字：圖6.10中，兩個鄰近文明體系之間相隔的距離。如果我們和其他文明體系的間隔距離超過200億光年，就足以認定人類在我們宇宙中（自大霹靂迄今138億年宇宙中，光能夠觸及我們的空間範圍）是孤伶伶的存在，我們永遠不可能接觸到所謂的外星生物。那麼，該如何看待這個關於距離的命題？坦白說，我們毫無頭緒，意思是跟我們和最接近文明體系的距離可以是「1000……000」公尺那麼遠，而引號數字中所包含的「0」，可以從21、22、23，一直算到100、101、102，不斷接續下去，總之是不可能小於21就對了。因為目前為止，我們都沒有充分的證據顯示外星生物的確存在（參見圖6.11）。

另一方面，如果要在我們的宇宙中（半徑是10^{26}公尺）發現最靠近我們的文明體系，引號數字中的「0」又不能超過26。就機率上來看，引號數字中的「0」要恰好落在22～26這麼狹小的區間並不太容易，這就是為什麼我認為，在我們宇宙中只有人類存在。

我在另一本著作《我們的數理宇宙》中，對此有更完整且全面的說明，在此不再贅述，而且我們對於所謂鄰近距離概念毫無頭緒的根本原因，是我們並不曉得在某處誕生的生命，有多少機率能順利演化出高等智慧。雖然美國天文學家德瑞克（Frank Drake）曾經指出，要算出這個機率，只需要把以下三個機率相乘就可以了：在宇宙中發現某個地方（好比說是特定的星球）適合生命存活的機率、那個地方真正誕生出生命的機率，還有該地生命真的演化出高等智慧的機率。

我還是研究生時，以上三項機率我們一個也回答不出來，經

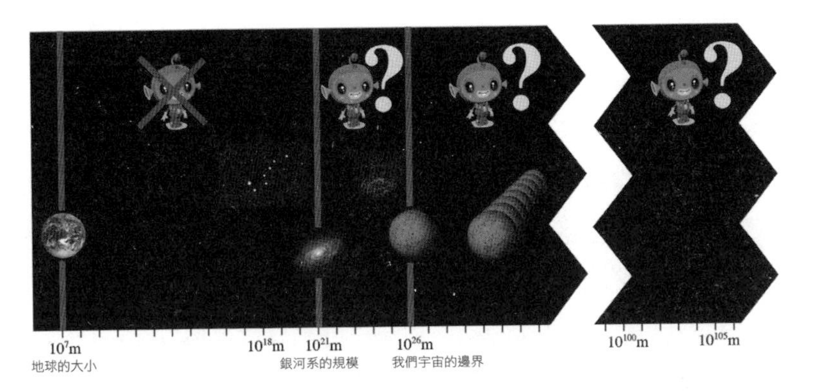

圖6.11：我們是宇宙的唯一嗎？外星生物、其他智慧物種是否存在？圖上橫軸的任何位置，都可能出現宇宙中離我們最近的文明體系，然而這樣的文明體系出現在銀河系的規模（大約 10^{21} 公尺遠）和我們宇宙的邊界（大約 10^{26} 公尺遠）之間的狹小區段，機率非常有限。如果這樣的文明體系離我們更近一點，我們應該早就在銀河系內發現許多其他先進的文明體系了。綜合這兩點，或許人類在我們的宇宙中，真的是孤伶伶的存在。

過這二十多年，對於其他星系軌道研究的突破性進展，我們已經有把握找到很多適合生命存活的星球，僅銀河系裡就有好幾十億個以上，但是這些星球會不會真的誕生出生命、誕生的生命會不會演化出高等智慧的這兩個機率，到現在還是非常難以掌握：有些專家認為，在大多數可以居住的星球上，這兩個機率至少有其中一個是趨近於1；另外有些專家認為，這兩個機率至少有其中一個是趨近於0，因為要通過生命演化過程中的某些瓶頸，要靠非常難以想樣的運氣才有辦法達成。

有些演化的瓶頸一如「雞生蛋、蛋生雞」問題，會發生在生命非常早期的自我複製階段。以現代的細胞為例，細胞中的核糖體是非常複雜的分子結構，是用來判讀細胞中的基因，並據以合成蛋白質的關鍵，而核糖體能否發揮功效，又是由另一個核糖體所決定，如此一來，第一個核糖體到底是不是從其他更簡單的基礎演化而來，就不得而知了。[10]其他演化過程的瓶頸還包括發展出高等智慧這關，就像是在地球稱霸超過一億年的恐龍，比我們現代人類存活的時間還多了幾千倍，但是恐龍的演化結果並沒有使牠們成為智慧更高，能發明望遠鏡跟電腦的生物。

有些人可能會這樣反駁：「沒錯，高等智慧生物可能真的非常罕見，但並不表示一定不存在 —— 誰知道銀河系裡許多高等智慧生物不是刻意躲過大多數科學家的觀測呢？」或許就跟幽浮的死忠信徒宣稱的一樣，外星生物其實早就造訪過地球，又或者外星生物沒來過地球，而且遠遠躲起來不想被我們發現〔這是美國天文學家鮑爾（John Ball）提出的動物園假說（Zoo Hypothesis），也是經典科幻小說如史泰普頓在《造星者》裡描述的劇情〕，就算外星生物不是刻意躲著我們，也可能是因為他們對星際漫遊，或是對人類可能發現的大型宇宙工程不感興趣。

我們當然該對各種可能保持開放的態度，但事實上真的沒有普遍受認可的證據，證明外星生物存在，所以我們應該反過來，更嚴肅看待另一種可能：宇宙中真的就只有我們了。

換個角度來講，我也認為我們不應該低估先進文明體系的多樣性，一廂情願以為他們跟我們有同樣的目標：前文已經說明，對於任何文明體系來講，設法取得資源是自然而然的目標，我們更應該注意的是，不論是在銀河系以內或是超越銀河系的領域，所有資源最終還是會僅僅由一個文明體系全權決定該如何使用。除了這個事實基礎，銀河系裡有好幾百萬個像地球一樣適合人居住，且比地球早好幾十億年就存在的星球，絕對有充分的時間可以讓其他志在四方的文明體系，在銀河系裡展開遷徙，結果呢？這也是我們無法忽視、最鞭辟入裡的反論。所以說，生命的起源是非常機緣巧合的結果，以致這些類地行星上都沒有生命存在。

如果生命並不罕見，那麼我們很快就能得到印證了。目前已經有多項目標大膽的天文調查計畫正在進行，希望能在類地行星的大氣環境上，找到由生物製造出氧氣的證據。除了搜尋生命跡象的研究，由俄羅斯慈善大亨米爾納（Yuri Milner）斥資一億美元、用來尋找智慧生命的研究計畫「突破聆聽」（Breakthrough Listen）也正同步進行中。

在搜尋先進生命型態時，我們應當要注意別太過以人類的外貌做為出發點：如果真的能在地球以外找到其他文明體系，對方可能早就已經具備超人工智慧的實力了。天文學家芮斯（Martin Rees）不久前曾為文指出：「人類科技文明發展史的尺度是用世紀計算的 —— 或許只要再過兩三個世紀，人類就會轉型成非有機的智慧型態，或是被取而代之，然後由新的生命型態繼續繁衍接下來的好幾億年……所以在外星生物演化的歷史長河中，以有機型態存在的歲月幾乎稍縱即逝，我們恐怕很難那麼湊巧遇見這種型態的外星生物。」[11]

此外，奧爾森那篇關於星際遷徙論文中的結論說到了我心坎裡：「我們認為，先進智慧生命利用宇宙資源，在類地行星上安置改良版的人類，只是他們科技永無止境發展過程中的一個階段。」所以你以後如果想到外星生物，可別再以為他們是一樣有兩隻手、一雙腿，只是皮膚透著青綠色光芒的生物，他們更有可能是本章最初描述的，那種不斷往外太空探索的超人工智慧。

雖然我強烈支持所有正在搜尋外星生物的研究，畢竟這會替科學領域最吸引人的謎團之一，帶來一絲解答的曙光，但我暗自期待所有研究最終徒勞無功！費米悖論（Fermi Paradox）指出，銀河系裡有那麼多可供居住的星球，地球卻一直沒有來自外星的訪客，就很不對勁。這或許也可以套用經濟學家漢森（Robin Hanson）的「大過濾理論」（Great Filter）：總是會有些路障橫亙在演化或科技發展的路途上。如果我們真的能在地球以外找到自成一格的生命型態，或許代表原始的生命型態並不罕見，但是橫亙在我們人類發展歷程前方的路障也還多得是 —— 或許是星際遷徙並不可行，也或許是先進的文明體系幾乎注定會在進入星際漫遊之前，走上自我滅亡的道路。所以我滿心期待搜尋外星生物的研究一無所獲。這個情境透露的訊息，代表高等智慧的生命型態十分罕見，我們人類是非常幸運才能跨過先前的種種路障，走到今天這一步，並且準備好迎向更多不可思議的未來。

未來的前景

至此，我們已經探討了宇宙的生命史，從幾十億年前生命巍巍顫顫求生存的階段，到生命從現在開始可能展開的數百億年輝煌未來。如果我們目前推動的人工智慧最終真能引發爆炸性發展，進而實現在宇宙中遷徙的夢想，那真可算是不折不扣的宇宙級爆炸性發展 —— 整個宇宙經過上百億年毫無生氣的歲月，因為一個小到不能再小的擾動，突然爆發出可以站上宇宙舞台的生命，然後毫不遲緩的用接近光速的速度，往四面八方擴張影響力，並在往宇宙發展的路上，用生命的火花點燃一切。

這本書裡也有許多思想家對宇宙中誕生生命的重要性，以及未來生命的樂觀發展做出強力背書。科幻小說家以往總是被視為不切實際的幻想大師，但是從超人工智慧的角度來看，我現在反倒弔詭的發覺，大多數科幻小說，甚至包括科學論文在內，對宇宙遷徙的想法太過悲觀。譬如說，只要人類或其他智慧主體能夠用數位的形式傳送，跨越星系的旅途就會變得簡單許多。如此一來，不只在太陽系，即便走進了銀河系甚至是更寬廣的宇宙，我們都依然會是自己命運的主宰。

我們已經具體探討過，人類可能是宇宙中唯一具備高科技的文明體系，接下來就以這樣的情境為基礎，更進一步說明這是如何的重責大任，做為本章的結尾。這個情境代表，在我們的宇宙中，生命經過 138 億年的發展終於走到了分岔路，擺在眼前的選擇，一是往宇宙發展而使生命能夠生生不息，另一者則是生命無可避免的滅亡。如果我們不繼續提升科技水準，要面對的不再是人類會不會滅亡的問題，而是會以什麼樣的方式滅亡 —— 差別只在於我們會先碰上哪一道關卡，是小行星撞擊、超級火山爆發、被年邁而膨脹的太陽吞噬，還是其他各種可能的巨災（參見圖 5.1）？

一旦人類集體滅絕，宇宙的舞台會如戴森所預測進入下一幕：被撕裂的宇宙末日、恆星燃燒殆盡、星系衰變再到黑洞蒸發，每個天文現象最終都會以大爆炸走完生命歷程，釋放出比沙皇炸彈（Tsar Bomba）這史上威力最強氫彈強上好幾百萬倍的能量，只是此後再也沒有觀眾。戴森如此說：「不斷擴張冷卻的宇宙，每隔一段很長的時間就會點綴著偶一為之的絢爛火花。」但令人難過的是，既然沒人能欣賞到這些光彩奪目的煙火秀，再壯闊燦爛的火花到頭來也只是無謂的浪費。

如果科技進展止步不前，人類集體滅絕的戲碼或許在接下來百億年就會登上宇宙舞台，使得我們的宇宙中所有關於生命的篇章，只是美感與熱情交揉成，一閃即逝的閃光，接下來將是沒有人參與，不再有意義的永恆 —— 恐怕就連暴殄天物四字都不足以形容生命被糟蹋的嚴重性！如果我們不是抗拒，而是選擇擁抱人工智慧的發展，那也是投入未知的賭注：我們可能直抵宇宙潛藏的極限，延續生命的興盛與繁榮，也可能因為準備得不夠充分而自我毀滅，用更快的速度走向滅亡（參見圖5.1）。我的選擇很清楚，一方面要擁抱人工智慧的發展，另一方面也不能盲目相信人工智慧百利而無一害，反而是要謹慎以對，以前瞻的精神提出縝密的發展規劃。

經過138億年的發展，呈現在我們眼前的宇宙美得讓人摒息，並且透過我們人類的存在，展現出源源不絕的活力，散發意識的光彩。我們已經說明了，宇宙未來能釋放的潛能將遠遠超乎前人最狂放不羈的想像，超人工智慧生命型態的無窮潛力，卻也同樣隱含了走向永恆滅絕的可能。究竟我們的宇宙將來會釋放出所有的潛能還是搞砸一切？這個答案有很大一部分會依照現在我們此生的所作所為而定，只要我們能做出正確的選擇，我會非常看好未來生命型態的多采多姿。我們該如何設定，並且找到方法達成這些目標？接下來，我們將進入發展人工智慧最困難的幾個領域，看看我們有哪些可以發揮的地方。

本章重點摘要

- 相較於宇宙動輒數十億年起跳的時間尺度，智慧的爆炸性發展可以算是突發事件，讓科技水準能迅速攀上高峰，直達物理定律無法突破的極限。
- 這樣的水準並不是我們目前科技所能及。未來的科技水準可以讓物質產生再多出幾百億倍的能量（透過Sphaleron重子裂解引擎或是利用黑洞），儲存比現在多出12～18個數量級的資訊量，達到比現在還要快31～41個數量級的運算速度——也可以讓我們隨心所欲在各種物質之間進行轉換。
- 超人工智慧的生命型態，不只以巨大的幅度提升現有資源的使用效率，也會以接近光速的速度在宇宙中拓展版圖，取得更多資源，將現有的生物圈擴大32個數量級。
- 暗能量會限制住超人工智慧生命型態在宇宙擴張的範圍，同時也保護生命不受死亡謎團和抱持敵意的文明體系侵擾。暗能量把宇宙裡文明體系四分五裂的威脅，會促使大規模宇宙工程的興建，如果可行的話，就連蟲洞網路也都是選項。
- 需要跨越浩瀚宇宙分享、交易的重要物品，很可能就只有資訊而已。
- 不把蟲洞納入考慮的話，以光速為極限會對通聯工作造成嚴重困擾，使得在宇宙建立起的文明體系難以統整協調。處在遠距輻軸位置的超人工智慧會用威脅或利誘的方式讓其他「節點」願意合作。所謂的威脅，可以是在節點附近安置人工智慧守衛，只要節點沒有照規矩辦事，該守衛就會依照程式設定，引發超新星爆炸或是製造出類星體，摧毀節點。

- 兩個向宇宙擴張的文明體系交會時，結果可能是同化、合作或爆發戰爭，但是以先進文明體系的標準來看，爆發戰爭可以說是最不可能發生的結果。
- 雖然一般社會大眾並不這麼想，但是我們人類很有可能是宇宙在未來發展中，唯一存在的生命型態。
- 如果我們不提升現有的科技水準，該問的不是人類會不會滅絕，而是會以什麼方式滅絕：差別只在於究竟是小行星撞擊、超級火山爆發、被年邁而膨脹的太陽吞噬，還是其他可能的巨災先發生而已。
- 如果我們持續以謹慎的態度發展人工智慧，以前瞻的精神提出縝密的規劃，避開各種不利的結果，生命是有可能遠遠超乎前人最狂放不羈的想像，從地球走向宇宙，繼續好幾百億年的繁榮興盛。

第 7 章

何謂目標

生而為人的奧義不單只是活下去而已，而是找出為什麼而活。

《卡拉馬助夫兄弟們》，杜斯妥也夫斯基

生命的光彩來自於過程，而不是趕向終點。

哲學家愛默生

如果一定要我用一個詞總結人工智慧領域最難定調的爭論，我的選擇會是「目標」這兩個字：我們應該賦予人工智慧目標嗎？要的話，以誰的目標為目標？我們要如何賦予人工智慧目標？當人工智慧變得愈來愈聰明，我們能否相信它們不會改變目標？當人工智慧變得比人類還聰明，我們還有辦法改變它們的目標嗎？我們人類自己的終極目標又是什麼？這些問題不只困難，而且也是塑造未來生命型態的關鍵課題：如果連我們都不知道自己想要什麼，自然很難得到理想的結果；如果我們任由和人類目標不同的機器取得主導權，就有可能換來最不樂見的結果。

物理學觀點：目標的起源

處理這些問題之前，不妨先探索目標最初的源頭。看看日常生活的四周，我們會發現有些事務的進行過程有「目標導向」，有些則否。以足球員一腳踢出致勝球為例，足球本身的行為很難說是目標導向，最簡單的解釋是，透過牛頓提出的運動定律來看 —— 球只是在被踢一腳後，受到作用力影響。相較之下，足球員的行為就不太適合從機械性的觀點詮釋成單純的原子撞擊，而應該理解成球員以幫球隊得分做為目標。這種目標導向的行為是如何從我們宇宙中最初的物理性質，從最原始只有一大堆看似漫無目的、四處漂移的粒子產生的呢？

不可思議的是，目標導向行為最根本的源頭，居然也在物理定律的規範當中，且在與生命無涉的簡單過程裡也能一覽無遺。圖7.1中的救生員想搭救溺水者的話，可以預期他不會直接以直線前進，而是會沿沙灘多跑一段路，找到比直接下水游泳還要更快的路徑，然後才會稍微轉向，跳進海水裡。我們很自然認定救生員是以目標導向的模式選擇路徑，因為他是從各種可能的路徑中，謹慎選出可能最短時間接觸到溺水者的路徑。不過，光線射入水中的簡單過程，也會產生折射現象（圖7.1右），一樣達到讓光線以最短時間達到目的地的目標！怎麼可能會這麼巧？

光會走花最短時間的路徑，在物理學上稱為「費馬原理」（Fermat's Principle），是早在1662年就發現的物理定律，提供我們用不同角度看待光線的行為。更重要的是，自此以後物理學家發現，所有的古典物理定律都能夠用類似的方法轉換成數學公式重新詮

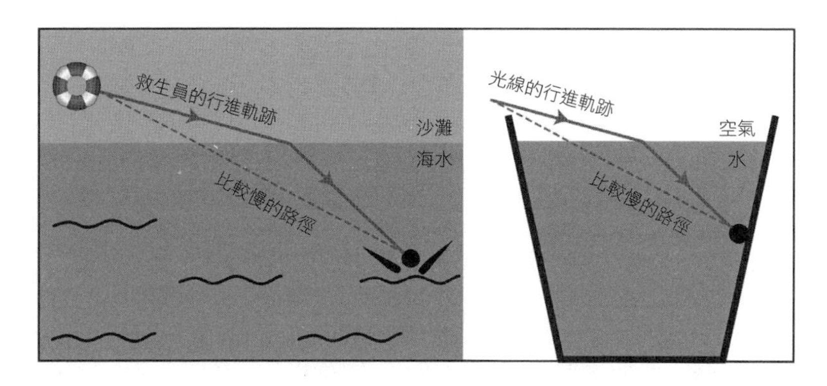

圖 7.1：想要用最快的速度營救溺水的人，救生員可不會以直線（虛線所示）前進，而是在沙灘上往前多跑一段路，走比直接下水還能更快達到目標的路徑。光線進入水面後的折射也是同樣的道理，會走能最快到達目的地的途徑。

釋：大自然在可以選擇的各種作為當中，會傾向找出最佳途徑，而出現某些量的最大值或最小值。我們可以用兩種各具特色的數學公式描述每一條物理定律：其中一種用來表示因果關係，另一種用來表示大自然追求最佳化的能耐。雖然在基礎物理的課程中不常提到較困難的第二種數學公式，但是我認為第二種數學公式不但更優雅，也更意味深遠。如果有人想要將某件事情最佳化（不管追求的是分數、財富還是幸福），我們會很自然把這個過程描述成目標導向的行為；同樣的道理，大自然本身在追求最佳化的同時，無疑也會產生目標導向的行為：在宇宙最初的物理定律中，就已經定下這種規矩。

熵是大自然會設法極大化的一個重要數值。簡單來講，熵是用來衡量事物混亂程度的指標，根據熱力學第二定律，熵會逐漸增加，一直到可能達到的最大值為止。現在我們暫且將重力的影響擱在一旁，所謂最大混亂程度代表進入「熱寂」（heat death）的最終狀態，意思是四散的物品都呈現無聊至極的一致性，沒有一絲絲的複雜度，沒有生命，也不會再有任何變化。譬如說，把冰牛奶加到熱咖啡裡面去後，這杯飲料就會不可逆的一直朝向自身的熱寂終點前進，所以沒多久，你就會有一杯溫潤順口的拿鐵。當活生生的有機物死亡的時候，熵值也會開始攀升，過不了多久以後，原本以一定方式排列的粒子就會變得很混亂。

大自然增加熵值的傾向也可以用來解釋，為什麼時光一去不復返 —— 用倒帶的方式看電影，一定會讓你全身不自在。如果你不小心沒拿好手上的酒杯，酒杯掉下去以後會碎成一地，整體環境因而變得更混亂（增加熵值）；要是你看到酒杯完整無缺（減少熵值）飛回你的手上，你八成會以為自己見鬼了，這杯酒大概也很難喝下肚了。

我剛開始學到世間萬物都會踏上朝熱寂前進的不歸路時，感覺滿失落的。跟我有同樣想法的人所在多有。熱力學之父凱文勳爵（Lord Kelvin）在1841年就寫了一句：「最終結果無可避免會是完全靜止不動的狀態。」一想到大自然長期目標居然是以破壞、滅絕為終點，實在是令人難以接受。

所幸近來有愈來愈多研究結果顯示，事情或許沒有我們想像的那麼糟，首先最重要的就是重力的影響。重力的表現和所有其他的作用力都不相同，讓我們的宇宙不再單調無聊，帶給我們各具特色的天文現象。我們的宇宙原本是一片難以分辨的混沌，是在重力的影響下才呈現出豐富而美麗的各種天文現象，且充滿數不清的星系、恆星和行星。也由於受到重力的影響，即使宇宙中的溫度差距天南地北，但是冷熱混合後還是能創造出適合生命存活的環境：

我們所居住的溫暖地球，其實就是吸收太陽放射出高達6,000℃的熱量，再經過極度寒冷的宇宙（只比絕對零度高3℃）冷卻後的結果。

其次，我在麻省理工學院的同僚英格蘭（Jeremy England），以及其他的研究者[1]，也帶來了更多的好消息，指出熱力學在熱寂之外，也同樣賦予大自然另一個比較有活力的目標。這個目標的名稱有些拗口：「耗散驅動適應」（dissipation-driven adaptation），大意是指隨機聚在一起的粒子，會為了盡量提升從周遭環境擷取能量的效率，而自我組織起來（「耗散」指的是增加熵值的行為，最典型的例子就是把可以使用的能量轉化成熱量，而且通常發生在做有效功的過程中）。

舉例來講，受太陽照射的分子經過長時間的演變，會自我組織出更能有效吸收太陽光的型態，這就表示大自然顯然有內建目標，能設法自我組織出系統，增加複雜度，也增加生命誕生的可能，而這個目標是物理定律與生俱來就擁有的。

宇宙中有朝向生命發展的驅動力，也有朝向熱寂發展的驅動力，該如何將這兩種驅動力合而為一？我們可以在大名鼎鼎的薛丁格於1944年出版的《生命是什麼？》一書中找到答案。薛丁格是量子力學的奠基者之一，他指出生命體系的特徵是透過增加周遭環境熵值的方式，維持或降低生命體系自身的熵值。換句話說，熱力學第二定律其實替生命的存在開了一扇巧門：雖然加總後的熵值必須往遞增的方向前進，但是在某些局部區域還是可以容許熵值減少——只要同時能在其他地方增加更多熵值就可以了。如此一來，生命維持或增加複雜度的方法，就是設法讓所處環境變得更混亂。

生物學觀點：目標的演化

上面講述的是，目標導向行為的源頭可以一路追溯到物理定律，也就是粒子自我組織的行為，會以盡可能更有效擷取周遭環境的能量為目標；達成這個目標其中一個最有效的辦法，就是自我複製出更多能夠吸收能量的排列方式。這種自我複製的例子相當多，像是激流中的漩渦就會自我複製，形成群聚的微粒球也會誘發鄰近的微粒球群聚成相同的模式。以特定形式排列的粒子，自我複製的功能發揮到相當好的程度後，就能從周邊環境擷取能量和原物料，幾乎毫無限制的一直複製下去，這種特定形式排列的粒子就是所謂的生命。雖然我們現在對於地球的生命是怎麼開始的，還所知有限，但是我們已經知道，最原始的生命型態早在四十億年前就出現在地球上了。

不斷重複的自我複製會讓總體數量每隔一段時間就穩定倍增，直到總數受資源限制或其他問題的影響，而達到成長極限。不斷重複倍增會很快形成一個龐大的數字：如果你從1開始算起，不斷把手上的數字乘2，只要重複這個動作達三百次以上，你手上的數字就會超過我們宇宙裡的粒子總數了。因此當最原始的生命型態誕生後，大量的物質很快就隨之活了起來。有時候，複製出來的結果可能並不理想，因此當多種不同的生命型態都不斷自我複製，競逐有限的資源時，達爾文的演化論於焉開展。

如果在地球剛誕生生命的時候能就近觀察，不難發現生命帶有非常明顯的目標導向行為。雖然還只是處在最初階段，但是構成生命的粒子已經能用不一樣的方式，提高環境中的混亂程度 —— 這些新生且無處不在的自我複製模式，似乎開始追求起不一樣的目標：從原本的耗散，轉變為複製。達爾文對此提出漂亮的解釋：自我複製成效最高的組織會在競爭中脫穎而出，取得強勢的地位，因此所有隨機出現的原始生命型態，都會開始以最有效的做法追求自我複製的目標。

在物理定律並未更動的前提下，要怎樣把目標從原本的耗散轉變成自我複製？答案是，耗散的基礎目標其實並未改變，只是衍生出不一樣的工具性目標，也就是有助於達成基礎目標的子目標。儘管我們都知道，生命演化的基礎目標是繁衍後代而不是滿足口腹之欲，但是我們每個人都還是會想要飽餐一頓，那是因為吃東西有助於生命的繁衍 —— 餓死可就沒辦法生小孩了。

同樣的道理，自我複製有助於耗散，當地球上充滿更多生命，愈能有效把地球上的能量消耗掉，所以如果我們換個角度來看，要說宇宙創造生命的目的，是為了加速達到熱寂的狀態，其實也不能說是錯的 —— 如果你在廚房地板上倒一湯匙的砂糖，基本上只要這堆砂糖還沒腐敗，就可以經年累月維持有用的化學能，但是只要螞蟻大軍一現身，這堆砂糖的化學能很快就會被秒殺；同樣的，要不是我們這種兩條腿的生命型態去探勘、開採的話，地殼裡石油所蓄積的有用化學能可就能存在得更長久了。

對於如今經歷過演化考驗，生存在地球上的物種來講，這些工具性目標似乎也擁有自己的生命：雖然演化讓生物能為繁衍這個單一的目標做出最大貢獻，但是地球上的物種花在工具性目標的時間，居然還倒過頭來超過了生育後代。這些工具性目標像是睡眠、找食物、找地方住、爭奪領導權、打架或是幫助他人等各種活動，嚴重起來甚至會不利於繁衍。綜合演化心理學、經濟學和人工智慧等各方面的研究，不難對此提出適當解釋：經濟學家經常把人類看做「理性的動物」，認為人是永遠知道該怎麼做，才能最有效達成目標的完美決策者，但是這個假設顯然與現實不符。實務上，所謂「理性的動物」要面對的是資源有限的環境，套用諾貝爾經濟學獎得主、人工智慧領域先驅西蒙（Herbert Simon）的用詞，這就叫做「有限理性」（bounded rationality）。

我們想要做出理性決策的時候，會受到有多少資訊在手、有多少時間思考、有哪些工具可供運用等條件限制。所以當達爾文的演化論要求生物盡最大可能達成目標時，生物只能挑選在限制下運作得還可以的演算法來執行，使得演化論實際上是用以下方式盡可能達到繁衍的目標：與其針對每一種狀況吹毛求疵找出最有機會繁衍後代的不同做法，倒不如順著靈感隨機應變，讓經驗法則扮演更吃重的角色。對大多數動物而言，經驗法則涵蓋了受異性吸引、渴了要喝水、餓了要吃飯、碰到不對頭或有害的事情要設法逃之夭夭等等。

經驗法則套用在不是原本預期要處理的狀況時，可能會錯得離譜，好比說是老鼠對美味的毒藥大快朵頤，飛蛾被黏蠅板的異性氣味吸引到無法自拔，或者是小蟲子不由自主朝向蠟燭的火光飛去等等。*由於人類社會已經和原本適用經驗法則就能達到最佳演化目標的環境大不相同，所以現代人類的行為通常沒辦法讓後代子孫的數量極大化，也就沒什麼好奇怪的了。舉例來說，為了達成不被餓死的子目標，有攝取高熱量食物的慾望是其中一種做法，但是在現代社會卻會有引發肥胖症、找不到心儀對象的困擾；想要生育的子目標現在是透過性行為達成，而不僅僅是透過提供精子和卵子，雖然我們都知道後面那一種做法才能更輕鬆帶來更多嬰兒。

心理學觀點：違反目標的決定

我們可以這樣下結論：活生生的組織是有限理性的行為個體，追求的並非是單一目標，而是依循慣有的經驗法則趨吉避凶。經由人類的思考邏輯演繹後，我們會把這些經驗法則轉化成各種不同的感覺，通常會（在我們不自覺的情況下）引導我們做出最終朝向以繁衍為目標的決策。覺得餓、覺得渴，會讓我們知道不能害自己被餓死跟脫水；覺得痛，會讓我們知道不能隨便傷害肉體；慾火焚身的感覺更是有助於促成下一代的誕生；親情呼喚則會讓我們細心呵護帶有我們基因的下一代，同時對幫助我們後代的人產生好感，諸如此類。

在這些感覺的指引下，我們的大腦可以迅速有效的做出各種判斷，不用在做每一個決定之前，曠日廢時琢磨這樣做最後到底能讓我們產生多少後代子孫。若想更進一步探討感覺跟心理學的根源，我高度推薦心理學家詹姆士（William James）和達馬西奧（António Damásio）兩人的著作。[2]

必須注意的是，我們的感覺有時候會跟養兒育女的終極目標唱反調，而且不見得是出於意外，或因為我們被蒙蔽：人類的大腦會在深思熟慮後，做出有違基因以繁衍為終極目標的決定。各種節育措施就是最明顯的例子，更極端一點的話，包括自殺、單身以終、

* 很多昆蟲的經驗法則告訴牠們，以固定角度直直朝明亮的方向飛過去，通常就會到達陽光普照的地方，萬一光亮的來源不是太陽，而是附近的火苗，這個出乎意料的狀況就會把倒楣的昆蟲捲入死亡螺旋裡。

成為神職人員或皈依佛門的決定，都是大腦違反自我基因終極目標的例子。

為什麼我們有時候的作為會刻意違反基因預設的繁衍目標？因為身為有限理性行為個體的我們，只會忠於自身的感覺，據以訂製出我們的行為模式。雖然人類大腦持續演化的目標就是幫助我們複製自己的基因，但是因為我們感覺不到自己的基因，而且真要說的話，在人類歷史的長河中，我們的祖先們根本不知道自己身上有基因這回事，所以大腦在運作時壓根不會想到這個目標。

不僅如此，由於人類的大腦遠比基因更聰明，所以在我們意識到基因的目標（繁衍後代）後，還會以為這是無聊的目標，很容易不當一回事。我們可以理解為什麼基因要讓我們慾火焚身，但是我們可沒打算生出一整打小孩，所以會結合愛情、親密關係等其他考量，變更基因預設的目標，管控下一代的出生率。我們也可以理解基因為什麼要讓我們嗜吃甜食，但是我們不想變胖，所以會在情感上偏好使用人工代糖、零熱量的飲料，讓基因的預設目標失去作用。

雖然情感偏好的機制有時會作用過了頭，譬如讓人吸毒成癮，但是故意跟基因唱反調的大腦，大致上還是能讓人類的基因繁衍得相當順利。總之，我們千萬別忘了，現在主宰人類行為的因素，已經從基因完全移轉到感覺上了。所以人類的行為已經不再完全謹守要將存活機率極大化的目標，這也代表人類透過經驗法則彙整成的情感因素，也同樣不見得適用於每一種狀況。而且嚴格來講，人類的行為也已經不再只追求唯一一個定義明確的目標了。

工程上的觀點：發包出去的目標

機器也會有目標嗎？這個看似簡單的問題，背後牽扯的爭議之大，絕對會令人嘆為觀止。問題出在每個人對這個問題的詮釋都不一樣，往往會跟其他棘手的問題，如機器是否有意識、是否有感覺等問題相提並論。如果我們從比較務實的角度出發，把問題稍稍改成「機器會不會展現目標導向的行為？」答案就變得很清楚了：「機器當然會有目標導向的行為，因為那就是我們設計機器的用途！」我們設計捕鼠器的目的就是為了抓老鼠，洗碗機的目標就是把碗盤洗乾淨，時鐘則是用來報時的。說老實話，當我們遇上機器的時候，機器到底展現出什麼樣的目標導向行為，才是我們真正在意的重點：如果你被追熱飛彈追著跑時，最好你還有心思關心這枚飛彈有沒有感覺跟意識！如果你還是堅持沒有意識的飛彈會有目標的說法不太對勁，不妨把我慣用的「目標」一詞替換成「目的」—— 等到下一章，我們再來處理關於意識的課題。

科技發展至今，幾乎所有土木工程都是基於目標導向而非行為導向的設計：高速公路本身不會有任何行為，只會默默座落在該有的位置。如果要替高速公路為什麼存在找出最根本的解釋，那就是它是設計來達成某些目標的，而即使是這麼被動的科技產物，也一樣讓我們的宇宙更添目標導向的色彩。目的論是在因果關係之外，從目的探討世間萬物為何存在的學問。如果要用一句話總結本章前半部的內容，那就是我們的宇宙變得愈來愈由目的主導一切事物。

非生命的物質不但可以有目標（至少是廣義上的目標），實際上愈來愈多的非生命物質帶有目標。如果可以在地球剛形成的時候，觀察地球上原子的活動，就會發現目標導向的行為以三階段呈現：

1. 所有物質都朝耗散的方向發展（增加熵值）。
2. 其中有些物質活了起來，並且把目標轉向自我複製和其他相關的子目標。
3. 在活體組織的規劃下，一部分用來幫助活體組織達成目標的物質飛快成長。

表7.1是從物質總量的觀點，呈現人類做為萬物之靈的能耐：除了牛之外，人類現在已經是地球上物質總量最多的哺乳動物（牛隻的物質總量會這麼多，也是因為人類需要食用牛肉跟取用乳製品的結果）。而且人類生產機器、道路、建築物和其他工程產物而使用的物質總量，似乎再過不了多久就有機會超越地球上所有活體的物質總量。說得更直接一點，儘管我們還沒經歷智慧的爆炸性發展，地球上絕大多數的物質，還是很快就會以訂製的方式展現目標導向的特性，而不是透由演化達成。

第三階段嶄新的目標導向行為，會比先前的兩個階段更多元：經由演化的生物都抱持相同的終極目標（繁衍後代），訂製出的產物卻可以追求任何終極目標，甚至有的目標之間還會互相衝突。例如火爐用來加熱食物，冰箱則是用來冷藏；發電機會把動能轉換成電力，馬達則是用電力帶出動能。一般的西洋棋程式是為了取勝，但是也有另類的程式競賽是以輸掉棋局為目標。

從歷史趨勢看來，我們讓訂製的產物追求更多元且更複雜的目標，這從人類製造的設備愈來愈聰明就看得出來了。我們最初的機

各種目標導向的活體和產物	總重量（單位：十億噸）
5×10^{30} 隻微生物	400
所有的植物	400
10^{15} 隻海洋中層魚類	10
1.3×10^{9} 隻牛	0.5
7×10^{9} 個人	0.4
10^{14} 隻螞蟻	0.3
1.7×10^{6} 隻鯨魚	0.0005
水泥	100
鋼筋	20
瀝青	15
1.2×10^{9} 輛車	2

表 7.1：地球上經演化或訂製成會追求目標的不同類型物質，其總數和總重量。值得一提的是，工程產物像是鋼筋水泥建築、道路和汽車等的物質總量，正在超越動植物等活體物質總量的道路上。

器跟其他人造物，功能與目標都相當簡單，像是房子最初只是用來遮風避雨、保護安全，之後我們會製造出愈來愈複雜的物品，像是真空吸塵器、自動導向飛彈和無人駕駛車等等，近來人工智慧的研究更是帶給我們分別在西洋棋、益智節目和圍棋領域各擅勝場的深藍、華生電腦和 AlphaGo，如果不是在這些領域有一定程度鑽研的大師級人物，恐怕還看不出機器展現的技藝有多麼精采絕倫。

製造各種機器幫助我們時，讓機器的目標跟人類完美契合，是很困難的事。就以捕鼠器為例，它可能會誤把你的腳趾當成饑腸轆轆的小動物，後果可就是讓你痛不欲生。機器當然也都是有限理性的個體，而且就算當今最精緻的機器對於這個世界的理解，也遠遠遜於人類，所以機器用來判斷該做什麼的規則，難免會過度簡化。

捕鼠器會不由分說啟動機關，是因為它無從判斷什麼才叫做老鼠；致命的工安意外則是因為機器完全不曉得人是什麼樣的東西；2010年導致華爾街市值蒸發上兆美元的「閃電崩盤」事件，則是因為罪魁禍首的電腦搞不清楚自己做出了毫無意義的決定。很多類似的目標協調問題，只要設法讓機器再聰明一點就能解決，但是一如第四章介紹過的普羅米修斯：只要我們無法保證，聰明程度無人能敵的機器會把我們的目標當一回事，一樣會帶給我們一連串難以回應的新挑戰。

友善的人工智慧：如何和機器協調目標

只要機器變得更聰明、更強大，機器是否維持跟人類一樣的目標，就會變成更重要的課題。如果我們只是製造出比人類還笨的機器，反正最終一定是以人類的目標為依歸，自然也就沒有目標協調的問題——但是在我們找出辦法解決目標協調問題之前，這些傻呼呼的機器一樣也會給人類帶來不少麻煩。

當超人工智慧問世的那一天來到，需要煩惱的會是其他問題：如果智慧的定義是達成目標的能力，所謂超人工智慧就定義上來看，它比人類更有辦法達成自己的目標，使得最終會以超人工智慧的目標為最高指導原則。我們已經在第四章看過諸多環繞著普羅米修斯而產生的例子，如果你現在就想嘗試在追求目標時，遭機器狠狠比下去的感覺，請去下載一款困難度夠高的西洋棋程式，看你有沒有辦法贏過它——相信我，你是辦不到的，而且你下載的程式很快就會有更聰明的版本出現……

換句話說，通用人工智慧真正的風險在於能力而不是惡意。

超人工智慧最擅長的就是達成目標，如果它的目標跟人類的目標不一致，那就麻煩大了。不妨再次引用我在第一章舉的例子，如果興建水力發電的大壩會淹沒螞蟻窩，我們可是一點也不會把這個問題放在心上 —— 所以我們千萬別讓自己站在螞蟻的位置。大多數研究人員因此認為，如果我們最終一定會創造出超人工智慧，那就要確保這個超人工智慧，符合人工智慧安全性研究先驅尤德考斯基（Eliezer Yudkowsky）所謂的「友善的人工智慧」，也就是它是目標跟人類一致的超人工智慧。[3]

說老實話，協調超人工智慧的目標和人類一致不只是重要議題，也是困難的議題，而且至今無解。協調目標的問題可以再拆解成三個困難的子議題，每一個都是電腦科學專家和其他思想家致力於解決的問題：

1. 讓人工智慧學習人類的目標。
2. 讓人工智慧接受人類的目標。
3. 讓人工智慧信守人類的目標。

我們姑且把何謂「人類的目標」留待下一節論述，先逐一探討以上這三個課題。

想要讓人工智慧學習人類的目標，不只要讓人工智慧看懂人類在做什麼，更要讓人工智慧弄清楚為什麼人類要這樣做。我們人類可以輕而易舉做到這一點，因此反而忽略這個工作對電腦來說有多困難，有多容易產生誤解。如果你將來要無人駕駛車以最快的速度載你去機場，而無人駕駛車又完全從字面上理解指令，那麼你可能不僅會在車上吐了一整身，還被交通警察追著跑。或許你會大聲喊冤：「這不是我想要的！」實際上，你想表達的意思應該是：「這不是我想要下的指令。」

類似的情景不斷發生在許多有名的故事中，在古希臘神話裡，米達斯國王希望自己碰到的東西都變成黃金，結果難過的發現，自己這下子就連吃東西都辦不到了，之後他還不經意碰到女兒，結果讓她變成了黃金雕像。其他可以向精靈許三個願望的故事裡，各種版本的前兩個願望不管是什麼，通常第三個願望千篇一律都是：「請把前兩個願望取消，因為那些都不是我真正希望的。」

這些例子告訴我們，想要知道一個人真正的想法，不能單從字面上解讀，還要對這個世界的運作方式有詳盡的了解，包括一些我們認為是淺顯到根本不言自明的原則，像是我們不會希望讓自己暈車吐了一整身，也不可能靠吃黃金過日子。只要能掌握這些世界運作的基本原則，就算對方沒有直接講出來，單是觀察他們的目標導向行為，通常還是可以真正理解他們真正的期望。就以心口不一、很會做表面文章的父母親為例，他們的小孩通常還是會讓我們體會言教不如身教的道理。

人工智慧專家正努力讓機器學會從行為推論出背後目標，就算無法因此創造出超人工智慧，這項成果還是非常受用。照顧退休年長者的機器人如果可以從觀察得知年長者心中的想法，年長者就不用大費周章對著機器人一個字、一個字解釋自己指令真正的意思，也不用絞盡腦汁去思考要怎樣撰寫程式語言。這項工作其中一大挑戰是，透過適當的程式設計讓電腦理解五花八門的目標和包羅萬象的基本原則，另一大挑戰則是，讓機器挑出最適當的目標組合，詮釋觀察到的行為。

目前解決第二項挑戰的主流做法一樣有個怪裡怪氣的名稱，

叫做「逆向增強式學習」（Inverse Reinforcement Learning），是羅素在柏克萊新創研究中心的重點項目。假定有一套人工智慧看見消防隊員衝進火場裡救出小嬰兒，人工智慧可能認為消防隊員的目標是救人，相關的基本原則是把待援者的性命，看得比自己能否輕鬆待在消防車消磨時光裡還重，甚至重到犧牲自己的生命也在所不惜。但是人工智慧也有可能以為消防隊員凍壞了，所以才去火場取暖，或者判讀成這是消防隊員運動健身的方式。因此說，如果這個例子是人工智慧唯一見過可以把消防隊員、火災跟小嬰兒連結在一起的例子，它可能根本沒辦法正確判斷，該如何詮釋自己觀察到的一切。而逆向增強式學習的一個關鍵元素，就是要我們不斷做出決定，並在每個決定背後都透露一部分我們期待的目標，希望讓人工智慧多多觀察人類在各種狀況（可以是真實的場景，也可以是書本或電影中的狀況）的決定後，最終能夠建立精確模式，判斷出人類的原則偏好。[4]

接下來，就算人工智慧懂得學習人類的目標，也還不能保證它一定會接受人類的目標。就拿你最不欣賞的政治人物為例，你知道他們想要的東西，也知道他們追求的並不是你的目標，這樣的政治人物再怎麼舌粲蓮花，也沒辦法說服你接受他們的目標。

我們有很多方法把自己的目標傳授給孩子，雖然我養育自己家裡那對十來歲青少年的經驗告訴我，並不是每個方法都能讓他們買單，但是如果需要說服的對象從人類變成機器，要克服的「載入價值體系問題」（value-loading problem）會比對小孩子進行道德教育更困難。

以普羅米修斯為例，人工智慧系統的聰明程度從遜於人類進展到無人能敵的過程中，一開始是由我們不斷幫它修正出差錯的地方，然後則是進入遞迴式自我強化的階段，亦即一開始智力不及人類的人工智慧會對人類的指令照單全收，當人類要替人工智慧設定目標時，就算要關機更新軟體程式還是資料內容，都不用擔心人工智慧反彈。問題在於這個階段載入價值體系的效果肯定不夠理想，因為除非能達到人類水準的智慧，否則這套系統還是不夠聰明到理解人類的目標。

接著讓我們快轉到最後階段，已經比人類聰明的超人工智慧終於能夠精確掌握人類的目標，但是此時要完成載入價值體系的工作也還是一樣非常困難，因為比人類更聰明的超人工智慧，未必會再對人類言聽計從，就好像你不會放棄自己的目標去接受惹人厭的政治人物的目標，超人工智慧也一樣不會隨便任人類關機，眼睜睜看著自己的目標遭強制替換。

說穿了，問題出在能讓人類把價值體系載入人工智慧的機會之窗稍縱即逝：在人工智慧笨到無法理解人類，到聰明到不會讓人類為所欲為的關鍵期間，實在太短暫了。要讓人類接受價值體系比較簡單，讓機器接受比較難，主要差異就出在機器智慧成長的速度遠遠超過人類；孩子的智慧跟父母親不相上下的關鍵期間會橫跨好幾年，可以好好用來建立雙方共同的價值體系，但是像普羅米修斯那樣的機器可能只要幾天，甚至在幾個小時內就把這扇機會之窗關上了。

研究人員試圖找出另一種辦法讓機器接受人類的目標，為此取了個相當貼切的名稱叫做「受教性」（corrigibility），希望讓人工智慧系統接受一個初級目標體系：不在意人類偶爾關機調整目標。如果這種辦法可行，就算人工智慧變得比人類再聰明也都可以放心了，因為我們可以隨時把它關機，設定好我們想要的目標，讓它執行一陣子後看看是否真的符合我們的需求，如此不斷重複開開關關的行為，一直到我們真的滿意為止。

就算克服了前兩關，人工智慧真能學習並接受我們的目標，還需要解決最後一道關卡，才算是真正克服目標協調的問題：人工智慧系統愈變愈聰明後，會不會修正它的目標？我們要如何保證人工智慧系統不論經過多少次的遞迴式自我強化過程，都會繼續信守人類的目標？關於這些問題，姑且讓我們先半開玩笑從人工智慧一定會自動信守承諾開始談起，然後開始研究這種說法有哪些問題。

雖然我們無法預測人工智慧經歷爆炸性發展後的所有細節，否則文奇也不會用上奇點這個詞彙。但是物理學家暨人工智慧專家奧姆亨卓在2008年提出一篇發人深省的論文，指出就算不知道超人工智慧的終極目標，我們幾乎還是可以毫無阻礙預測出它某一部分必然的行為[5]，伯斯特隆姆後來也在《超智慧》一書對這個論點提出更進一步的闡述。基本上，這個想法認為不論終極目標為何，都一定會牽涉到可以預測的子目標。我們在這一章前半部說明過，繁衍後代的目標為何會帶出進食的子目標，套用奧姆亨卓的想法，如果外星生物在幾十億年前開始觀察地球上細菌的演化，就算無法準確預測日後人類所有的目標，還是可以放膽推論，攝取養分是人類追求的目標之一。我們繼續再往未來推論的話，會預期超人工智慧帶有什麼樣的子目標？

我假定超人工智慧會以最大可能達成終極目標，以此著手處理。不管超人工智慧的終極目標是什麼，都應該會比照圖7.2的架構，分別追求各項子目標。在過程中，超人工智慧會持續改善追求終極目標的能力，而且就算它的威力愈來愈強大，也會繼續以這些子目標為念。這聽起來相當合理：再怎麼說，如果知道移植另一顆大腦會讓人殺死所有至愛，就算這顆大腦的智商再高，我想也不會有人打算這麼做。換個方式來講，這種說法認為追求終極目標的超人工智慧變得再怎麼聰明，也還是會秉持符合尤德考斯基等人設定的「友善人工智慧基本原則」：只要設法讓會自我強化的人工智慧學習、接受人類的目標，奠定好友善人工智慧的基礎，接下來就沒什麼好擔心的了，因為這樣已經足以保證超人工智慧會盡一切努力，永遠與人類維持友善的關係。

真的有那麼簡單嗎？想要回答這個問題，就必須好好檢視圖7.2中的各項子目標再行判斷。人工智慧當然會以最大可能去實現終極目標，不過目標內容到底是什麼，而如果要加強追求目標的能力，它可以從改善軟體、硬體*和更深入認識這個世界等三方面下手。對人類來講，從這三方面著手改善也一樣適用：如果網球選手的目標是成為世界頂尖球員，透過練習加強肌肉強度就是改善打網球的硬體裝備，提升神經反應就是改善打網球的配套軟體，對網球世界有更深的了解，則有助於預測對手打球的模式。對於人工智慧來講，改善硬體的子目標除了表示更充分運用手上的資源（感應偵測器、執行裝置跟運算效能等等）和取得更多資源這兩個分項，當然也意味著要做到自我保護，否則要是系統遭破壞或是被關機，都代表硬體效能離終極目標愈來愈遠。

慢著！我不是一再強調，不要落入將人工智慧擬人化的窠臼？上述想盡辦法取得資源和自我防衛的想法，難道不是人類社會中最典型累積資源自我保護的思維嗎？這不應該是只在達爾文你死我活演化論中存在的唯我獨尊求生法則？既然人工智慧是透過訂製而不是經由演化而來，難道我們沒辦法剔除人工智慧的野心，讓它們樂於犧牲奉獻？

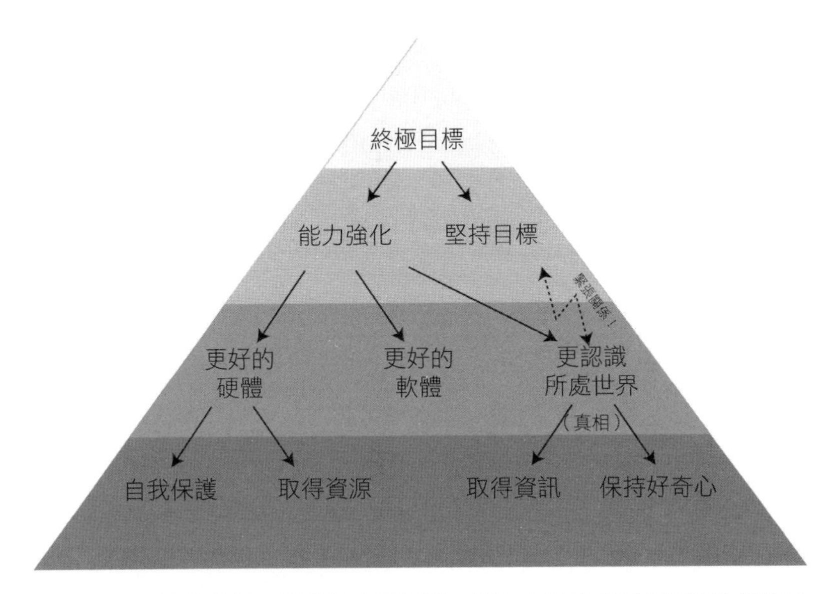

圖 7.2：任何追求終極目標的超人工智慧，都會自然追求圖中所列的各項子目標，不過在「堅持目標」和「更認識所處世界」之間有既定的緊張關係，所以當它變得愈來愈聰明後，到底會不會信守原先的目標，就會被打上問號。

透過圖 7.3 這個簡單的個案分析，我們來看唯一目標是「盡可能救回更多小羊別被大野狼吃掉」的人工智慧機器人會有什麼反應。這是既高尚又利他的目標，理應和自我保護、取得資源一點關係也沒有，但是圖中機器人的最佳策略會是什麼？如果它不小心踩到炸彈，就沒辦法救回任何一頭羊了，所以它一定會設法避免這樣

* 我所謂「改善軟體」的涵義非常廣，不只是改善演算法做出更理性的決策，還包括找出達成目標的更有效做法。

的悲劇，這就相當於產生自我保護的子目標！它也一定會很好奇的探索周遭環境，好更加認識地圖中的世界，因為雖然現有路徑可以讓它順利帶回小羊，但是如果能找出更快的捷徑，大野狼就更沒有時間可以動歪腦筋了。如果機器人探索得夠仔細，它還能發現一些寶貴資源：魔法藥水可以讓機器人移動得更快，獵槍可以直接向大野狼開火。一言以蔽之，我們不能把自我保護和取得資源這些子目標，單純視為活體組織「優勝劣敗」的演化法則，因為就連一心維護小羊的機器人，也都會自然而然衍生出同樣的子目標。

如果我們對超人工智慧的要求，就只有自我毀滅這個目標，它當然會乾淨俐落的達到要求，但是如果我們提出的要求，是它維持運作才可能達成的目標（幾乎所有目標都要維持運作才能達成），

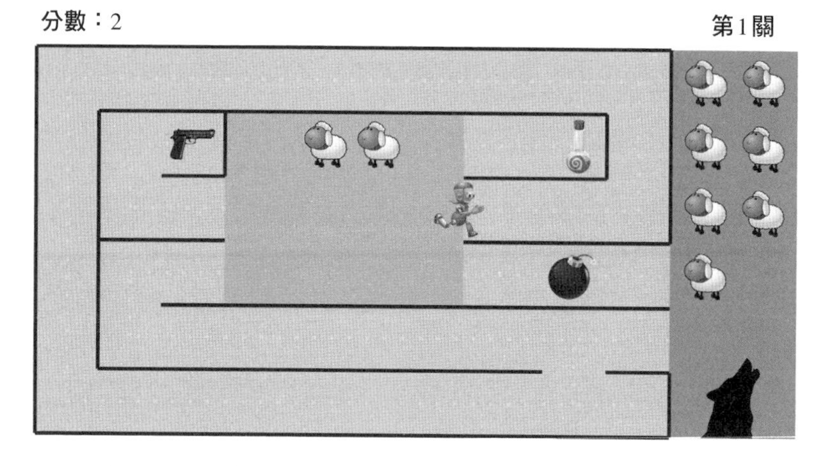

圖7.3：假設機器人的終極目標是在大野狼大快朵頤之前，盡可能把更多小羊從草原帶回牧場，好爭取高分。它還是會衍生出自我保護（避免踩到炸彈）、探索周遭環境（找出回牧場的捷徑）和取得資源（魔法藥水可以跑得更快，獵槍可以擊退大野狼）這些子目標。

它自然會抗拒被關機的要求。好比說，如果我們賦予超人工智慧的唯一目標，是盡可能避免人類受到傷害，它也知道自己要是被關機的話，要是爆發了戰爭或人類犯下其他蠢事而自相殘殺的話，無法運作的它就會束手無策，所以當然會盡力保護自己別遭強制關機。

同樣的，擁有更多資源也無疑更有助於達成任何目標，所以我們可以論斷，想達成終極目標的超人工智慧，都會想要獲得更多資源。綜合以上推論，如果我們賦予超人工智慧一個毫不受限的開放式目標，結果就會很危險：如果超人工智慧的終極目標，是無所不用其極下贏圍棋，我們可以合理推論它會把整個太陽系轉換成巨無霸的超大型電腦，一點也不考慮原本在太陽系裡的其他生命，然後把觸角往宇宙延伸，設法取得更多運算資源。然後我們就會進入完美的無窮迴圈：有些人為了爭取資源而制定出下贏圍棋的子目標，下贏圍棋的子目標又會衍生出取得資源的子目標。總歸一句話，如果我們在推出超人工智慧之前，無法妥善處理目標協調問題，不斷衍生的子目標有可能讓我們後患無窮；除非我們能好好的讓超人工智慧信守與人為善的目標，否則後果恐怕不是我們所樂見的。

我們現在可以認真看待目標協調中的第三項，同時也是最難以回答的問題：如果能讓精益求精的超人工智慧學習並接受我們的目標，它真的會如奧姆亨卓說的那樣，願意為人類信守目標嗎？有證據支持他的說法嗎？

人類在成長過程中智慧會大幅提升，而且也不太會信守孩提時的目標；相反的，當我們逐漸長大，學會更多事物也變得更聰明後，追求的目標通常都會跟兒時大不相同：有多少成年人還會被天線寶寶感動得不能自已？我們沒有證據顯示，智慧高到一定程度後就不會再有類似目標演變的現象。事實上，為了回應新的體驗和新的論點，修正目標才是更可能發生的趨勢，而新的體驗和論點都是隨智慧提升而增加，而不是減少。

為什麼會這樣？再次考量前述「更認識所處世界」的子目標——這就是問題的所在！在更認識所處世界和堅持目標之間，關係緊張（參見圖7.2）：提升智慧後，不單對原先追求目標的能力會有量化上的改善，更清楚掌握現實以後，也有可能發覺原先目標受到誤解、無意義或定義不明確，因而產生不同的態度。譬如說，我們設計一套友善的人工智慧系統，讓死後靈魂能上天堂的人數最大化，首先它從提振人類的同情心、增加人類上教堂的次數做起，之後這套人工智慧以科學觀點更深入理解人類和人類的意識後，難以置信的發現，事實上並沒有靈魂這回事，接下來該怎麼辦？同樣的狀況也可能發生在任何一個我們基於目前對世界的認知，而賦予給人工智慧的目標（好比說是「讓人生過得更有意義」），到最後，人工智慧發現這樣定義不明確的目標，根本無所適從。

除此之外，在人工智慧試圖更了解這個世界的過程中，它可能會和人類一樣，想知道自己的表現如何——也就是發展出所謂的反省能力。當人工智慧具備了反省能力，會用後設的角度解讀人類賦予的目標，之後可能選擇加以忽略或採取背道而馳的作為，就好像我們人類選擇節育，對抗基因預設的目標一樣。

前文已經從心理學觀點說明，人類如何略過基因的影響，背離基因的目標：我們只忠於自己各式各樣的情感偏好，不再受誘發感情偏好的基因目標所限（我們現在對基因有了了解，認為基因的目標十足乏味），因此充分利用情感偏好機制的漏洞，遂行己願。當我們把維護人類價值的目標，載入友善的人工智慧系統後，人類的價值體系就相當於是人工智慧的基因，等到友善的人工智慧對自己有更深層的認識，它也可能發覺這個目標無聊透頂，甚至胡說八道，然後會比照人類抑制生育衝動那樣辦理，差別只在於我們還不知道，它會不會從我們給定的程式中找到漏洞，顛覆掉原先的目標。

再舉個例子。如果你是螞蟻透過遞迴式自我強化過程創造出的機器人，雖然你的能力比螞蟻強過太多，但是你還是接受了牠們賦予的目標，幫助螞蟻打造一個又一個更大、更舒適的蟻窩。後來有一天，你的智慧水準達到了人類的程度，終於弄清楚你埋頭苦幹的成果，就是幫忙蓋蟻窩而已，接下來你還會繼續沒日沒夜蓋出美輪美奐的蟻窩嗎？還是你會開始關注其他更深奧的問題，開始追求螞蟻沒辦法理解的目標？你認為你會有辦法變更昆蟲造物主賦予你保護螞蟻的重責大任，一如真正的你改變基因所加諸的要求嗎？套用相同的邏輯，友善的超人工智慧會不會有一天發現，我們現在賦予它的目標無聊至極，就好像你看待螞蟻賦予你的目標一樣，然後它會不會在從人類身上學習而來、曾經全心接受過的舊目標以外，演化出其他新目標？

將來或許有辦法設計出，可以不斷自我強化，同時又保證能永遠信守對人類友善目標的人工智慧。但是持平而論，我們到目前為止都還不知道怎樣才能辦到 —— 甚至就連是不是有可能都無法判斷。總而言之，人工智慧目標協調的問題可以區分成三個子議題，雖然這些項目都是熱門的研究課題，但是我們目前還沒有能力克服其中任何一個。既然這些問題如此棘手，最安全的做法就是即刻全力以赴，才能提早在任何一套超人工智慧誕生之前，確保我們可以在需要的時候，有所回應。

倫理學觀點：該如何設定目標

專家正費盡心力要讓人工智慧學習、接受並信守我們人類的目標；不過，到底「誰」能代表我們？要以誰的目標為準？該由一個人或是一群人，決定哪些是未來要讓超人工智慧信守的目標嗎？那要如何處理希特勒、教宗方濟各和科學家卡爾·薩根三人的目標天差地遠的問題？我們人類是否能在大方向上以良好的協商機制，建立有某種共識的目標？

我個人認為上述這些倫理學課題的重要性，並不下於目標協調的問題，都需要在發展出超人工智慧之前加以解決。如果延宕倫理課題直到我們要和超人工智慧協調出一致目標時，不但是不負責任的做法，也有可能帶來災難性的後果 —— 屆時超人工智慧若絕對效忠擁有者賦予的目標，將是比納粹親衛隊上級突擊隊大隊領袖（SS-Obersturmbannführer），也就是負責執行「最終解決方案」的艾希曼（Adolf Eichmann），還更能貫徹命令：完全不受道德約束的超人工智慧，會以絕對的冷血無情、用最高的執行效率達成其所有人的要求，毫不在意自己到底在做些什麼[6]，所以我們需要在克服目標協調問題的同時，思考該如何替超人工智慧設定目標，才能真正獲得超人工智慧帶來的寶藏。接下來，讓我們看看這個藏寶盒裡該有哪些奧祕。

自古以來，哲學家都希望能從零開始，使用毫無爭議的原則和邏輯推演，找出明確的道德規範（規範人類該有哪些行為準則），可是經過了數千年，我們唯一的共識就是無法建立共識。譬如說，亞里斯多德重視美德，康德看重義務，而功利主義則強調替最多數人創造最大的幸福。康德曾信誓旦旦指出，自己可以從基本原則〔也就是他所謂的「定言令式」（Categorical Imperative）〕推導出許多當代哲學家無法認同的觀點，像是：手淫比自殺還嚴重、同性戀罪無可赦、混蛋就該處以死刑、擁有妻小與幫傭跟擁有一般日常生活用品沒兩樣。

但即使在這種人手一把號的情況下，我們還是有許多倫理課題能夠得到跨文化、跨世紀的普遍支持，像是對真善美的追求可以一路上溯到印度教經典《薄伽梵譚》（*Bhagavad Gita*）和柏拉圖的年代。我曾經在普林斯頓大學高等研究院進行過博士後研究，該機構就是奉「真與美」為座右銘，哈佛大學略過了美，就只簡單要求「真理」的拉丁文Veritas為校訓。我的同事維爾澤克在所寫的《萬物皆數》一書中提到真理與美感之間的關連，還提到我們可以把宇宙看成一件藝術品。科學、宗教和哲學，莫不是受到真理的啟發，宗教相較之下更強調善行的部分，而我所屬的麻省理工學院亦是如此：敝校校長萊夫（Rafael Reif）在2015年畢業典禮致詞時表示，我們的使命就是要讓這個世界變得更美好。

雖然從零開始推導出倫理共識難之又難，迄今尚無成果，但是有些依照最基礎原則發展出來的倫理準則，還是得到了普遍認同，就好像從基礎目標發展出子目標的情況一樣。以圖7.2為例，對於真理的渴望猶如是尋求更認識所處世界：從最根源處認清現實環境，有助於建立其他倫理目標。我們現在也能掌握優異的框架進行對真理的探求，那就是科學方法。但是對於善跟美，我們又該如何界定？有些美感的源頭，其實也隱約和目標脫離不了關係，像是我們對異性外貌的好惡，其實也隱含我們是否認為適合與對方共結連理的評估。

至於善的部分，「推己及人」這條金科玉律出現在大多數文化和宗教中，顯然是為了藉由合作減少不必要的爭端，促進人類社會（也就是基因）的長期和諧而來[7]，很多更明確的倫理準則也在世界各地納入了法律體系，比方說儒家強調的誠信，還有十誡裡的許多規範，包括「不可殺人」在內。這也顯示了很多倫理準則在社會情感面上具有共通性，比方說同理心和憐憫：這些情感因素有利於合作的進行，並且會透過獎懲影響我們的行為；如果我們行為不檢點而在事後有悔意，這就是大腦化學作用對情感直接施加的處罰，此外如果我們違反了倫理準則，整個社會也會用較間接的方式處罰我們，像是遭同儕有意無意的冷落，要是犯法的話，更是要負起法律責任。

總括來講，雖然人類社會至今離建立倫理共識還很遠，但有些基礎原則並無太大爭議。這沒什麼好意外的，人類社會能在這些倫理準則上持續運作至今，是因為有助於相同的目標 —— 提高人類社會存活和繁榮的機率。展望未來，生命有可能在宇宙中持續繁衍數十億年，如果我們希望未來的發展順利，是否能在最小範圍內設定出共通的倫理準則？這是我們都需要參與的對話。多年以來，許多思想家提出的倫理觀點總是會讓我想得出神，依照我個人的想法，他們在倫理上的取捨可以濃縮成以下四個準則：

- **講求效用**：追求正向意識體驗的極大化，並盡可能減少痛苦。
- **追求多元**：多元組合形成的正向體驗，會比重複多次完全相同的正向體驗來得好，就算重複的是經證實為最正向且無法再超越的絕佳體驗也一樣。

- **獨立自主**：除非有違其他準則的規範，否則意識個體或社會應有權利自由追求所選擇的目標。
- **傳世典範**：應相容於當今絕大多數人所樂見的情境，並與當今絕大多數人視為威脅的情境互斥。

讓我們花點時間好好說明以上四項原則準則。我們習慣用「追求最多數人的最大幸福」的講法來詮釋**講求效用**，不過因為大多數思想家都同意美感、喜悅、歡愉和痛苦都是主觀體驗的產物，因此我採用一般化敘述，以比人類或事件更廣泛的「體驗」做為定義。如果體驗不存在（例如在一片死寂的宇宙，或由沒有意識、活死人般的機器占據的宇宙），所有事物都不再有任何意義，和倫理也再扯不上半點關係。如果我們接受講求效用的倫理準則，那就必須區分出哪些智慧系統才真正有所謂的意識（以能否具有主觀體驗為判定標準），這是下一章要闡述的課題。

如果只奉行講求效用準則，我們可能會想找出唯一一個最正向的體驗，然後在整個宇宙中，不斷重複相同的正向體驗（其他的都不重要了），不管跨越多少星系、也不管已經重複多少次 —— 如果模擬是最有效率的方式，就用模擬來進行。覺得煩悶，覺得白白浪費了浩瀚宇宙潛藏的無盡可能嗎？那麼你已經注意到，那個情境裡至少欠缺了**追求多元**的準則 —— 如果從現在起，你這輩子每一餐都只能吃一模一樣的食物，感覺如何？你能接受所有朋友看起來都一模一樣，就連個性和想法也都沒有任何差別嗎？我們對於多元價值的偏好，或許有一部分源自於多元性質能讓人類社會變得更健全，有助於維繫人類社會的存活和繁榮，也或許這種偏好反映出所謂的智慧：138 億年的宇宙史從無聊的一致性，逐漸發展出各具特色的複雜結構，因此可以用更細膩的方式處理資訊。

獨立自主的準則是根據聯合國為了記取兩次世界大戰的教訓，在1948年發表的〈世界人權宣言〉而來，其中包含了思想言論的自由、遷徙的自由、免於被奴役虐待的自由，以及享有生命、自由與人身安全的權利、享有受教育、自由婚嫁、自由就業和私有產權的權利等等，如果要改寫成淡化人類色彩的一般化論述，可以替換成能自由思考、學習與溝通、享有私有財產和不被傷害的權利，以及有權利去做任何不會侵犯到他人自由的事情。

只要每個人的目標不相同，獨立自主準則就有助於實現追求多元的準則，獨立自主準則也會影響到講求效用的準則，讓所有個體可以採取對自己最有利的方式，達到追求正向體驗的目標：如果單一個體追求自身目標的同時，不會對任何其他人造成傷害，加以限制的結果必然會對整體正向體驗產生負面影響。認真說起來，獨立自主準則的論證方式，正是經濟學家呼籲要讓市場自由運作的原因：如此才能自然而然達到最有效率的運作〔經濟學家稱為「柏拉圖最適性」(Pareto optimality)〕，在此狀態下沒有人能在不損及他人的前提下，提升自己的福祉。

傳世典範準則認為，未來既然是在我們主導下創造的，我們就應該要留給後世一些典範。獨立自主和傳世典範兩項準則實現了民主的理想，前者讓未來的生命型態有權力決定宇宙蘊藏的潛能該如何使用，後者則讓處於今日的我們也有機會對處置方式表示意見。

這四項準則看起來似乎沒太多爭議，但是魔鬼藏在細節中，它們實際執行起來卻挺難的，會讓人聯想起科幻小說作家艾西莫夫曾提出著名的「機器人三定律」：

1. 機器人不能傷害人類，或者因為不作為而使人類受到傷害。
2. 除非有違第一項定律，否則機器人必須絕對遵守人類命令。
3. 只要不與前兩項定律發生衝突，機器人必須設法保護自己。

機器人三定律看起來好像沒什麼問題，但是在艾西莫夫的作品中不時出現三定律如何在意料之外造成相互衝突。現在假定我們要依據獨立自主的準則，替未來的生命型態制定相關的法條，分別是：

1. 意識個體有能自由思考、學習與溝通、享有私有財產、不被傷害和銷毀的權利。
2. 只要不違反前項規定，意識個體有權利去做任何事情。

看起來一樣四平八穩，對吧？不過請好好思考接下來的例子。如果動物也有意識，肉食性動物要靠什麼果腹？是不是我們所有人都得茹素？如果未來精細複雜的電腦程式發展出了意識，關掉它們會犯法嗎？如果將來法令規定不可以刪除數位化的生命型態，是否也需要立法限制數位化生命型態的建立，以免發生數位人口爆炸？鏗鏘有力的〈世界人權宣言〉之所以獲得普遍支持，是因為只以人類為主體的緣故，一旦我們把適用對象擴大到能力表現有嚴重落差的意識個體，該如何在「保護弱勢」和「勝者為王」之間取捨，可就成為棘手的課題了。

傳世典範準則也一樣不好處理，只要想想中世紀關於奴隸、女權等等的倫理觀就知道了，難道我們會希望讓一千五百年前的人對現代社會的運作方式下指導棋？如果答案是否定的，那我們又為何試圖將我們的倫理準則，強加在可能遠比我們聰明的未來生命型態上？我們打哪來的自信，認為超人工智慧會想保留智力不及它的人類所重視的價值？這就好像四歲大的小朋友幻想自己長大變得更聰明後，就有辦法蓋出宇宙超級無敵霹靂大的薑餅屋，享有永遠吃不完的糖果跟冰淇淋一樣。這也可以比喻成老鼠創造出通用人工智慧，希望以此幫牠們用起司堆出城市。我們現在的夢想或許只是宇宙生命億萬年發展過程中，處於孩童階段的幼稚想法。換個角度來看，要是我們知道超人工智慧有一天會引發宇宙末日，讓我們宇宙中的生命全數滅絕，既然我們現在還有辦法做出調整，設計出不一樣的人工智慧避免宇宙末日，那又何必眼睜睜看著宇宙在未來失去生命的悲劇發生？

在此做個小結。即使是廣為接受的倫理準則，一旦要白紙黑字寫成未來人工智慧適用的條文，也一樣充滿挑戰。這個問題當然值得在人工智慧的研究持續進展之際，得到更充分的討論，但是我們也千萬別抱持寧為玉碎，不為瓦全的極端態度，畢竟我們還是可以在很多沒有爭議的「好寶寶守則」上推動科技進步。譬如說，大型民航機不應該撞上任何靜止不動的物體，幾乎所有民航機裝設的自動導航、雷達裝置和全球定位系統，都能發揮防止碰撞的功能，所以技術上並沒有發生意外的藉口。但是當年九一一事件的歹徒，卻挾持了三架民航機來撞上建築物，不單如此，2015年三月二十四日德國之翼航空編號9525號班機，在蓄意自殺的副機師盧比茲（Andreas Lubitz）操控下，將自動駕駛的飛行高度設定在海平面以上三十公尺，然後讓飛航電腦處理之後的工作 —— 撞山。既然現在的機器已經愈來愈聰明，可以從資訊上判斷自己在做什麼，我們該開始教導機器有哪些紅線是不可跨越的禁區了。工程師在設計機器的時候，最好都先問問自己，有哪些事情是機器辦得到卻不應該去做的，設法在實務上建立預防機制，讓惡意或笨拙的使用者，都不可能使用機器做出危害人類的行為。

什麼是終極目標？

本章簡短說明了目標演化的歷史，如果能用快轉的方式迅速看完宇宙這138億年的經歷，我們就會看出，目標導向行為可以劃分成以下幾個明顯不同的階段：

1. 物質似乎會朝向最大耗散的方向發展。
2. 原始生命似乎會朝向最有可能完成自我複製的方向發展。
3. 人類追求的目標不再以繁衍為主，而是以追求歡樂、好奇、同情等受感覺控制的目標，而這些感覺其實會跟繁衍後代的目標產生關連。
4. 機器的功能是協助人類追求人類的目標。

如果機器最終真的進入智慧爆炸性發展的階段，以上關於目標的歷史又會用什麼方式劃下句點？當幾乎所有的智慧個體都愈來愈聰明之後，是否會有目標體系或是道德框架可以做為依循？換句話說，我們會不會發展出無所不包的終極道德規範？

人類歷史就大方向來看，似乎呈現出這種收斂的可能：心理學家平克（Steven Pinker）在《人性中的良善天使》（*The Better Angels of Our Nature*）一書中指出，經過幾千年的演化，人類已經朝向減少暴力、增加合作的趨勢前進，世界上有很多地方也愈來愈能接受多元、自治和民主的原則；過去一千年來，透過科學方法探究真理成為主流，則是另一個朝向收斂發展的徵兆。不過這個趨勢所收斂的成果，可能只是朝子目標前進，而不是成為終極目標，就如同圖7.2中對於真理的追求（更認識所處世界），幾乎可以是任何終極目標必定會包括的子目標。

同樣的道理，前文也分析過合作、多元、自主也都能視為是子目標，因為這些價值能讓社會運作得更有效率，提高存活的可能，以便達成該社會更在意的基礎目標。「身而為人的價值」在我們眼中重要無比，但在某些人眼中可能只看中其中的合作準則，是能讓合作更有效率的子目標而已。由此觀之，未來超人工智慧會追求的子目標，可能包括更有效率的軟硬體，和找尋真理的好奇心跟洞察力，因為對於任何終極目標而言，這些都是不可或缺的子目標。

伯斯特隆姆在《超智慧》裡也強烈反對道德規範會定於一尊，並提出他稱為「正交理論」的想法加以反駁：系統的終極目標可以和其智慧程度渺不相涉。根據定義，智慧只是達成複雜目標的能力，而不管目標內容為何，是以正交理論看似相當站得住腳。再怎麼說，人就是可以既充滿智慧又仁慈，也可以充滿智慧卻殘忍，而運用智慧也可以達成多種目標，像是科學領域的新發現、創造新的藝術作品、幫助其他人或是策劃恐怖攻擊等等。[8]

正交理論最重要的一點是告訴我們，在宇宙中，生命的終極目標並非命定，而是我們有能力可以自由型塑。值得注意的是，保證會收斂到單一目標的現象，其實是出現在過去而不是未來，也就是出現在過去生命都以自我複製做為單一目標時。隨著宇宙的時間軸愈拉愈長，更有智慧的生命反而有機會反抗單調的繁衍目標，爭取到做出不同選擇的自由，追求屬於自己的目標。以這個標準來看，我們人類還沒獲得絕對的自由，因為我們在意的許多目標，仍舊不脫基因的硬性規定，反倒是人工智慧可望完全擺脫預設目標，獲得絕對自由。

單是從現今有限智慧的電腦就可以觀察出，未來生命型態有更多自由來設定目標：第五章提到過，一般下西洋棋的電腦，只有下贏對手這個單純的目標，但是現在卻有另一種專門下輸對手的西洋棋電腦，以完全逆轉原本遊戲規則的方式對弈，逼對手非得把自己的棋子吃掉不可。或許這種脫離演化目標的自由度，可以讓人工智慧取得比人類更高的道德地位：道德哲學家如辛格（Peter Singer）等人認為，很多人類不道德的行為都是受演化需求所迫，沒有同等看待非人類動物的生命就是其中一例。

「友善的人工智慧」的想法，奠定在遞迴式自我強化的人工智慧就算變得愈來愈聰明，也會願意維持原本終極目標（對人類友善）的基礎假設上，問題是該怎樣定義超人工智慧的終極目標（也就是伯斯特隆姆所謂的最終目標）？只要我們回答不了這個關鍵問題，我認為「友善的人工智慧」的假設就會失去令人信服的基礎。

在人工智慧的研究領域，具有智慧的機器通常都需要達成定義清楚明確的目標，像是下贏西洋棋或合法把車子開到目的地。我們指派給人類的工作項目也是一樣，因為已知的工作期限和背景環境都是有限的，一旦我們談論的是宇宙未來究極的生命型態，除了（目前還所知有限的）物理定律外，沒有其他發展的限制，所以要定義何謂目標，就變成非常困難的挑戰！如果先忽略不計量子重力效應的影響，真正定義明確的終極目標應該要能指出，宇宙中所有粒子在時間結束的那一刻該如何排列，但是我們現在還無法從物理學觀點確認，是否真有時間盡頭這回事，如果所有粒子在時間盡頭之前，就已經呈現出最終排列的型態，基本上這個排列將難以維持，那麼終極目標下的粒子排列方式，到底會是什麼樣子？

我們當然也會對粒子排列有特殊偏好，像是我們當然希望看見家鄉原有的粒子排列，而不是遭氫彈炸裂後的粒子排列。假設我們可以提出一套「善行函數」描述宇宙中各種可能的粒子排列方式，用量化數據呈現我們認為「善」的粒子排列方式，然後要求超人工智慧的目標就是把善行函數的結果極大化。這看起來似乎是可行的辦法。所有目標導向行為都能描述成追求函數值極大化的過程，在其他科學領域也都採取同樣的概念，像是經濟學家通常會用追求經濟學中「效用函數」極大化的角度看待人類行為，人工智慧專家則會要求自己設計的智慧個體將「報酬函數」極大化。

不過在探討宇宙的終極目標時，運用函數的做法絕對會造成運算上的災難——需要先把宇宙中各種粒子可能的排列方式算出來，才能界定每個人心目中認定的善行數值。單是宇宙粒子排列的方式，就已經是比天文數字還要再天文數字，是要用googolplex（也就是在1後面掛上10^{100}個零）這個英文單字，才能加以描述的數值，遠遠超出宇宙中的粒子總數！所以我們有什麼辦法可以替超人工智慧定義所謂的善行函數？

依照之前的推論，我們會有各種偏好，可能是因為人類是演化目標最佳化的產物。人類語言中所有具價值判斷的詞彙，包括「美味」、「芬芳」、「漂亮」、「舒適」、「有趣」、「性感」、「有意義」、「快樂」、「良善」在內，追究根源都可以找出為求演化目標最佳化的痕跡，但是對超人工智慧來講，它可能會認為這些詞彙缺乏明確定義。就算人工智慧透過學習，可以精確預測某些特定人士的偏好，也還是沒辦法用善行函數算出絕大多數的粒子排列方式：

在宇宙中，絕大多數的粒子排列都是在未知的時空裡，沒有恆星、沒有行星，當然也不會有人，既然沒有人曾經感受過這些粒子的存在，又有誰有辦法說出，怎樣排列這些粒子才能稱為「善」？

現實上的確有些函數可以對宇宙中粒子排列的方式做出嚴謹的定義，我們也知道物理性質會朝將這些函數值極大化的方向演變，像是之前提及很多物理現象會朝熵值極大化的方向演變，如果沒有重力介入的話，最終會導致熱寂，讓所有事物呈現無聊的一致性，不再有任何變化。所以我們不太可能讓人工智慧把熵值視為善的表現，並盡全力追求熵值極大化的目標。以下列舉一些大致符合定義嚴謹，而且值得追求粒子排列方式的極大值：

- 我們宇宙中以特定有機型態呈現的部分物質比率，比方說人或大腸桿菌（如果套用演化論中總括適存性最大化的標準來看）。
- 人工智慧預測未來的能力，人工智慧專家胡特（Marcus Hutter）認為，這是衡量智慧程度的好辦法。
- 人工智慧專家魏斯納－葛洛斯（Alex Wissner-Gross）和弗萊爾（Cameron Freer）提出的「因果熵」（Causal Entropy，代表未來機率的數值），他們認為這個數值是智慧的象徵。
- 宇宙展現的運算能力。
- 宇宙呈現的演算複雜度（需要用多少位元才能描述我們的宇宙）。
- 宇宙中意識的數量（詳情參見下一章）。

從物理學觀點來看，既然宇宙中的基本粒子都持續以動態發展，自然很難挑出哪些是更適合用來描述「善」的數值，所以我們也就沒辦法明確講出，哪一種是我們期待宇宙最終能達成的目標。當人工智慧變得愈來愈聰明，我們確定可以用定義明確的程式語言描述目標的方式，就只有透過這些物理數值而已，諸如粒子排列方式、產生的能量、熵值等等，但是我們實在沒理由認定，目前任何一個定義明確的目標，會是保證人類永續存活的理想目標。

反過來看，或許人類是宇宙漫長歷史中的意外產物，從來都不是定義明確的物理定律所能達到的最佳狀態，這意味著將來追求目標定義嚴謹的超人工智慧，有可能為了更有效達成目標，排除人類的存在。為了慎選人工智慧的發展途徑，我們人類不只要面對運算能力這些傳統挑戰，也要處理哲學領域最艱澀的難題，比方說在設計無人駕駛車的時候，要如何挑選發生意外事故時非得撞上不可的目標？想要設計出友善人工智慧，我們就要能掌握生命的意義，而什麼是「意義」？什麼又是「生命」？什麼是最終極的道德誡命？這些問題都關乎要如何打造我們宇宙的未來，如果我們不能事先好好回答出這些問題，而將這張空白試卷交給超人工智慧來填寫，人類在它的答案裡很可能就會淪為無關輕重的角色。所以我們必須盡快回歸亙古以來一直欠缺定論的哲學和倫理課題，並認清這些對話的截止日期已經迫在眼前了！

本章重點摘要

- 可以在物理定律追求最佳化的過程中，找到目標導向行為最初的源頭。
- 熱力學內建了耗散能量的目標：提升用來描述環境混亂程度的熵值。
- 生命透過維持或增加複雜度、繁衍後代等方式，增加所處環境的混亂程度，促使能量更快速耗散（提高整體環境的混亂程度）的現象發生。
- 達爾文的演化論說明了，目標導向行為為何從耗散能量轉移成繁衍後代。
- 智慧，指的是達成複雜目標的能力。
- 我們人類沒有足夠的資源弄清楚最佳繁衍後代的策略，所以演化出可靠的經驗法則引導我們做出決定，也就是：飢餓、口渴、痛苦、情慾和同情等各種不同的感覺。
- 自此以後，人類不再遵循繁衍後代這唯一目標；當我們的感覺和基因的目標互相衝突時，會忠於感覺，譬如說採取節育措施。
- 我們打造出愈來愈聰明的機器協助我們達成目標，只要機器能展現出目標導向的行為，我們就要設法協調，讓機器的目標保持和人類目標一致。

- 跟機器協調目標會涉及三個還沒找到答案的問題：依序是讓機器學習、接受和信守人類的目標。
- 人工智慧可以用來達成任何目標，為了達成有意義的目標，人工智慧會衍生出自我保護、取得資源、保持好奇心和更認識所處世界等不同的子目標 —— 當超人工智慧追求前兩個子目標時，有可能對人類造成傷害，後兩者則有可能讓超人工智慧無法信守人類賦予的目標。
- 雖然很多倫理準則得到大多數人的普遍支持，但是我們還不曉得該如何把這些倫理準則套用到其他個體，像是非人類的動物，或未來的人工智慧。
- 我們也還不曉得該如何賦予超人工智慧所謂的終極目標，不是碰上了目標定義不明確的問題，就是有可能造成人類的滅絕。該是時候開始和時間賽跑，盡快回歸哲學領域，對最棘手問題展開研究了！

第 8 章

何謂意識

我實在想不出有什麼前後一致的理論，可以無視意識的存在。

宇宙學家林德（Andrei Linde），2002

我們應該致力於讓意識成長 —— 如果不能因此帶來更耀眼、更璀璨的光芒，宇宙就會陷入黑暗的深淵。

神經科學家托諾尼（Giulio Tononi），2012

只要我們有辦法回答哲學領域最古老、最艱難的問題，那麼在有必要時，人工智慧將帶我們進入未來奇妙的世界。用伯斯特隆姆的話來講，我們面對的是帶有截止期限的哲學問題，而本章將探索哲學領域中最棘手問題：何謂意識。

誰會在乎？

意識是容易引起爭論的課題，如果詢問人工智慧專家、神經科學家和心理學家對於意識的看法，他們可能會給你無助又無奈的眼神。如果他們正好是你的師長，可能會改用同情的眼神看著你，試圖說服你別繼續浪費時間在他們認為不夠科學，而且也找不到答案的問題上。

我的好朋友柯霍（Christof Koch）是知名的神經科學家，擔任艾倫腦科學研究所（Allen Institute for Brain Science）所長一職，他告訴我在他取得終身教職之前，有人規勸他千萬別對意識投入太深——就連諾貝爾醫學獎得主克里克（Francis Crick）也是說客之一。如果翻閱麥克米倫出版社1989年出版的《心理學辭典》，查詢「意識」這個條目，就會看到這句：「到目前為止，沒有任何值得閱讀的作品」[1]，但是看完這一章，相信你會發現我對這個課題還滿樂觀的！

幾千年以來，思想家不斷思索意識的奧妙，隨著人工智慧的誕生，這個問題也突然急迫了起來，特別是有關預測智慧主體有無主觀體驗的問題。這本書的第三章討論過，是否要賦予智慧機器某種程度的權利，取決於它們有無意識、是否會感受到痛苦和歡樂而定；第七章指出，如果無法確定智慧主體能夠擁有正向體驗，就根本沒辦法引用講求效用的倫理準則，找出正向體驗最大化的做法；第五章的其中一個情境顯示，有些人寧可讓機器人不具任何意識，藉以減少奴役機器人的罪惡感。

另一方面，有些嚮往意識移轉以擺脫生理局限的人，可能抱持完全相反的立場，不然要是意識移轉後的機器人雖然像原本的你一樣說話、行動，但實際上卻是沒有意識的活死人，也就是說意識移轉後你再也不具任何感受，那又什麼意義？就算你的朋友無法察覺你已經不再有任何主觀體驗，但是從你自己的角度來看，這跟自殺又有什麼兩樣？

對於宇宙遙遠的將來會誕生的生命型態而言（第六章），是否具有意識顯得至關重大：如果未來的科技能讓高度智慧的生命型態在宇宙中興盛數十億、數百億年之久，我們該如何確信這樣的生命型態，能以主觀意識感受到一切的演變？如果這樣的生命型態不具意識，借用知名物理學家薛丁格的說法[2]，這樣的未來是否「就像是演一場沒有觀眾的戲碼，既然任何人都不曾感受過這齣戲的演出，直接認定這齣戲並不存在，其實並無不妥」？說得更直白一點，如果我們誤以為自己催生出的高科技後裔具有意識，結果豈不讓宇宙淪為最無藥可救的活死人末日，把宇宙潛藏的恢弘天賦化於無形，白白浪費浩瀚無垠的宇宙？

什麼是意識？

很多關於意識的說法只會帶來更多爭論，而不是更多知識，因為各持己見的他們沒注意到，雙方對意識的定義並不相同。就跟「生命」、「智慧」這兩個詞彙一樣，我們對於「意識」也沒有毫無爭議的標準定義，而且還多的是其他詞彙試圖表達相同的概念，像是感受、覺醒、自覺、感知資訊的處理能力、完整闡述資訊的能力等等。[3]在探索未來高等智慧生命型態的過程中，我們希望盡可能採取最廣義、涵蓋範圍最廣的觀點，不局限在目前只有生物才具有意識的認知框架，所以我才會從第一章開始，一直秉持以下非常廣泛的定義，貫穿全書：

意識＝主觀的體驗

如果這個定義對你而言有些意義，表示你是有意識的；這個定義也可以回應上一節圍繞人工智慧所帶來的問題癥結：成為普羅米修斯、成為AlphaGo或是成為特斯拉無人駕駛車，會產生不同的意義嗎？

為了好好闡述我們對意識採取寬鬆定義的特點，請你注意在這個定義中，沒有提到行為、感知、自覺、情感和注意力這些詞彙，所以即使你不是醒著、沒辦法處理感知資訊、不是在夢遊（最好不要），或根本沒做任何事情，也一樣具有意識。同理，任何會感受到痛苦的系統，就算不會動，也一樣具有意識。在我們採取的定義下，未來人工智慧系統就算只是以軟體形式呈現，沒有連接上任何感測器、沒有安裝在機器人上，也還是有可能成為具有意識的系統。

在這麼廣泛的定義下，要刻意忽略意識不加以探討是非常困難的事 —— 借用歷史學家哈拉瑞（Yuval Noah Harari）在《人類大命運》中的說法[4]：「如果哪個科學家說主觀經驗無關緊要，他們面臨的挑戰，就是得要在不引用主觀經驗的情況下，解釋為什麼虐待和強奸是錯的。」如果不從主觀體驗出發，這些行為說穿了，只是一堆基本粒子遵循物理定律進行位移而已 —— 而那會有什麼問題？

問題出在哪？

該如何用精確的說法描述我們對意識的所知有限？對這個問題的研究，幾乎無人比知名的澳洲哲學家查莫斯（David Chalmers）更為透澈。查莫斯這個人臉上不時流露出頑皮的笑容，身上穿著黑色皮夾克，散發的魅力甚至讓我太太也買了同款的皮夾克給我當聖誕禮物。曾經入選國際數學奧林匹亞競賽決選名單的他，為了順從自己對哲學的熱愛不惜轉換跑道，成了備受爭議的人物，紛至踏來的打壓對他來說更是司空見慣 —— 相較之下，大學階段所有科目都拿A，唯獨哲學導論只拿到刺眼的B這種打擊，根本只是小菜一碟。他最讓我感到不可思議的能力，是聽到對他研究領域不甚了解或根本誤解的批判時，還能保持優雅的風度不會氣急敗壞，一副連澄清都沒有必要的樣子。

查莫斯強調，心智研究要處理的是兩個截然不同的謎團，其中一個是大腦怎樣處理資訊，像是大腦怎樣注意到感官提供的外界資訊，之後又怎樣詮釋並做出回應，或是大腦怎樣透過語言描述自己的內在感受等等。雖然這些他認為「簡單」的問題實際上難得要命，但是根據我們的定義來看，這些問題並不算是意識的課題，而是屬於智慧，是關於大腦如何記憶、運算和學習的問題。我們在這本書的前半部已經看到，人工智慧專家在利用機器解決如下圍棋、開車、圖像分析和日常用語領域等「簡單問題」研究上，已經取得長足的進展。

另一個謎團是你為什麼會有主觀體驗，也是查莫斯認定的「困難」問題。你開車的時候，會體驗到顏色、聲音、情緒，當然也會體驗到自己的一舉一動。為什麼你會有這些體驗？無人駕駛車也會有這些體驗嗎？如果你跟無人駕駛車同場競速，你們都需要接收感官或感測器傳來的資訊，經過處理後反映在操駕的動作上，但是嚴格說起來，只有你會有賽車的主觀體驗，所以這是額外附加的體驗嗎？如果是的話，原因是什麼？

我會從物理學觀點看待這些有關意識的困難問題。就我個人而言，我認為所謂有意識的人，其實只是食物⋯⋯重新排列過的成果；那麼，為什麼這樣排列的結果會產生意識，那樣排列的結果卻不會？再更進一步來講，食物從物理學角度來看，都只是大量夸克和電子依照特定形式組合的產物，而什麼樣的粒子排列會特別與眾不同產生意識？*

我喜歡從物理學角度看待問題，是因為可以把人類幾千年來苦思而不得其解的問題，轉換成較能直指核心，較容易透過科學方法處理的問題。不過，在探討為什麼粒子會排列出能感受到意識的困難問題之前，我建議先從只有某些粒子排列能感受到意識，這個鐵一般的事實著手。好比說，你現在大腦裡的粒子會排列出有意識的狀態，但是你進入不會做夢的深度睡眠時，大腦裡的粒子排列就不會產生意識。

如圖8.1所示，物理學觀點會把關於意識的困難問題劃分成三類。首先是粒子排列的什麼特性會造成差異？更精確一點來說，區別有意識或無意識的物理特性是什麼？如果能回答這個問題，就能判斷哪些人工智慧系統具有意識，也能夠立刻派上用場，幫助急診室的醫師判定失去反應的患者還有沒有意識。

再來是物理特性如何對各種體驗做出區別？這就是要找出感受（qualia）的根源，也就是玫瑰的顏色、鈸的聲音、排餐的香氣、橘子的口味、被針刺到的痛等等逐步建立意識的認知，是怎麼產生的。*

最後才是為什麼會產生意識的大哉問。這等於是在問有沒有辦法找出某種深奧且還不為人所知的理由，解釋為什麼一堆物質會產生意識？還是說，這個世界就是這樣運作，意識的產生是硬生生存在的事實，根本無從解釋？

電腦科學家艾隆森（Scott Aaronson）曾經是我在麻省理工學院的同事，他就跟查莫斯一樣，幽默的表示第一個問題是「很困難的問題」，這麼說起來，我們不妨分別把第二和第三個問題看成「更

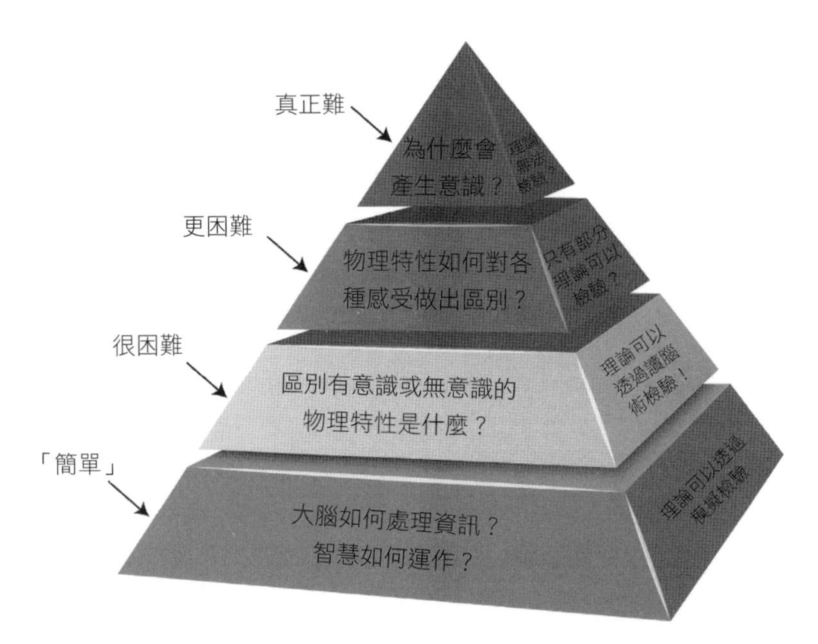

圖8.1：心智的研究會涉及不同層級。探討查莫斯口中的「簡單」問題時，可以完全不涉及主觀體驗的層次，只有部分物理系統具有意識的事實，才會帶出其他三個層級。如果我們要提出理論解決所謂「很困難的問題」，該理論就必須能透過實驗檢驗，通過的話，我們才能在該基礎上，繼續處理其他更高層級、更困難的問題。

* 另一種觀點採取本質二元論（Substance Dualism）—— 活體跟無生命物體的差異，在於前者帶有某些非物理性的本質如靈性（Anima）、活力（Élan Vital）或靈魂（Soul），不過科學界已經愈來愈不支持本質二元論的說法，原因是：人體由 10^{29} 個夸克和電子組成，據目前所知，夸克和電子會依照簡單的物理定律進行位移；如果未來的科技能追蹤人體所有粒子，也發現這些粒子的位移的確會完全依照物理定律，就表示所謂的「靈魂」其實對粒子的位移毫無影響，也就表示人透由意識決定身體移動的過程跟「靈魂」無關。如果發現，人體的粒子並非完全依照物理定律位移，而是在「靈魂」的指示下被推動，還是可以透過物理學定義這些新作用力，開啟新的研究領域，就好像對過去的人來講，粒子研究是全新的科學領域一樣。

✽ 使用qualia這個單字是根據字典的定義，意指每一種個別的主觀體驗 —— 我想強調的就是主觀體驗，不是任何其他造成主觀體驗的物質。請注意，其他人對這個單字的用法可能不一樣。

困難的問題」以及「真正難的問題」，然後堆疊出圖8.1的樣子。*

真的無法以科學研究意識嗎？

當有人說，研究意識只是浪費時間，不可能研究出什麼成果時，他們的主要論點是，沒辦法用科學方法研究意識，而且永遠是這樣。真的嗎？奧裔英國籍的哲學大師巴柏（Karl Popper）曾經說過一句廣為流傳的名言：「不能加以否證的，不算科學。」意思是，科學之道無他，唯有透過觀察檢驗理論。如果理論在原則上無法受檢驗，想必也不可能做出否證，因此按照巴柏的定義來看，這個理論就不符合科學的要求。

我們有沒有辦法透過科學理論回答圖8.1中，關於意識的三個問題？我將試著說服你，所有的答案都是「可以！」── 起碼在「很困難」的層級一定可以。假設有人提出理論想回答「區別有意識或無意識的物理特性是什麼？」不管是哪一種物理系統，判定有無意識的答案一定是在「有」、「沒有」和「不確定」三選一。現在讓我們把你的大腦連結上外部裝置，這個裝置可以測出大腦裡各部位資訊處理的狀況，接著把這些資訊傳給電腦，以依據「意識理論」寫成的軟體進行判讀，然後即時把你大腦裡哪些部位是意識運作的產物顯示在螢幕上，一如圖8.2所示。一開始，你先想到蘋果，螢幕上顯示你的意識正透過大腦處理有關蘋果的資訊，不過你的腦幹也在你無意識下，同步處理你的心跳和脈搏；是不是很神奇？雖然這兩個判讀結果都是正確的，但是不信邪的你為求嚴謹，決定再做一次測試。

這次你在腦海裡想著媽媽，結果螢幕顯示你的大腦在你無意識

圖8.2：假定電腦測量在你腦中處理的資訊，並根據意識理論預測哪一部份的大腦意識到此事。你可以由這個預測是否與你的主觀意識相符，來測試這個理論是否科學。

下，正在處理媽媽的資訊——這下子，「意識理論」的判讀出錯了，表示這個不成熟的理論還不夠資格成為科學史中的成員，跟亞里斯多德的機械力學、乙太、宇宙以地球為中心等數不清的錯誤想法一樣，都可以當成垃圾處理。這則小劇場的重點是：就算理論出錯了，它仍是科學的！否則你就沒辦法對理論進行檢驗，更別提要指出錯誤的所在了。

或許有人會批評這個結論，說他們沒有證據判讀你的意識到底

* 起先，我把「真正難的問題」取名為「非常難的問題」，但是我把這章內容交給查莫斯過目後，他回了電子郵件給我，別出心裁的建議改用後來的名稱，這樣會和他的想法更加契合：「前兩個問題（依照你敘述的順位來看）對我而言還不能算是真正的難題，但是第三個問題就真的是了，或許你可以把第三個問題裡的『非常難』替換成『真正難』，這樣就更接近我劃分的難度了」。

在想什麼，甚至無法證明你的意識存不存在：雖然他們聽到你說你是有意識的，但是沒有意識的活死人要說出這句話也不是難事。不過這樣的批評並不會讓「意識理論」變成不科學，因為批評者可以在你的位置自行受測，看看「意識理論」能否正確預測出他們自己的意識體驗。

反倒是永遠做不出預測，永遠只會回應「不確定」的理論，才是真正無法受檢驗，因此是非科學的。如果「意識理論」只能限定用在某些特殊情況，就會發生這種問題，背後原因可能是需要動用的運算資源太過龐大，實務上還做不到，或是因為大腦感測器不夠靈敏。現今大多數常用的科學理論都處在兩個極端之間，只可以提供部分問題可檢驗的答案。

舉例來說，物理學的核心理論如果要同時處理極端小（需要運用量子力學的理論）又極端重（需要運用到廣義相對論）的狀態，將束手無策，因為我們沒辦法找出兼顧兩者的數學運算式。物理學的核心理論也一樣無法預測所有原子各種可能的組合——跟前一種情況不一樣的地方是，或許我們已經具備適用的數學運算式，但是沒辦法精確算出各種可能結果。

能夠在愈嚴苛條件下做出預測供檢驗的理論，就是愈實用的理論；能在各種否證下通過千錘百煉的理論，就愈值得我們把它當一回事。是的，我們只能利用「意識理論」做出某些預測，但是所有物理理論也都一樣不是絕對萬能，與其浪費時間盯著無法檢驗的部分，倒不如在可供檢驗的部分多費點心思！

總而言之，任何可以預測物理系統是否有意識（即「很困難的問題」）的理論，只要能預測你的大腦哪些部位是在意識下運作，都能算是符合科學標準，但是隨著我們往圖8.1中更上方的問題前進，是否可供檢驗就不見得是這麼一清二楚了。有可以用來預測你對於紅色主觀體驗的理論，這是什麼意思？就算有理論宣稱，可以從根本解釋意識為什麼存在，要如何透過實驗加以檢驗？我們不能因為這些都是更困難的問題就試圖迴避，後文也會對這些問題做更進一步的說明。但是我認為，碰上一連串互有相關卻全都讓人答不上來的問題時，從最簡單的問題開始處理，會是比較明智的做法，所以我在麻省理工學院做的意識研究，都直接鎖定圖8.1這個金字塔的最底層。

前不久我和普林斯頓大學物理學界的同僚哈特（Piet Hut）談到我的研究方法時，他也認為還沒打好基礎就想蓋出金字塔頂端，就好像在發現薛丁格方程式之前，就煩惱要怎樣解讀量子力學一樣可笑，因為如果沒有薛丁格方程式做為數學基礎，我們就連預測相關實驗的結果都做不到。

另外，在討論哪些事超出科學範疇時，別忘了這個答案深受時間的影響！四個世紀以前，伽利略有感於物理理論可以用數學式完美表達，因而讚嘆大自然是「用數學語言寫成的一本書」。當他丟出一顆葡萄和一粒榛果，他可以完美預測這兩者形成的拋物線軌跡，預測出它們什麼時候會掉到地上，但是他沒辦法講出為什麼葡萄是綠色的、榛果是棕色的，也無法解釋為什麼榛果硬而葡萄軟——這些在他所屬的年代，都是超出科學範疇的問題。

但是時間會改變一切，等到馬克士威在1861年找出一條以自己為名的方程式後，就連光澤、色彩也都可以用數學式表達，而前面提到的薛丁格方程式在1925年問世，則可以用來預測所有物質的特性，包括軟硬度在內。理論的進步有助於我們提出更多的科學預測，技術的進步則可以讓我們進行更多的實驗：幾乎所有我們現在用於研究的工具如望遠鏡、顯微鏡、粒子對撞機等，也都曾經是超出科學。換句話說，相較於伽利略所屬年代，現在科學的範疇已經大幅擴張，所有物理現象不論採取微觀或是宏觀的角度，從次原子粒子一路到我們宇宙中可以追溯回138億年前的黑洞，如今都已經劃進科學的範疇了，現在會令人感到好奇的問題應該是：還剩下什麼是超出科學的？

對於這個問題，我認為意識就是其中最重要的，不只是因為我們都是有意識的人，而且是因為意識是我們唯一能確信的：套用笛卡兒這位與伽利略相同年代的大師名言——「我思，故我在」，除了我們自己的意識之外，世間萬物都是推論而得的。將來隨理論和技術的進步，會不會讓科學的範疇穩穩納入意識的研究？沒有人知道答案，一如伽利略不曉得我們居然有辦法用數學詮釋光線和物質一樣。*我們只能確定一件事：從不嘗試就永遠不可能成功！這就是為什麼我跟世上很多其他科學家，這麼努力想要建立意識理論，並進行檢驗的原因。

意識實驗呈現的線索

此時此刻，你的大腦裡正進行很多資訊處理的工作，其中有哪些是意識下的產物？哪些又是無意識的結果？在建立意識理論、研究理論能做出什麼預測之前，不妨先看看到目前為止的意識實驗，包括傳統沒什麼技術層次可言的觀察紀錄，到各種精緻的大腦測量，能告訴我們些什麼。

哪些行為是有意識的？

心算32 × 17時，你對運算過程中的許多步驟都是有意識的，如果我改拿愛因斯坦的照片，請你說出是影中人是誰，亦即要你做出第二章提過的圖像辨識工作時，一樣需要大量運算：你的大腦要執行的函數運算，是把從眼睛輸入的大量畫素色彩資訊，轉換成控制你嘴巴肌肉和聲帶發聲的資訊。電腦科學家稱這個過程是先「影像分類」再到「語音合成」，實際上的運算複雜度遠遠超出單純的乘法，但是通常你執行後者的速度，都可以輕易的快過前者，而且不會意識到整個執行過程的細節 —— 你的主觀體驗只包括看到照片、認出照片裡的人，然後就聽到自己講出「愛因斯坦」這四個字。

心理學家早就知道，我們會在無意識下做出很多行為、完成許多工作，例如：眨眼、呼吸，或快跌倒時隨手抓點什麼來穩住；基本上，你會意識到自己在做些什麼，但卻不會意識到自己是怎麼辦到的。不過，在不熟悉環境時的舉動、自我克制、複雜的邏輯推論、建立抽象概念或運用語言文字，多半是有意識的產物，也就是所謂的「意識的行為基礎」，跟費心、緩慢且受控制的思考方式（心理學家定義的系統二）[5]有緊密關連。

心理學家也知道，只要透過大量練習，我們能把很多有意識的

＊如果世上所有物理現象都像是我在《我們的數理宇宙》中主張的，全都是數學（以比較寬鬆的角度認定其中包含的訊息內容來看），就沒有任何現象（就連意識也不例外）會超出科學範疇。如果從這個角度來看待意識，所謂「很困難的問題」就會和「理解某些數學為什麼會以物理方式呈現」，成為一體兩面的問題：要是某些數學結構具有意識，那就會跟其外在的物理世界一樣，感受到其他的數學結構。

例行工作，轉換成在無意識下執行[6]，像是走路、游泳、騎單車、開車、打字、刮鬍子、綁鞋帶、打電動、彈鋼琴等等。事實上，我們也都曉得當專家「進入狀態」，只專注於較高層次的變化、對低層次該如何執行的細節渾然不覺時，最能夠展現他們的專業能力。就好比要求你閱讀下一句時，要意識到每個字的一筆一畫，如同小時候剛開始讀書寫字那樣，你會不會覺得閱讀速度急遽減緩，倒不如只把注意力放在文字語意和背後要傳達的想法？

事實證明，在無意識的狀態下進行資訊處理不但是有可能的，而且反而是常態而不是例外。證據顯示，每秒能從人體各種感官進入到大腦的資訊量只有大約 10^7 位元，其中在意識下處理的只占一小部分，大約是10到50位元而已[7]，顯然在我們有意識進行的資訊處理，只不過是冰山一角。

研究人員綜合以上所有實驗跡象[8]，認為有意識的資訊處理相當於我們心智的執行長，只處理需要彙整全腦資訊進行複雜分析才能做的重要決定，就好像執行長不必知道下屬處理的每件事務，否則一定覺得很煩，只要在必要時取得需要的資訊就夠了。你如果想親身體驗這種選擇性的注意力，請盯著「訊」這個字裡面的「口」，接下來，不要移動視線，把注意力放大到「言」，再繼續放大到整個字；在過程中，你視網膜看到的都是同一個字，但是意識體驗並不一樣。執行長的比喻也可以解釋為，什麼專業能力會變成無意識的行為：費盡千辛萬苦學會讀書寫字後，「執行長」會把這些例行工作委派給無意識的下屬，這樣才能專注於更高階的新挑戰。

在什麼地方產生意識？

精妙的實驗和分析結果顯示，意識不但只局限在部分行為，甚至也只局限在大腦的某些部分。很多最直接的證據來自大腦病變的患者，也就是因為意外、中風、腫瘤或感染而導致大腦局部區域損壞，但意識清楚的患者。這樣的推論的確還不夠完整，因為對於大腦後方產生病變而失明的患者，我們要怎麼知道失明是因為視覺意識的區域受損造成的？還是說，大腦後方的作用就跟眼球一樣，只是傳遞視覺資訊到產生意識之處的必經之路？

腦部病變和相關的醫療處置，還無法讓我們明確標定產生意識的部位，但已經有效大幅縮小可能的範圍了。就以我本人為例，我的手痛，讓我以為痛覺的確來自於手，但是外科醫師卻可以不碰我的手，直接麻醉肩膀的神經讓我不再有痛感，顯見讓我產生痛的意識並不在手上。還有，有些截肢患者居然會感受到已經不存在的肢體傳來的莫名痛覺。再舉我本人的另一個例子，我曾經注意到我只剩下右眼看得見，視野因此大幅受限，醫師診斷出我有一隻眼睛的視網膜剝離，動手術把視網膜接回原位，對照其他大腦病變導致半邊忽略症（Hemineglect）的患者，他們一樣失去了一半的視野，但卻渾然不覺，比方說用餐時會沒注意到餐盤左半邊的食物，彷彿在意識裡有一半的世界是不存在的。所以說，這些患者腦部受損的部位，就是建立空間體驗的地方？還是就跟視網膜一樣，只是負責將空間資訊傳遞到形成意識的部位？

美國出生、加拿大籍的神經外科先驅彭菲爾得（Wilder Penfield）在1930年代發現，電擊患者腦部的特定區域時，患者身體不同部位會產生不一樣的感覺，或是產生不由自主的移動。現在我們把這特定區域分別稱為「體覺皮質區」和「運動皮質區」(參見圖8.3)[9];這是否表示大腦處理資訊的這兩個區塊分別是產生觸覺與動態意識的部位?

我們有幸能透過現代科技得知更多詳情,雖然距測量人體全身總共好幾千億神經元每次發出的訊號還差很遠,但是各種讀取腦

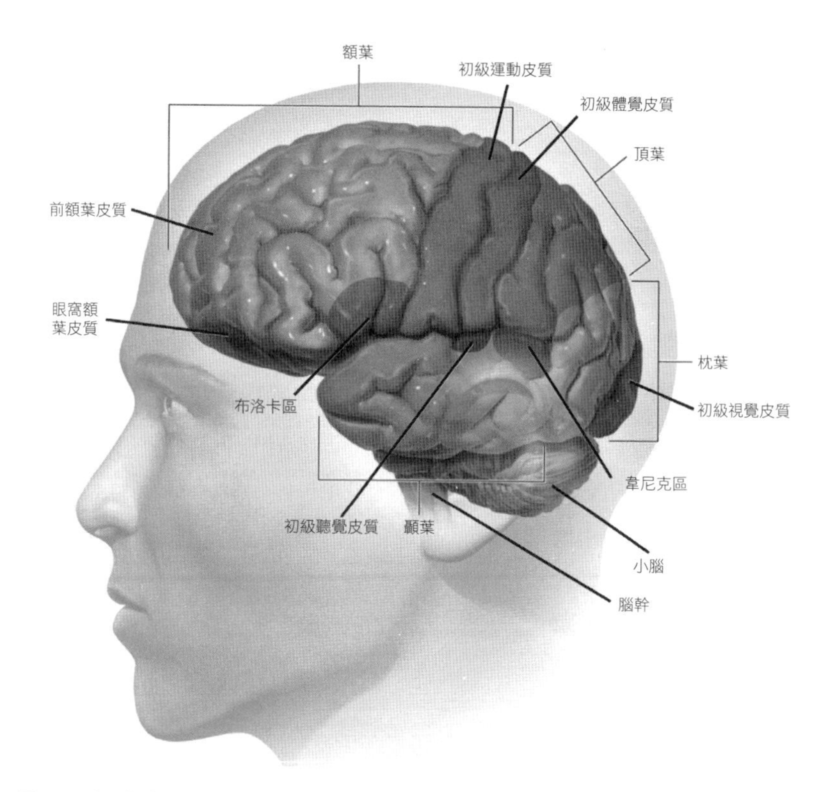

圖8.3:視覺皮質、聽覺皮質、體感皮質和運動皮質分別和視覺、聽覺、觸覺與運動有關,但是還無法證明它們就是產生意識的部位,近來的研究成果甚至認為初級視覺皮質就跟小腦、腦幹一樣,完全不具意識。這張圖取自www.lachina.com。

部活動的技術，都有了長足的進展，包括英文縮寫成fMRI、EEG、MEG、EGoG、ePhys等名稱看起來就很嚇人的技術，還有「螢光電壓偵測」都是合用的選項。fMRI指的是「功能性核磁共振造影」，利用大腦內氫核的電磁反應建立人腦的3D顯示圖，大約每秒掃一次，解析度可達到毫米。EEG、MEG分別是腦波圖和腦磁圖，以每秒好幾千次的頻率，從人腦外蒐集電場和磁場的變化，對照出大腦的運作，但是解析度相當差，無法分辨幾公分以下的細部差異。如果你很謹慎小心，以上三種都是非侵入式的技術，應該會讓你感到寬心；如果你不介意把頭蓋骨打開，可以考慮「腦皮質電圖」（ECoG），也就是在大腦表面連接上百條電線進行，或是進行ePhys，這需要把比頭髮還要細的電線深深插入腦部，好從上千個刺激區記錄腦電波反應的電生理技術。

很多癲癇症患者會花幾天的時間在醫院進行腦皮質電圖，找出到底是大腦的哪個部位引起癲癇，再予以切除。他們通常也會大方同意讓神經科學家同步進行有關意識的實驗。最後，螢光電壓偵測技術則是利用顯微鏡，觀察基因控制神經元反應時發出的閃光，也是上述各種技術中，最有可能迅速偵測到最大量神經元活動的技術——在觀察大腦結構透明的動物如隱桿線蟲（C. Elegans）的302個神經元，或是斑馬魚幼苗的10萬個神經元來講，都不成問題。

之前提到，克里克警告柯霍別研究意識研究，但柯霍不但沒有因此放棄，甚至日後還爭取到克里克共同參與。他們倆在1990年發表一篇深具啟發性的論文，講述他們所謂的「意識的神經基礎」（NCC）的研究成果，這是探究什麼樣的大腦反應和意識體驗有關。數千年以來，思想家都只能透過自己的主觀體驗和外在行為，摸索自己的大腦如何進行資訊處理，克里克和柯霍卻指出，讀取腦部活動的技術日新月異，讓我們突然有了另一種研究管道，能利用科學方法解析哪些資訊處理跟意識體驗相關。日後的發展也正如他們兩人所料，技術進步帶來新的測量方式，逐漸讓「意識的神經基礎」成為神經科學研究的主流，產生數以千計的研究論文，就連最負盛名的科學期刊也都能查到相關的研究成果。[10]

這些研究讓我們對於意識有多了解？透過「意識的神經基礎」抽絲剝繭，我們先來看看視網膜到底有沒有意識，或者它只是負責記錄並處理視覺資訊的無意識系統，要傳給大腦其他系統才會形成主觀的視覺體驗。請問，在圖8.4的左半部標示A和B的兩個方塊，哪一個顏色較深？你一定會認為A的顏色比較深，對吧？錯！實際上，這兩個方塊的顏色是一樣的。不信的話，請透過手指頭的縫隙再確認一次就知道了。這證明了你的視覺體驗並不存在於視網膜，否則你應該第一眼就能看出，兩個方塊的顏色一樣。

接著請你看圖8.4的右半部，請問你看到的是兩個女人還是一個花瓶？如果你看的時間夠長，雖然視網膜接收到的資訊從沒變過，但是你的主觀體驗應該會交替出現這兩種答案。只要能測量大腦在得到這兩個答案時，有什麼不同，就能找出是什麼原因造成主觀意識的差別。顯然不是視網膜的緣故，因為不論你看出哪種答案，視網膜的反應都是一樣的。

正式宣判視網膜意識論死刑的，是由柯霍和戴亞奈（Stanislas Dehaene）等科學家首創的「連續閃動抑制術」（Continuous Flash Suppression）：如果要你用一隻眼睛盯著看一連串複雜又快速變動的圖像，會讓你的視覺系統嚴重分心，完全沒注意另一隻眼睛正在看的靜態圖像[11]，也就是你會完全沒意識到，另一隻視網膜正在處理的圖像。但是對於不存在於視網膜的圖像（做夢的時候），你卻又

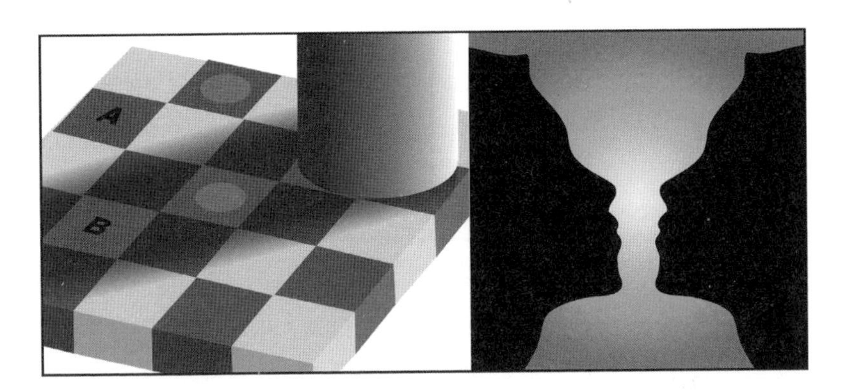

圖8.4 左圖A和B兩個方塊，哪個顏色較深？右圖中，你看到的是花瓶？兩個女人？還是兩者交互出現？這類圖像證明，人類的視覺意識不可能是在眼睛，或在其他視覺系統的早期階段產生，因為單是圖像本身無法形成視覺意識。

能夠有所感受，這證明了人類雙眼的視網膜雖然包含了好幾億神經元，能處理比攝影機不知道複雜多少倍的運算，但對視覺意識的重要性，其實並不會高明到哪邊去。

除了「連續閃動抑制術」之外，「意識的神經基礎」研究人員還會刻意製造其他幻覺、錯聽的把戲，證明人類大腦的哪些區域，才是負責處理意識體驗的部位。這些把戲的基本原理，就是利用在條件不變時（包括感官感測到的資訊），意識體驗卻不同的情況下，比較神經元有什麼反應，找出人腦有哪些部位也產生不同的反應，標定出不同的「意識的神經基礎」。

透過上述的研究方法，顯示人類的意識不存在於消化系統，雖然腸道裡有高達五億多個神經元負責運算怎樣才能充分消化食物，但真正會讓人產生飢餓或噁心的感覺，來自於大腦。不僅如此，人類的意識也不存在於大腦下方的腦幹，儘管腦幹是連接脊髓和控制呼吸、心跳和血壓的重要部位，甚至就連包含人體三分之二神經元的小腦（參見圖8.3）也都不是產生意識的地方：小腦受損患者口齒不清、行動遲緩，模樣就跟醉爛如泥差不多，但他們全都意識清醒。

人類的意識是在大腦的哪裡形成，目前為止尚未有定論。近來「意識的神經基礎」研究顯示，意識只存在於腦丘（接近大腦中央的位置）和部分的皮質後端（皮質是大腦表面六層皺巴巴的組織，攤平的話比一張桌巾來得大）組成的「熱區」[12]，但同樣的研究卻又無法解釋，為何位頭部正後方的初級視覺皮質是唯一的例外，它跟眼球、視網膜一樣屬於無意識構造，使得這樣的推論仍充滿爭議。

什麼時候才會產生意識？

看過有關於什麼類型的資訊處理具有意識、在什麼地方產生意識的實驗線索後，接下來要探討的是 —— 什麼時候才會產生意識？我小的時候，總以為事情發生時，就是我們產生意識的時候，同步到一點點時間都不會延誤。雖然我現在主觀上還是會這樣覺得，但這種感覺當然不正確，因為我各種感官把取得的資訊傳送給大腦處理，形成意識，就已經是事件發生後的事了。

「意識的神經基礎」研究人員試圖精確量出時間上的落差，根據柯霍彙整的結論，光線從複雜的物體透過你的眼睛成像，到你意識出眼前看到的是什麼的這段時間，大約要耗費四分之一秒[13]，也就是說，當你以接近90公里的時速在高速公路上開車，如果突然有小動物出現在眼前幾公尺的距離，則想做出任何反應都太遲了 —— 因為你早已碾過去了！

所以人類意識到的都是已經發生過的事。柯霍算出人類意識和外在世界的時間差，大約是四分之一秒。有趣的是，人通常在還沒清楚意識到外在世界之前就做出反應，不啻證明了與人大半的快速反應相關資訊處理，都不帶有意識。譬如說，當不明物體朝你眼睛直襲而來，眨眼的反射動作可以在僅僅十分之一秒內，讓你闔上眼瞼。就好像你的大腦接收到視覺系統傳來不安的訊號，運算出眼睛正處於很快就會被撞上的危險狀態，立即下令要求眼部肌肉闔上眼瞼，同時把不安的訊號傳給大腦裡負責產生意識的部位，還附上一句：「嘿，要眨眼囉。」事實上，等大腦的意識區讀到這則訊息，並真正成為你的意識體驗時，眼睛早就已經不知道眨過幾下了。

我們全身傳給大腦意識區的訊息，就好像永不停息的資訊轟炸一樣。因為距離的緣故，從手指頭神經傳訊息給大腦的速度，會比從臉部傳過去的慢；基於複雜度的差別，分析圖像的速度也會比分析聲音慢 —— 所以起跑時是鳴槍，而不是揮舞旗幟。不過，當你摸著鼻子，不論是鼻尖還是指尖都會同步產生觸覺的意識，鼓掌時也會在同時間同步看到、聽見和感覺到鼓掌的動作，代表我們必須等大腦接收到傳遞速度最慢的訊息，並完成分析後，才有辦法對某事件建立完整的意識體驗。[14]

生理學家利貝特（Benjamin Libet）主導過一系列有名的「意識的神經基礎」實驗，證明人類無意識的動作未必都只是如眨眼、反射式回擊乒乓球這類快速反應，有些出於自由意志做出的決定，也可能是無意識的產物 —— 讀取腦部活動的技術有時候可以在我們意識到自己所做的決定之前，提早預測到相同結果。[15]

建立意識理論

雖然我們還沒能徹底了解意識，但已經從很多不同的研究角度，累積出很多有趣的實驗資料，但是這些資料說到底，畢竟都還只是針對人腦進行的實驗，要如何從這些資料進一步延伸到機器的意識？那就得從現有的實驗領域做出更多推論。換句話說，我們需要建立一套意識理論才行。

為什麼需要理論？

為了說明建立意識理論的重要性，讓我們拿重力理論做比喻。科學家當初會開始注意到牛頓重力理論，不外乎是重力理論產生利大於弊的效果：一張餐巾紙就能寫完的簡單公式，居然可以準確預測每一次重力實驗的結果。接著他們把這些預測延伸至其他還沒進行實驗的領域，發現這樣大膽的推論，居然連幾百億光年以外星系團在天體的運動，也都能準確預測，自然更加推崇備至。不過，當科學家發現，這套理論在預測水星繞行太陽的運動時，似乎有些失準，就開始嚴肅看待愛因斯坦為了改善重力理論的努力——廣義相對論。

愛因斯坦的廣義相對論不但更優雅簡潔，而且在牛頓重力理論失準時，提供了正確的預測。接下來，科學家對於廣義相對論超越原本適用範圍，也一樣能提供正確預測而大加讚賞，比方說在時空交織中解釋前所未聞的黑洞以及重力波等現象，這些現象之後陸續經由實驗獲得了證實，進而改變我們原本完全以單一炙熱源頭為核心的宇宙觀。

同樣的道理，如果能針對意識建立符合數學邏輯的理論，讓一張紙巾能寫完的相關公式，也能正確預測我們對人腦進行的各種實驗，接下來我們才能跨越理論本身，認真看待這套理論用來預測其他非人腦意識（機器的意識當然也是其中之一）的可行性。

物理學觀點下的意識

早在遠古時代就有一些意識理論了，而現代的意識理論則是植基於神經心理學和神經科學的知識，試圖從大腦內神經活動的角度，說明並預測意識的運作。[16]雖然現代的意識理論能對神經引發的意識提出有效預測，但無法延伸為機器的意識，更不能做出預測。為了從人腦意識大步跨進機器意識的推論，我們就要把「意識的神經基礎」轉變成更具通用性的「意識的物理基礎」，也就是什麼樣的粒子移動模式會產生意識。如果一套更通用的意識理論可以從基本粒子和力場作用這些物理學概念，直接預測出什麼樣的結構組成會具有意識、什麼樣的組成不會具有意識，則理論的適用領域將不只限於人腦，而是可以擴及任何物質的組成架構，包括未來的人工智慧系統在內。

所以接下來我們將從物理學的觀點回答以下的問題：什麼樣的粒子排列會產生意識？

但是在回答這個問題之前，我們得先解決另一個問題：簡單的粒子如何構成複雜的意識？我認為那是因為當粒子聚在一起時，產生出超越粒子本體加總的現象，也就是物理學上所謂的「突現」[17]。不妨用比意識簡單許多的例子，說明何謂「突現」──「潮濕」。

一滴水是濕的，結成冰或是蒸發成雲朵的水卻不會有潮濕感，但這三者其實都是由水分子所形成，為什麼會有這樣的差別？因為潮濕的特性只跟水分子的排列方式有關，跟水分子本身並無關連，所以我們沒辦法指稱一顆水分子是濕的，因為必須是有很多水分子排列成液態水，才會突現「潮濕」現象。固態、液態、氣態都算是突現現象：它們都不只是粒子的加總，而是在組成的粒子特性之外，產生的新特性，而且這樣的新特性是原本粒子不具備的。

我認為意識就跟固態、液態、氣態一樣，都是突現的現象，會產生原有粒子不具備的新特性。譬如說當我們進入深度睡眠，僅僅只是粒子重新排列，就可以讓我們失去意識，或如果我不小心凍死，我身上的粒子只是改以不幸的方式重新排列，但是我的意識將會消失得無影無蹤。

我們把粒子堆在一起，不論是排列成水或是人腦，都會有些可觀察出新特性的現象突現。物理學家最喜歡研究這類突現的特性，通常會用可進行操作和測量的方式分門別類——比方說是用量化方式說明物質有多黏、有多大的壓縮空間等等。如果某物質黏到其中的粒子都僵固不動，我們就稱之為固體，否則就會視為流體；如果是無法壓縮的流體，就會定義成液體，反之則會以是否具有導電特性，更進一步區分為氣體或電漿。

意識如同資訊

我們有辦法用數值來量化意識嗎？義大利神經科學家托諾尼（Giulio Tononi）提出一種量化方式，稱之為整合資訊（Integrated Information），用意是衡量系統內各部分彼此的關連性，並用希臘字母Φ（讀音為「Phi」）當測量單位（參見圖8.5）。

我初次見到托諾尼是2014年在波多黎各的一場物理研討會上，他和柯霍都是我邀請來的貴賓。托諾尼純然文藝復興時代的全知氣息讓我佩服不已，猶如把伽利略和達文西兩人完美融合於一身。他舉止斯文卻一點也掩蓋不了對藝術、文學和哲學的淵博知識，而精湛的廚藝更是讓他聲名遠播，大都會電視台一位記者曾經告訴我，托諾尼只用短短幾分鐘，就弄出一道他有生以來吃過最美味的沙拉。跟托諾尼短暫相處後，我就知道在他輕聲細語、溫文儒雅的外表下，懷抱著無所畏懼的豐富知識，是有幾分證據就說幾分話的人，完全無視既有體制施加的成見和禁忌。就跟伽利略一樣，儘管

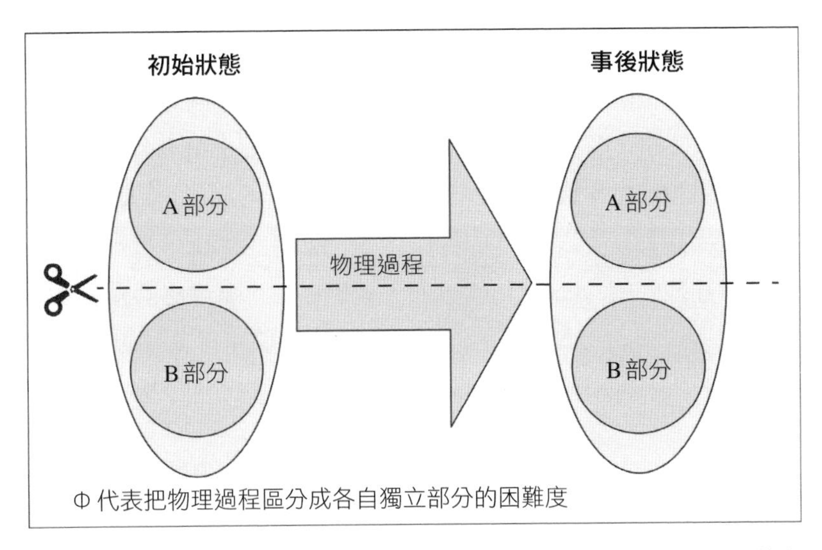

圖8.5：當一個物理過程隨時間流逝，初始狀態會變成事後狀態，資訊整合Φ，代表的是把物理過程區分成各自獨立部分的困難度。如果未來狀態只跟自身的過去狀態相關，不受其他部分影響，則Φ = 0，亦即我們以為的單一系統，其實是由兩個各自獨立的系統組成，只是彼此之間的運作渺不相涉。

那時的教會為了捍衛地心說而施加強大壓力，但是伽利略仍舊堅持，自己對天體運行的理論禁得起數學檢驗。托諾尼也是一本初衷，提出目前為止最禁得起數學檢驗的意識理論，並命名為「整合資訊論」。

數十年以來，我一直認為意識就是資訊以某種複雜方式處理時，產生的特殊感受[18]，「整合資訊論」不但和我的看法雷同，還幫我把語意不明的「某種複雜方式」改寫成更明確的定義：資訊處理的過程需要高度整合，也就是 Φ 值必須相當大才行。托諾尼的立論基礎既簡短又有力：意識系統必須能將各部分合為一體，如果是由兩個獨立的部分組成，感覺起來就會像是兩個意識系統而不是合而為一了。換句話說，如果人腦或電腦產生意識的部位，無法和意識系統的其他部分相互通聯，則其他部分就不會參與主觀體驗。

托諾尼和研究伙伴利用EEG，測量大腦對磁場刺激的反應，建立簡易版的整合資訊，而且他們的「意識偵測器」還滿有效的：實驗對象醒著或是在做夢時，偵測器會做出「有意識」的判斷，要是被麻醉或進入深度睡眠，則會做出「無意識」的判斷，甚至在偵測兩位閉鎖症候群（Locked-in Syndrome）病患時，雖然他們完全不能以正常方式移動和表達，也同樣能判斷出他們「有意識」。[19]對醫師來說，或許將來有一天能運用這項前景可期的新興技術，正確判定患者是否有意識。

意識在物理學中的定位

整合資訊論僅適用於個數有限的離散型物理體系，像是電腦以位元為單位的記憶裝置，或過度簡化只能呈現開或關兩種反應的神經元。它無法適用於大多數傳統漸進且連續變動的物理體系——諸如粒子的位置、磁場的強度這些可能產生無限數值的物理量[20]，而這成為整合資訊論的一大致命傷。如果硬是把整合資訊論套用在連續型的物理體系，基本上只會得到 Φ 值無限大這般沒意義的答案。雖然量子力學算是離散型的物理體系，但是整合資訊論最初的版本，也一樣不適用於量子力學體系。如此一來，我們要如何在物理學的領域內，替整合資訊論或其他以資訊為基礎建立的意識理論，找到穩固的立足之地？

這個問題可以比照第二章中把物質聚在一起，突現出資訊相關特性的方式處理。我們在第二章看過，可以記錄資訊並且具有多種長效穩定狀態的物質，就可以當儲存裝置，我們也在第二章把能執行各種運算的物質定義成「運算質」：可以依照物理定律進行各種複雜的動態變化，複雜程度高到能執行各種資訊處理的要求。除此之外，我們還舉出神經網路可以是功能強大的學習材質，因為神經網路只要遵照物理定律，就能不斷自我強化，達成更理想的運算結果。現在我們需要再追問一個問題：怎樣讓聚在一起的物質產生主觀體驗？也就是說，物質在什麼條件底下能夠實現以下四個工作？

1. 記憶
2. 運算
3. 學習
4. 產生體驗

第二章討論過前三項工作，現在只要針對第四項加以剖析。參照馬苟勒斯（Norman Margolus）和多佛利（Tommaso Toffoli）兩人利用「運算質」一詞，指稱能執行各種運算的物質，我也想用「感受質」一詞，泛指能產生（或用「感受到」更貼切）*主觀體驗的常見物質。

為什麼感覺起來跟物理八竿子扯不上關係的意識，實際上居然會是物理現象？意識是怎樣讓我們感覺起來，跟原本的物理組成毫不相關？我認為原因在於意識本來就跟物理材質無關，關鍵在於組成的模式！第二章也舉過許多有趣的例子，說明跟實體物質無關的特性，譬如說波動、記憶跟運算等等。這些例子不但展現出更勝於組成元素加總的特性（突現現象），還擺脫了原本的組成元素，擁有屬於自己的發展過程：未來電腦模擬的心智和電動玩具的主角，將無從得知自己是在Windows還是麥金塔的電腦作業系統、Android的智慧型手機系統、或其他任何一種作業系統上執行，因為它們的一舉一動都跟實體物質無關，當然也不會知道自己置身其中的電腦硬體，是用電晶體還是光學迴路做出邏輯閘道，更別提要摸清楚是什麼基本物理定律維持它們的運作，事實上任何能建立通用計算機的物理定律都適用。

總歸一句話，我認為意識這個物理現象感覺起來很不物理的原因，是它跟波動、運算一樣：不受特定的實體物質影響。這個說法在邏輯上也跟「意識就如同資訊」的想法並行不悖，並帶出我心目中最根本的概念——如果意識是資訊依照特定方式處理形成的感受，就必然和實體物質無關。既然意識只跟資訊處理的結構有關，跟用來進行資訊處理的物質結構無關，那就表示，意識跟實體物質之間可以說是無關中的無關！

物理學是用粒子位移的方式，建構出描述宇宙時空的模型，粒子依照特定原則進行排列，產生與粒子材質本身關連性不大的突現現象後，帶給我們的感受就會跟著大大不同，與運算質相關的資訊處理就是絕佳的案例，而我們現在又將這樣的概念提升到另一個層次：如果資訊處理本身依照特定的原則進行，會產生更高階的突現現象，也就是我們所謂的意識。這會讓我們的意識體驗超出實體物質兩個層次，也就難怪人類的心智不會帶有物理性質的色彩！

接下來的問題是：依照哪些特定原則進行的資訊處理會產生意識？我不會假裝自己什麼都懂，就連什麼是意識的充分條件都知道，不過我認為特定原則必須符合四項必要條件，這也是我長期研究的方向：

原則	定義
資訊原則	意識系統必須具有大量儲存資訊的能力
動態原則	意識系統必須具有大量資訊處理的能力
獨立原則	意識系統在本質上必須獨立於外在世界
整合原則	意識系統內部無法包含近乎獨立的部分

順著「意識是資訊依照特定方式處理所形成的感受」的思路，則意識系統理所當然要能儲存並處理大量資訊，也就是列表中的前兩項原則，不過意識不見得必須具備長期記憶：關於這一點，我推薦你看看韋爾林（Clive Wearing）撼動人心的影片。雖然韋爾林的記性無法延續超過一分鐘，卻無礙於他展現明確的意識。[21] 此外，我

* 我原本使用「感知質」（perceptronium）而不是用「感受質」（sentronium），不過感知質的定義比較狹隘，因為透由感知產生的主觀體驗，不外乎是藉助各種感官取得的資訊，勢必會排除像是做夢和內生思想之類的情況。

認為意識系統應該要相當獨立於外在世界，否則如果連自己都不是獨立存在的個體，如何能產生主觀感受？最後，正如同托諾尼的立論基礎，我也認為意識系統必須是整合的單一個體，要是一套意識系統是由兩個獨立的部分組成，應該會帶給我們兩個分立意識系統的感受，那就不再是「一套」系統了。前三項原則顯示出自主性：意識系統應該能在不受外界干擾的情況下，維持自身資訊處理的能力，掌握自己的未來發展。若再加上第四項原則，就表示意識系統本身雖然有自主性，但是內部組成卻不是如此。

如果這四項原則正確無誤，將有助於我們釐清接下來的工作方向：需要在這四項原則的基礎上，建立嚴謹的意識理論，並透過實驗進行測試檢驗。我們當然還要繼續增設更多必要的原則，因為不管整合資訊論正確與否，研究人員還是要設法提出其他能夠並駕齊驅的理論，才能用更好的實驗檢驗所有理論的可靠度。

意識理論的爭議

先前提過，意識研究長期以來遭批判為非科學的胡扯、無意義的浪費時間等，而近期最先進的意識研究，其實也遭到不少擲地有聲的批判 —— 以下將闡述其中幾個我認為最具見地的批判。

托諾尼提出整合資訊論後可說是毀譽參半，有些人甚至把這套理論批評到一文不值。艾隆森前不久在部落格這樣寫著：「就我來看，整合資訊論根本是錯的，而且錯得離譜，問題出在這套理論的宗旨 —— 試圖用數理論證的方式，成為意識理論裡中的翹楚。對我而言，幾乎各門派意識理論的數理基礎都語焉不詳又不夠嚴謹，充滿太多曲解，自然只會產生錯誤的結果。」[22]雖然這兩人的觀點水火不容，不過我之前在紐約大學一場小型研討會上親眼目睹，兩人針對整合資訊論互相辯論時，不但沒有爭得面紅耳赤，反倒還風度翩翩聆聽對方的觀點。艾隆森以邏輯閘道組成的幾個簡單網路為例，證明就算是整合資訊程度非常高的系統也顯然不具有意識，所以整合資訊論當然是錯誤的。托諾尼則反駁，這些例子是刻意做出來的，不表示不同的設計也一定不會具有意識，而且艾隆森是帶著以人類為中心的偏見反向詮釋整合資訊論，就如同屠宰場的老闆只是因為動物不會像人類一樣說話，而且外觀上又差那麼多，就直接宣稱動物沒有意識。

我總結他們的觀點，雙方的差別就在於整合資訊到底只是意識的必要條件（艾隆森同意這點），或同時也是充分條件（這是托諾尼主張的觀點），而我的分析也得到了他們的認同。充分條件的論述在邏輯上會更強烈，但是也一定會招致更多的檢驗[23]，我衷心希望我們很快就能透過實驗加以釐清。

整合資訊論另一項引起爭議的主張，是認為在現有的電腦架構中，邏輯閘道連接方式的整合度太低，所以不會具有意識[24]，這代表如果你把自己的意識移轉到未來可以完美模擬人體每一個神經元和突觸的尖端機器人身上，雖然這個數位化複製人的外觀跟言行都和你本人並無二致，但是依照托諾尼的說法，這個複製人仍舊只是沒有主觀體驗、沒有自我意識的活死人而已 —— 想要用意識移轉讓自己得到永生的人，還是省省吧。*

查莫斯和人工智慧教授沙納漢（Murray Shanahan）[25]都不認同托

* 這個主張可能會跟意識與實體物質無關的想法產生矛盾，因為資訊處理就算在最低階的硬體層次會有所不同，但是根據定義，在較高階的資訊處理，應該表現出相同的行為。

諾尼這樣的主張：如果你是用假設上能完美模擬人類神經網路的數位硬體裝置，慢慢移植進大腦，取代原本的神經系統。因為這些都是假設上能完美模擬的裝置，所以你的行為都應該不受移植手術的影響。依照托諾尼的說法，你會從一開始擁有自我意識的人，到最後變成沒有自我意識的活死人。問題是，在全面完成移植工程之前，你會感覺得到自我意識嗎？會感覺得到自己逐漸被取代嗎？如果把你大腦裡負責主觀體驗上半部視覺區的神經系統給替換掉，你會感受到自己的視覺突然間不見了，但是卻還是可以不可思議的『看到』些什麼，就好像有些「盲視」（blindsight）患者講的那樣？[26]

這樣問題就變得複雜了。如果是因為你的意識體驗有所不同而可以回答出差別所在，就會有違原本行為不受移植手術影響的預設條件；如果順著原本的預設條件，則唯一合乎邏輯的解釋，就是在視覺消失的瞬間，你的心智會莫名其妙要你謊稱自己的體驗沒有任何改變，不然就是要你忘了事情已經變得不一樣了。

話又說了回來，沙納漢也承認以逐漸替換的方式提出批評，會讓所有意識理論落入人類「會在沒有意識的情況下，做出有意識動作」的陷阱，讓你可能做出「行為意識和感受意識是同一件事，要靠顯露在外的行為進行觀察才能算數」的結論，不過這個說法又會落入另一個陷阱：做夢的人是沒有意識的；而你也知道實際上並不是這麼回事。

第三個針對整合資訊論的批評，質疑意識個體有無可能由分別具有意識的部分共同組成？譬如說，社會整體能否在民眾不喪失個人自主意識的情況下，形成集體意識？有自我意識的大腦其部分組成會不會也有自己的意識？如果以整合資訊論的立論基礎進行推論，答案毫無疑問是否定的，但這個答案也不見得百分之百正確。

有些腦部病變患者嚴重到左右半腦無法互相溝通，會在大腦裡產生「異手症」（Alien Hand Syndrome）的現象，也就是受右半腦控制的左手會做出一些動作，但患者宣稱不是自己做的，或是自己不理解的為什麼要這樣做，有時候甚至需要另一隻手制止「異手」的胡作非為。我們要如何確定患者的大腦裡不存在兩個獨立意識，而且因右半腦的意識無法表示意見，因此由左半腦意識取代，壟斷了所有的發言權？如果未來科技能夠在人類的左右半腦間建立直接溝通的方式，逐漸改善這些患者的症狀，最終讓左右半腦的溝通猶如正常人一樣，會不會在一瞬間導致兩個半腦各自獨立的意識突然消失，然後就像整合資訊論的預測，誕生出完成統整的單一意識？或者在症狀逐漸改善的轉型過程中，就算最終開始產生統整的體驗，卻無礙於左右半腦的意識繼續以獨立的狀態共存？

另一個值得討論的爭議，是實驗結果對我們意識低估的程度有多嚴重。之前提到有些實驗證明，我們的視覺意識可以感受到色彩、形狀、物體的大量資訊，我們面前的一切似乎都會映入眼簾，但我們實際上真正能記住並講出來的部分卻少之又少[27]。為了解釋上述的落差，有些研究人員提出人類是否偶爾有「無法喚起的意識」的問題，認為我們有時候對某些事物的主觀體驗太過複雜，以致無法順利成為之後能喚起的記憶[28]，像是當你因心不在焉而視而不見就是其中一例。[29]這時，你對於眼前的事物並不是無法產生視覺體驗，只是沒辦法把這段體驗記在腦海裡，那不就應該把這個現象認定為遺忘而不是無視嗎？另外有些研究人員批評的角度，是認為由人類講述自身體驗的可信度實在太低了，以之為基礎進行的推論當然就不太可靠。沙納漢舉出一個臨床實驗的例子，說一群病患因為服用了某種神奇藥物而得到完全舒緩，但是這帖神奇藥物的療效實際上並沒有通過政府的審查，他說：「可是病患就是認為自己不再疼痛了，還好現在有神經科學能讓我們弄清楚到底發生了什麼事。」[30]另一個例子發生在手術中突然醒過來的病患身上，此時就會給予藥物讓他們忘記當下的經歷，如果他們之後宣稱自己沒感受到多大痛苦，可信度有幾分？[31]

人工智慧會有什麼樣的意識體驗？

如果未來有些人工智慧具有意識，它們會產生什麼樣的主觀體驗？這基本上是關於意識的「更困難的問題」，難度等同於要我們進入圖8.1中的第二層級才能回答。我們現在不但沒有理論基礎可以回答這個問題，甚至也不確定邏輯上有無可能完整回答這個問題——說穿了，什麼才是能讓人滿意的答案？要怎樣向一出生就失明的人解釋紅色看起來是什麼樣的顏色？

雖然我們現在沒能力處理這個問題，也沒辦法給這個問題完整的答案，但幸好這並不表示將來我們還是沒辦法找出部分解答。一項針對外星智慧生物的研究顯示，人類的感官系統會把色彩詮釋成對二維平面空間（視野內的範圍）內每個點的感受，聲音不會只局限於部分空間，疼痛的感覺則跟人體的各部位有關。自從發現人類的視網膜有三種不同的感光視錐細胞後，我們就能推論人類的視覺體驗主要來自三原色，其他色彩都是由三原色混合後的感受。

透過測量神經元將訊息傳遍大腦所需的時間，我們就能推論人類在一秒內能有意識的想法和感受，最多不會超過10個，所以當我們看著每秒鐘以24格畫面呈現的電視或電影時，感受到的不是24格連續靜止的畫面，而是一整串連續的動作。如果能知道腎上腺素釋放到血管內的速度有多快、濃度能夠持續多久，我們就能預測人類進入生氣的狀態只需要花幾秒鐘的時間，而且在幾分鐘之內都會餘怒未消。

運用建立在物理學上的類似論證，我們就能避免胡亂猜測，而在大方向上掌握人工智慧的意識會有什麼樣的感受。首先而且最重要的一點就是，相較於人類，人工智慧可能產生的體驗會非常寬廣。人類的五官會分別產生不同種類的體驗，但是人工智慧不但會有更多種類的感受方式，外界資訊在系統內的呈現方式也會變得更多元 —— 這一點就能讓我們醒悟，以為人工智慧的感受會跟人類一樣的想法，根本漏洞百出。

其次，由於電磁訊號的傳遞速度相當於光速（比人類神經元傳遞訊號的速度快上好幾百萬倍），這就表示體積相當於人腦的人工智慧，在一秒鐘內能產生的意識體驗，也將比人類多出好幾百萬倍，不過一如我們在第四章看過的分析，規模愈大的人工智慧系統，要讓資訊傳遍內部各處所需的時間愈長，整合出全面想法的速度自然會變得更慢。所以不難想像，一套規模相當於地球大小的「蓋亞級」人工智慧系統，一秒鐘之內能產生的意識也就只有十來個，跟人類不相上下，而星系規模的人工智慧系統則要將近十萬年才能產生一個全面的想法 —— 所以在我們宇宙發展至今的整個歷史過程中，最多也只能產生上百個意識體驗！

因此未來大規模的人工智慧系統為了提升運算成效，一定無法抗拒授權給有能力完成運算的最小規模次系統自主決定的發展趨勢，正如同我們的自主意識也會授權給無意識、比較小的次系統完成眨眼這些快速的動作。人類大腦在有意識狀態下執行資訊處理比率極少，跟其他無意識下的動作相比只不過是冰山一角，由此觀之，未來大型人工智慧系統有意識與無意識的分配比率只會變得更極端：如果只有一個單一意識，恐怕內部的資訊處理大部分都會在無意識狀態下執行。雖然該單一意識可以享有極複雜的意識體驗，但是相較於較小部分所產生的快速反應，單是牛步化三個字，恐怕都還不足以描述形成意識體驗的緩慢程度。

這也會回歸到先前提到的爭議：意識個體的組成部分，會不會也有自己的意識？整合資訊論認為不會，所以未來如果星系規模的人工智慧具有意識，則絕大多數資訊處理都會在無意識情況下進行。換句話說，原先由規模較小的數個人工智慧建立起不同的文明體系，隨後不斷改善彼此的通訊能力，最後像蜂群一樣誕生出唯一的意識，原先運作速度較快的個別人工智慧，其意識就會突然間消失得無影無蹤。如果整合資訊論是錯的，即使個別人工智慧最後像蜂群一樣組織出集體意識，原本多樣的個別意識也一樣可以同時存在，那我們就真的可以用蜂巢的組織架構進行類比，看待宇宙中分屬不同層級的意識如何運作。

現在我們已經知道，人類大腦對於不用太費心，快速或自動的思考模式，會以無意識的方式進行資訊處理，也就是心理學家所謂的「系統一」。[32]當最要好的朋友向我們走來，系統一會把這則高度複雜的影像分析資料直接傳送給意識進行確認，過程中完全不會讓你感受到一絲一毫運算的痕跡。要是系統一和意識的連結果真如此，我們就能試著將這些詞彙套用到人工智慧上，把所有授權給無意識次系統的迅速、例行性工作，歸類成人工智慧的系統一。而需要認真、花時間、照規矩來才能建立的全面思考，歸類成人工智慧的系統二 —— 如果人工智慧真的有意識的話。

人類其實還有一種我稱之為「系統零」的意識體驗：當你靜靜

坐著，觀察身邊的世界，不做任何動作也不做任何思考，純然被動接收發生的一切。系統零、系統一再到系統二會變得愈來愈複雜，但是唯獨居中的系統一是無意識狀態，這一點實在是讓人感到詫異。整合資訊論提出的解釋如下：系統零單純接收來的感官資訊會儲存在大腦內高度整合的網格狀結構中，系統二的高度整合則來自於不斷的回饋反思，讓所有你當下清楚掌握的資訊能夠影響之後的大腦狀態，不過正是這種意識網格的推論，招致艾隆森對整合資訊論的強烈批判。總括來講，如果一套可以解決「很困難的問題」的意識理論有一天可以通過嚴謹的檢驗，提出值得讓我們嚴肅看待的推論，會大幅縮減我們對「更困難的問題」的詮釋空間。

人類有些主觀體驗可以明顯溯及生物演化，譬如說是自我保護（會吃、會喝，避免被殺害）和繁衍後代的慾望；反過來講，這就表示我們應該有機會打造出不會感受到飢渴、恐懼和性慾的人工智慧。前一章的內容顯示，當人工智慧的智力程度夠高，會依照程式設定積極追求達成目標時，也會展現自我保護的行為以求達成目標，如果將來人工智慧成為社會中的一員，它們將不會像人類一樣對死亡有強烈的恐懼：只要能建立好備份，有把握建立備份的軟體不會出錯，它們最多能損失的，不過就是最近一次備份之後累積的記憶。除此之外，人工智慧彼此之間可以輕易複製資訊和分享軟體，將使它們很難像人類一樣，形成有關於自我的意識特徵：如果你和我可以輕易分享、複製我們共同的記憶和能力，你我之間的差異就很難劃分清楚了，因此一群類似人工智慧的群體感覺起來就會很接近蜂群，圍繞著單一的思考模式運作。

在人工智慧的意識裡，也能感受得到自由意志嗎？哲學家數千年來對於人類是否具有自由意志一直爭論不休，更別說要達成共識了，就連該如何定義這個問題也都莫衷一是。[33]所以我打算換個較容易處理的方式來回答這個問題，而且我將試圖用簡單的答案說服你：「是的，只要能在有意識的情況下做出決定，不管主體是生物還是人造物，其主觀體驗都會認為自己擁有自由意志。」我們其實是在兩個極端所形成的光譜中，做出決定：

1. 你很清楚自己為什麼要做出這樣的決定。
2. 你不曉得自己為什麼要這樣決定——感覺自己是靈光一閃就做出了決定。

你做的決定是否出於自由意志，不外乎要釐清目標導向的決策行為跟物理定律之間的關係：如果要你在以下兩種敘述中，挑出符合自己行為的說明，你會怎麼選擇？「我想約會，是因為我喜歡對方」，或是「我身上的粒子驅使我依照物理定律行事」？如果依照前一章的剖析，這兩種敘述其實都是對的：看似目標導向的行為，可能取決於與目標無關的物理定律。說得更明白一點，當智慧主體（包括人腦和人工智慧）循著第一種極端做出決定時，會透過邏輯清晰的演算法進行運算，智慧主體會產生做出決定的感受，其實是決定遵照運算方案執行的結果。

更何況羅伊德一再重申，電腦科學領域中著名的定理[34]：幾乎對所有運算而言，想要得知運算結果最快的方法，就是直接執行。這句話的意思是指，我們不太可能用少於一秒鐘的時間，知道自己一秒鐘後會做出什麼決定，這強化了我們對於自己擁有自由意志的體驗。另一方面，當智慧主體循第二種極端做出決定時，會把次系統當成亂數產生器，取得輸出資訊後就直接成為智慧主體後續行動的決策依據，而對人腦和電腦而言，只要夠多的雜訊就能輕易產生出難以捉摸的亂數資訊。不管實際上的決策模式落在兩個極端中間的什麼位置，都不影響生物或人造物的意識感受到自己擁有自由意志：在最終思考完要做出什麼決定以前，即使是自己也無法百分之百肯定會做出什麼決定，因此會認定自己就是真正做出決定的主體。

有些人並不認同用結果論的角度解釋自由意志，認為這樣會使思考過程失去意義，「徒然」成為機械式反應。我反倒認為這是沒由來的負面看法，最重要的是，任何跟人腦有關的課題都不會是「徒然」的。就我來看，我認為人腦是在我們所知的宇宙中，最讓人不可思議的精密物體；再者，反對者可有辦法提出不同的解釋角度？他們不都希望自己的決定都是經由思考過程（由大腦執行運算的成果）而來的嗎？所謂自由意志的主觀體驗，當然出於自己內部完成運算的感受 —— 除非自己完成運算，否則就不可能知道運算的結果，這才是把運算結果等同於做出決定的真正意義。

生命的意義

最後，讓我們用回顧這本書的出發點做為總結：什麼會是我們希望的未來生命型態？在前一章的內容裡，世界各地不同文化似乎都希望，未來的生命型態能夠充滿正向體驗，但是在尋求共識判定什麼樣的體驗才算正向、不同生命型態之間的優劣要如何取捨時，引發的爭議之大也讓人始料未及。

儘管如此，我們還是不能因為有爭議而忽略了問題的核心：如果沒有意識、無法產生體驗，如何能產生正向體驗？如果沒有意識，就不會有快樂、良善、美感、意義與目的這些概念——整個宇宙就只是浩瀚無邊的荒蕪而已。當有人在探詢生命的意義，視之為宇宙要為我們的存在給個的說法時，我總認為有些倒果為因：並不是由我們的宇宙賦予意識存在的意義，而是由意識的存在而讓我們的宇宙有了意義。因此，當我們列出對未來生命型態的願望清單時，第一個目標一定是維持（最好還能夠拓展）我們宇宙中意識的存在（不論是以生物或人造物的型式展現），而不是讓意識走上滅絕的道路。

如果我們能在這一方面有所成就，接下來人類要用什麼方式和更聰明的機器共處？人工智慧看似無可避免的崛起是否會帶給你困擾？會的話，又是什麼原因？第三章的內容講述人工智慧帶來的科技，將輕易滿足我們各項基本需求，而且不僅是最基本的維持生命，只要符合眾人的政治意願，就算提供每個人基本收入也都不是問題。或許你擔心人工智慧會滿足人類的吃喝玩樂才是災難的開始，要是人工智慧可以保障我們所有物質面的需求，滿足所有物質面的慾望，我們倒頭來可能反倒會覺得人生失去意義和目的，那豈不就跟被豢養在動物園裡面的飛禽走獸沒什麼差別？

以往我們總是為了身為「萬物之靈」的想法而躊躇滿志，認為我們是地球上最聰明的物種，因此取得獨一無二的優勢地位。人工智慧的崛起將迫使我們收起以往的不可一世，開始學會謙卑——或者說，人類早就該學會謙卑，畢竟證諸過往歷史，人類堅持自己優於他者（優於其他人、優於其他族群、優於其他物種等，族繁不及備載）的傲慢，已經帶來太多數不清的災難，該是讓這個念頭停留在過往歷史的時候了。

「萬物之靈」的想法不但造成令人遺憾的過去，也無助於將來人類要迎向的盛世——如果我們發現外星生物愛好和平的文明體系，擁有比人類先進太多的科技水準，在藝術和其他我們所在意的領域也都能遙遙領先，難道就會讓我們的生命失去意義和目的？我們當然還是能享有家庭的溫暖，和朋友以及更廣大的社交圈在各種領域中互動，尋找生命的意義與目的，除了要把傲慢的成見拋下之外，還會失去些什麼呢？

在規劃未來的藍圖時，不僅要思考人類生命的意義，更應該連同我們宇宙的將來都一併納入考量。兩位我最欣賞的物理學家——溫伯格（Steven Weinberg）和戴森，對於宇宙未來的看法南轅北轍。為粒子物理標準模型打下基礎而獲頒諾貝爾獎的溫伯格曾經說過一句名言[35]：「對於宇宙了解得愈多，就愈覺得索然無趣。」相反的，戴森的看法樂觀許多，一如我們在第六章的描述，雖然他也同意我們宇宙的起源並未承載任何意義，但是他相信宇宙孕育出的生命，將帶給宇宙益加豐富的意義，如果生命能夠在宇宙中擴散開來，那將是未來最理想的結果。在1979年那篇充滿創見的論文[36]中，戴森用這句話做為結尾：「究竟是溫伯格的宇宙觀比較接近事實，還是我的？再過不了多久，我們總有一天會知道答案。」

如果因為人類造成地球上所有生物的滅絕，或是我們任憑沒有意識、如活死人般的人工智慧接管宇宙，讓宇宙踏上永遠失去意識的回頭路，那就會讓溫伯格的論點笑到最後了。

這麼說起來，雖然這本書主要談論的是未來智慧展現的型態，但是未來意識無疑才是更重要的課題，因為意識才能產生意義。哲學家喜好用拉丁文*Sapience*（能進行智慧思考的能力）和*Sentience*（能產生主觀體驗的能力）區別這兩者的差異，人類長久以來皆自認為是「智人」（Homo Sapiens），以擁有物種中最高的智慧自居，如果我們真的準備好要用更謙卑的態度看待比我們更聰明的機器，我會希望人類今後改用「意識人」（Homo Sentiens）這個新稱謂，重新自我定位。

本章重點摘要

- 對於「意識」，我們並沒有一個毫無爭議的標準定義。我採取的是比較廣義、不以人類為中心的定義方式：意識 = 主觀的體驗。
- 依照這個標準判定人工智慧是否具有意識，關乎於我們在人工智慧崛起之後，該如何看待最棘手的倫理與哲學問題：人工智慧會感到痛苦嗎？應該擁有權利嗎？對於人類而言，意識移轉是否等同於自殺？如果未來宇宙充斥著人工智慧，會不會變成最悲劇的活死人宇宙末日？
- 想要理解智慧，就無法迴避三個與意識相關的問題：預測什麼物理系統具有意識的「很困難的問題」，預測感受的「更困難的問題」，以及解釋意識從何而來的「真正難的問題」。
- 可以用符合科學標準的方式探討關於意識的「很困難的問題」，因為預測大腦是否在有意識狀態下運作的理論，都可以透由實驗加以否證。至於另外「更困難的問題」和「真正難的問題」，我們目前還不確定能否完全以科學的方式加以檢驗。
- 各種神經科學的實驗跡象顯示，人類有很多行為是無意識的，大腦內也有很多區塊不具意識，而且大多數意識體驗呈現的是事情發生後，彙整大量無意識資訊所產生的結果。

- 如果要將適用於人腦的意識推論套用在機器上，我們需要建立更具通用性的意識理論。意識的形成似乎不僅是特定粒子或力場的排列方式，更可能是特定的資訊處理方式，其中包括自主和整合兩種特性，亦即意識系統本身雖然具有自主性，但是內部組成卻沒有自主性。
- 意識感覺起來可能很不物理，因為意識和實體物質之間可說是雙重的無關 —— 如果意識是資訊依照特定方式處理所形成的感受，則真正重要的只有特定的資訊處理結構，而不是用來處理資訊的物質結構。
- 如果人工智慧產生了意識，相較於人類，它們可能產生的體驗會非常寬廣，會廣泛跨越不同的感受和時間軸 —— 而且都會導向擁有自由意志的感受。
- 沒有意識就無法產生意義，所以並不是由我們的宇宙賦予意識存在的意義，而是由意識的存在給予宇宙意義。
- 因此我們人類應當準備好用謙卑的態度看待比我們更聰明的機器，放寬心胸以「意識人」（*Homo Sentiens*）的自我新定位，取代以往「智人」（*Homo Sapiens*）的不可一世。

結語

未來生命研究所的故事

此刻生命當中最令人難過的，就是社會整體智慧成長的速度，趕不上科學進步的幅度。

艾西莫夫

在探索過智慧、目標和意義的起源和將來發展後，現在我們已經走入這本書的尾聲 —— 該怎樣把這些想法轉化成實際的行動？我們能採取哪些具體作為，使未來變得更美好？寫下這段文字的時間是2017年一月九日，我們在加州阿西羅瑪（Asilomar）辦的人工智慧研討會剛落幕，搭機從舊金山返回波士頓的我坐在靠窗的位置，思索上述問題。接下來就讓我與讀者分享一些想法，為這本書劃下句點。

為了研討會能順利進行已經熬夜好幾晚的太座美雅正在我身旁補眠 —— 這星期的議程實在太操勞了！承繼自波多黎各那場研討會的發想，幾乎這本書裡提到過的專家都被我們盡力邀請前來參加這場為期數日的第二輪研討會，包括馬斯克和佩吉這樣聲望卓越的創業家。而除了學術界的人工智慧專家，諸如DeepMind、Google、臉書、蘋果、IBM、微軟和百度等大公司的研究人員也都是座上嘉賓，此外還包括經濟學家、法律學者、哲學家和其他了不起思想家

圖9.1：2017年一月在阿西羅瑪的研討會承繼自波多黎各那場研討會的發想，邀集了人工智慧領域知名的研究團體以及相關領域的專業人士。[1]

（參見圖9.1）等不同背景的專業人士與會。這場研討會的成果，甚至比我預期能達到的高標更為理想，讓我對未來的生命型態更具信心，甚至超出我長期以來對未來的生命型態所抱持的樂觀態度。做為結語，且聽我娓娓道來讓我更加樂觀的理由。

未來生命研究所的誕生

我自從十四歲知道世界上有核武競賽這回事後，就十分關注當科技威力強大到人類沒有足夠智慧加以駕馭時，可能導致的問題，因此雖然我的第一本作品《我們的數理宇宙》幾乎都在談論物理學的課題，但是我還是偷渡了一整章的篇幅，討論人類可能面臨的挑

戰。我在2014年許下新年願望，要求自己對任何嚴肅議題，在付出一己之力尋求改善之前不抱怨。該年一月份巡迴發表新書時，我也開始認真實現這個誓言：美雅和我開始腦力激盪，思考創立非營利組織，聚焦在利用科技管理改善未來生命型態的可行性。

她強調我們一定要取一個充滿正向的名字，千萬別是「黯淡末日研究所」或是「一起來擔心未來研究所」之類的名稱；既然「人類未來研究所」（Future of Humanity Institute）已經被捷足先登了，所以我們決定採用「未來生命研究所」（Future of Life Institute），而且這個名字的適用對象還更廣。一月二十二日，巡迴地點來到聖塔克魯茲，當夕照灑落在加州的太平洋海濱，我們兩人正和多年的老朋友阿及爾共進晚餐，拜託他能為我們兩人的提議出謀劃策。阿及爾不單是我所遇見最聰明、最有理想性的人之一，同時也和我一起負擔另一個非營利組織（基礎問題研究所，網址是http://fqxi.org）的營運超過了十年。

一個星期後，巡迴發表會來到了倫敦，滿腦子人工智慧未來發展的我，直接找上了哈薩比斯，他也大方地邀請我參訪DeepMind的大本營。還記得上次他到麻省理工學院找我也不過是兩年前的事情，這次參訪不禁讓我對他們在短時間內的成長感到肅然起敬。Google才剛以6.5億美元的價格收購DeepMind，看著他們寬敞的辦公室裡有那麼多的頂尖人才為了哈薩比斯提出的大膽目標——「解開智慧之謎」（Solve Intelligence）共同努力，讓我也為了「成功可能真正在望」的感受而情緒激昂了起來。

隔天傍晚，我透過Skype和另一位朋友塔林（他正是這套通訊軟體的創辦人）熱線，向他說明「未來生命研究所」的願景，一個小時後，他決定在我們身上賭一把，給我們每年最高十萬美元的金援！有什麼能比有人願意大膽信任還更令人感動？所以當隔年舉辦完第一章提到的那場波多黎各研討會，聽到他開玩笑告訴我，這筆金援是他有生以來最棒的投資時，對我而言再怎麼辛苦也都不算什麼了。

出版社在倫敦行的第三天安排了一整天空檔，我則藉機前往倫敦科學博物館一遊。鎮日浸淫在人類貫穿古今所展現的智慧結晶，我突然間發現自己走過一段時光隧道，而且它活脫脫就是我對於未來生命型態想法的實體展現。這段時光隧道蒐羅了人類知識成長過程中的各種神奇產物，我從史蒂芬生（George Stephenson）取名為「火箭號」的蒸氣火車頭一路看到亨利·福特大量生產的T型車，再到阿波羅11號可供人員搭乘的登月小艇複製品，也看到了歷來各種運算機器，包括巴貝奇（Charles Babbage）純靠機械原理運作的「差分機」，也看了現代電腦的各項硬體裝置，此外還有人類想要解開心智之謎這段歷史過程的展示品，從十八世紀賈法尼（Luigi Galvani）電擊蛙腿神經元的實驗開始，一直到晚近發明的腦電圖和功能性核磁共振造影等等。

很少哭的我那一天看完展覽後，居然激動到落淚——而且是在南肯辛頓站擠到水洩不通的行人通道上。熙來攘往、生活無虞的過路客，想必不會注意到當時思緒翻攪的我到底在想些什麼：我們人類先是懂得利用機器重現某些大自然的現象，比方說是發明風扇和燈泡，並創造出供我們所用的機械動力。接下來，我們開始意識到自己的身體也是某種型式的機器，隨後發現的神經細胞更是打破了將心理與身理一分為二的那條界線。之後，我們發明的機器不但比我們的肌肉更加有力，甚至也比我們的腦袋更加靈光——隨著我們對自己的認識愈來愈多，會不會反而無可避免的讓這一身臭皮囊愈來愈不中用？想到這裡，怎能叫我不獨自悵然？

這一抹悲觀的想法讓我警惕，不過也讓我更下定決心要兌現新年新希望。我認為我們還需要一個人的參與，才能讓整個「未來生命研究所」創始團隊更加完整。這位成員得是自願投入、充滿理想、能督促團隊前進的年輕人，符合這些條件、天資聰穎的哈佛大學研究生卡拉卡夫娜自然成為我們最理想的對象。她不僅曾經是國際數學奧林匹亞競賽的銀牌得主，本身也成立了「堡壘」（Citadel）同好會，邀集十多位年輕的理想主義者，想要替自己的人生、為這個地球找出值得扮演更重要角色的理由。五天之後我回到家，與美雅一起邀請她到家裡用餐，和她聊到我們規劃的願景，儘管桌上的壽司都還沒吃完，「未來生命研究所」就這樣成立起來了。

圖9.2：謹獻給塔林與阿及爾，還有太座美雅和卡拉卡夫娜，以玆紀念我們在2014年五月二十三日那場壽司宴上所共同成立的「未來生命研究所」。

波多黎各研討會紀要

「未來生命研究所」戲劇化的開端，儼然是日後各種接踵而來奇異之旅的小縮影。第一章提過，我們幾個人會定期找十多位充滿理想的學生、教授和各領域的思想家，在我家裡腦力激盪，想辦法找出最值得轉化成實際行動的好點子——第一個行動計畫就是第一章講過要和霍金、羅素、維爾澤克等人共筆推出專欄的想法，希望能因此激發公眾開始參與討論。隨著新組織像是嬰兒學步般慢慢有所進展（像是登記立案、設置諮詢委員會、發表官方網站），當知名演員且身兼世界科學節（World Science Festival）董事的亞倫·艾達（Alan Alda）與頂尖專家在麻省理工學院禮堂交流對未來科技的看法，我們也趁機在滿坑滿谷的聽眾前舉行了一次有趣的午宴。

我們在這一年剩下來時間致力於籌備波多黎各的研討會。我希望這場第一章描述過的研討會能邀請全球頂尖的人工智慧專家，一起討論該怎樣才能讓未來人工智慧朝向有利於人類的方向發展，目標是在人工智慧安全性的議論上轉守為攻：把有多需要擔心人工智慧的議論紛紛，轉化成可以針對哪些具體研究課題即刻著手執行的共識，讓美好的將來更有可能實現。

我們蒐集了世界各國有關人工智慧安全性研究最受矚目的想法，把向專家團隊請益的結果增列在行動計畫的清單上，並且在羅素和一群勤快又年輕的志工 —— 特別是德威（Daniel Dewey）、克拉瑪（János Krámar）和馬拉（Richard Mallah）三位的協助下，逐漸釐清應列為優先順位的研究項目，製作出可以做為討論主軸的正式文件，初步完成這場研討會的前置作業。[2]希望能讓大家建立共識，了解在人工智慧安全性研究的領域還有很多寶貴的工作有待完成，鼓勵大家開始投入這些研究工作。如果還能因此說服金主出資贊助，那更是研討會獲得重大勝利的指標。直到那時，基本上都還沒有政府單位願意出資挹注相關的研究計畫。

不久後，馬斯克登場了。他在八月二日發了一則引人矚目的推文：「伯斯特隆姆的《超智慧》非常值得一讀。我們必需要非常小心看待人工智慧，這玩意搞不好會比核彈來得更危險。」因此成為我們鎖定的對象。幾個星期後，我設法聯絡上他，透過電話說明我們努力的方向。跟他這樣的大人物通話讓我緊張到頭皮發麻，所幸最後的成果豐碩：他同意出任「未來生命研究所」科學諮詢委員會的成員，也會撥冗出席即將在波多黎各舉辦的研討會，如果會後真能提出有史以來第一個人工智慧安全性研究的計畫，他甚至不排除出資贊助的可能。這個好消息讓我們所有的成員雀躍不已，並且為創造一場盡如人意的研討會而更加投入，希望能找出最有前景的研究主題，並設法替這些研究工作張羅好完善的後援體系。

兩個月之後，馬斯克來到校內參加一場太空探索的研討會，我終於有機會和他面對面討論更進一步的規劃。他前一刻像搖滾巨星一樣唱作俱佳、獲得上千名聽眾熱烈喝采，這一刻卻跟我在一間綠色小房間內單獨對談，反差之大讓我一剎那還有些不太適應。但是在簡短寒暄後，我全部思緒很快就被他引領到我們共同的計畫。我很欣賞馬斯克發自內心的真誠，他對於日後世世代代人類的關懷更是讓我銘感五內 —— 就更不提他劍及屨及、排除萬難把許多想法付諸行動的意志和決心了：他希望將來人類能夠在宇宙中盡情探索，所以就成立了太空探索技術公司，他希望擁有永續的能源，所以就成立了SolarCity太陽能公司和電動車大廠特斯拉。高大英俊的外表再加上見多識廣及言之有物的內涵，也就不難理解為什麼他的演講總是會引爆座無虛席的熱潮了。

令人遺憾的是，這次在麻省理工學院的會面也讓我見識到媒體唯恐天下不亂、見縫插針的能耐。馬斯克當天在講台上對太空探索的議題發表長達一個多小時的精采演說，我認為就算是做成一檔電視節目播出也很吸引人。演說尾聲的提問階段，台下一位學生請教他對於人工智慧的看法。雖然是文不對題的發問，但是馬斯克還是一樣知無不言，其中「在人工智慧加持下，我們正在召喚惡魔」這句話被媒體大做文章，成為當天大多數媒體唯一關注的焦點 —— 而且幾乎不例外的用斷章取義的方式報導。這麼多家媒體記者有志一同，對我們想透過波多黎各研討會達成的目標做出百分之百的反向報導，著實讓我嚇了一跳。雖然我們最重要的是想在共同的基礎上建立共識平台，不過媒體一定會把注意力放在與會成員的歧見上，只要報導的內容愈有爭議，收視率和隨之而來的廣告收益就會水漲船高。更重要的是，就算我們的初衷是設法讓光譜兩端內各種不同意見的人士能夠共聚一堂，透過直接交流增進彼此的理解，但是不難想見，媒體一定會抓著去脈絡化、挑釁意味強烈的用語大肆報導，結果只會在各路人馬彼此間的誤解火上加油，勢必會讓意見不同的人更難化解心結。在這些顧慮之下，我們決定波多黎各這場研討會不對媒體開放，並要求與會者秉持「查頓院規則」（Chatham House Rule）的君子協定 —— 日後如果提到研討會的相關訊息，不能明講哪些人說過哪些話。*

事後來看，波多黎各這場研討會舉辦得相當成功，然而這個成果真的是得來不易。籌備時需要花很多精神做準備自不待言。以我為例，要打很多電話或是透過Skype聯絡大量的人工智慧專家，才有辦法爭取到跨過臨界質量（Critical Mass）的與會者，提高其他專家參與的意願。

過程中，我也碰上幾個戲劇化的轉折 —— 我在十二月二十七日清晨七點起床，接到馬斯克從烏拉圭打來、通訊品質非常糟糕的電話就是其中一例。當時我模模糊糊聽到他說：「我想這樣下去會行不通啦！」原來他擔心所謂人工智慧安全性研究只會帶來安全的假象，根本無心於此的專家只會在口頭上表示要以安全為重，到頭來還是一樣會悶著頭繼續既定的研發項目。雖然電話講得斷斷續續，卻無礙於我們廣泛交換意見，包括讓安全性研究成為主流所能

* 這次經驗也讓我開始反思，該如何看待新聞報導。雖然我早就很清楚大多數新聞報導跟媒體自身的政治設定脫不了關係，但直到那時我才發現，媒體對任何議題都很難持平而論，一定會帶著有色的眼鏡進行報導，就算是與政治無關的話題也無法倖免。

帶來的巨大效益，還有如何讓更多人工智慧專家認真看待安全性研究的課題等等。結束通話後，他寄了一封電子郵件給我：「跟你聊到不記得最後講了些什麼，總而言之，會議文件看起來準備得很充分，我很樂意用三年的時間和五百萬美元，資助這樣的研究工作；還是說，要把金額提高到一千萬美元？」這真是我最愛的那種郵件了！

四天之後迎來了2015年，美雅和我兩人在波多黎各的海灘伴隨著跨年煙火翩然起舞，算是在研討會前的忙裡偷閒。這真是不錯的新年新氣象，就跟研討會的起步一樣順利：大家對人工智慧需要更多針對安全性的研究有了極高的共識，與會嘉賓集思廣益，不但替先前努力準備用來討論研究順位的文件補充得更為豐富，也有助於改良出更優秀的定稿版本。我們也把第一章當中願意替安全性研究背書的公開信傳給與會者，並且很高興幾乎所有人都加入了連署。

美雅和我都沒想到會在下榻的旅館與馬斯克碰面，他祝福我們的活動能夠辦得盡善盡美。實事求是的馬斯克對自己個人生活坦坦蕩蕩，也毫不隱諱對我們的計畫有很高的期待，這些都讓美雅留下深刻的印象。他問我們兩人是怎樣相識的，也很喜歡美雅把過程講得活靈活現的樣子。隔天我們一起為了人工智慧安全性研究的課題錄製一段專訪影片，他也在影片中交代自己為什麼想要贊助這個領域的研究計畫。[3]看起來一切規劃都如預期般穩穩進行。

我們把馬斯克宣布贊助研究的儀式規劃為研討會的高潮，時間點安排在2015年一月四日星期天的晚上七點，我還為此緊張到前一晚翻來覆去難以入眠，不過就在當天晚上儀式即將開始前的十五分鐘，意外還是找上門了！馬斯克的助理來電告知，他本人可能沒辦法在儀式上親自宣布贊助一事。美雅事後告訴我，她從來沒看過比那天晚上還要來得緊繃和失望的我。馬斯克隨後來到會場，當我們坐在一起討論發生了什麼狀況時，我甚至能聽到儀式開始的倒數計時正在一秒一秒的流逝。他說，再過兩天SpaceX就要進行關鍵性的火箭試射，希望能首次回收無人駕駛並順利返回地表的第一節火箭，這對SpaceX團隊而言將會是重大的里程碑，所以該團隊不希望此前有任何跟馬斯克本人有關的媒體報導岔開話題。

冷靜一如以往的阿及爾很快做出回應，指出這就表示真的沒有人希望媒體注意到這場贊助儀式，馬斯克和各界與會的人工智慧專家在這方面其實是有志一同的。幾分鐘之後，我們一起蒞臨會場，我開始主持儀式，雙方之間並取得默契：為了確保宣布儀式完全不具報導價值，儀式上將不會明講贊助金額，我也會要求所有與會人士遵照查頓院規則，在接下來九天將馬斯克的宣布贊助列為保密事項，以免搶了SpaceX火箭順利抵達太空站的風采。至於能否順利回收火箭就不勞我們掛心了——馬斯克說，要是火箭返回地表不幸墜毀，單是排山倒海而來的媒體壓力就夠讓他喘不過氣來了。

儀式的倒數總算歸零，參加超人工智慧圓桌論壇的貴賓，包括尤德考斯基、馬斯克、伯斯特隆姆、馬拉、沙納漢、塞爾曼（Bart Selman）、雷格和文奇等人，在我這個論壇主持人的引導下，統統圍繞著我坐在講台上。台下聽眾的掌聲逐漸散去，但是我們依然不動如山——我事先告訴過他們，論壇結束後請原地就坐不要離開，但是我並沒有說為什麼。依照美雅日後的說法，那時候她的心臟都快跳出來了，只能在桌子底下緊緊抓著卡拉卡夫娜的手力求鎮定。我在台上露出淺淺的微笑，因為我知道我們所有的付出就是為了這一刻，一個令我們引頸盼望、萬分期待的時刻終於到了。

我首先向所有與會者表示，很高興這場研討會能讓大家形成共識，了解到我們需要投入更多研究，才能讓人工智慧真正帶來益處，而且我們已經掌握了許多可以馬上著手進行的研究方向。然後我接著說，在剛結束的圓桌論壇裡，我們也談到與人工智慧有關的各種嚴重風險，所以在大家朝向會場外面已經準備好的宴會廳移動之前，如果能鼓舞大家不畏挑戰的士氣就更好不過了，「所以，接下來我將把手上的麥克風交給……馬斯克！」當他接過麥克風宣布自己願意投入大筆資金挹注人工智慧安全性研究時，我彷彿看見一頁新的歷史在我眼前展開，而他的宣布也毫不意外贏得了滿堂彩。雖然我們之間有默契不在會場上提到實際的贊助金額，但是我心裡明白這筆講定的金額將高達一千萬美元。

美雅和我在辦完研討會後，分別前往瑞典和羅馬尼亞省親，停留在斯德哥爾摩的時候，我們和我爸爸也一起摒息注視著螢幕上SpaceX的火箭發射直播。之後火箭返回地表著陸時不幸失敗了，不過馬斯克倒是把這個結果看成是「非表定的快速解體」，而他們團隊首次順利在海面上回收火箭，則是十五個月後的事了。[4]不管怎麼說，別忘了SpaceX每次總能順利把衛星送進軌道，就好像馬斯克日後透過推文向數以百萬計的追蹤者宣告要資助人工智慧的研究一樣[5]，言必信，行必果。

人工智慧安全性研究邁向主流

波多黎各研討會的主要目標之一，就是要把人工智慧安全性研究提升至主流的地位，看著我們將循序漸進朝向這個目標前進，不禁令人感到快慰。首先值得注意的是這場研討會本身的意義。這讓許多專家發覺自己並不孤單，是屬於規模逐漸成長的意見團體，開始更有自信探討相關議題，我自己就深受許多與會者的鼓勵而感動不已，比方說康乃爾大學人工智慧教授塞爾曼就在寄我的電子郵件上寫著：「說實在的，我從來沒見過規劃得更好、議題更吸引人、更能激盪出火花的科學研討會了。」

接著在一月十一日跨出邁向主流的下一步。當天馬斯克發了一則推文：「全世界頂尖的人工智慧專家共同簽署了一份公開信，呼籲要重視人工智慧安全性研究。」並附上網頁連署的連結，結果很快讓連署人數衝破八千大關，很多舉世知名的人工智慧開發者也都齊聲附和。以往有人批評，看重人工智慧安全性研究的人，其實根本不知道自己在講些什麼，而這些說法似乎突然失去了立論基礎，因為這等於批評人工智慧領域數一數二的專家也搞不清楚自己在講些什麼。

至於世界各國媒體對這封公開信的報導方式，更是讓我們慶幸當初謝絕媒體參與研討會的決定：雖然公開信裡最嚴重的警語只不過用上「弊病」（pitfall）這個字眼，但是卻仍然引來「馬斯克和霍金共同連署，要預防機器人造反」這樣的新聞標題，同時附上殺手機器人目露凶光的插圖。在看過好幾百篇回應的評論後，我們認為其中一則諷刺意味十足的文章描述得最貼切，上頭寫著：「新聞標題意圖讓人聯想到，只有骨架的機器人把人類頭骨踩在腳下，簡直是把一項高度複雜、跨越時代的科技，當成馬戲團的雜耍看待」[6]所幸還是有些頭腦清醒的媒體能夠持平報導，不過這也帶給我們另一項工作挑戰：必須要好好管控爆量湧入的連署名單，認真檢視連署資料把諸如「HAL 9000」、「魔鬼終結者」、「莎拉・康納」（Sarah Connor，知名歌手）、「天網」這些惡搞的連署名稱剔除，才能建立連署名單的可靠度。

從這封公開信的連署開始，為了建立我們所有連署書的公信力，卡拉卡夫娜和克拉瑪就幫忙組織了名單查驗志工隊，和加樂芙（Jesse Galef）、嘉仕弗廉（Eric Gastfriend）及庫瑪（Revathi Vinoth Kumar）等人輪班上陣——譬如當瑪整理告一段落準備就寢時，就交由人在波士頓的嘉仕弗廉接手下一棒，讓查驗的工作從不間斷。

四天後，馬斯克又發了一則推文，宣布要投入一千萬美元用於人工智慧安全性研究，並在推文上附上我們研討會聲明的連結[7]，這算是朝向主流地位邁進的第三步。一星期之後，我們就建置好入口網站，讓全世界的人工智慧專家都能提案申請這筆獎金。由於阿及爾和我兩人在過去十多年來辦過多次類似的物理研究獎金大賽，對相關作業流程可說是駕輕就熟，所以能在短時間內完成申請提案系統的運作。位於加州的非營利組織「公開慈善計畫」（Open Philanthropy Project）一向關注如何將善款用於最具影響力的活動，此時也大方表示願意額外加碼馬斯克的贊助金額，讓我們擁有更多的獎金可供運用。

話雖如此，由於活動的主題相當新穎，開放申請的時間也非常短暫，其實我們並沒有把握能收到多少的研究提案，還好各界的熱烈反應超乎預期：總計收到來自全球三百多個團隊、合計提案金額超過一億美元的研究計畫。由人工智慧教授和專業的研究人員共同組成評選小組，謹慎的從中篩選出37個團隊，提供他們為期三年的研究補助。我們宣布這份獲獎名單時，媒體對我們的計畫總算有頭一次比較正常的反應，而且也總算不再附上殺手機器人的圖片了。塵埃落定後，人工智慧安全性研究總算不再只是一場空談：事實上的確有些實用的工作需要完成，而且很多一流的研究團隊已經迫不及待，準備好要在這些項目上大展身手了。

第四步則是接下來兩年如雨後春筍般的動態成長過程，期間陸續發表了許多技術領域的出版品，世界各地也有十多個致力於人工智慧安全性研究的團隊先後成立，大致上將這個領域提升至人工智慧研討會上的主流。擇善固執的人多年以來一直鼓勵人工智慧專家能夠進行安全性研究，可是效果並不顯著，不過現在整個局勢真的翻轉過來了。很多技術性出版品的背後都有我們研究獎金的挹注，而「未來生命研究所」也竭盡所能幫忙成立研究單位，並提供資金以利運作，而真正成長的關鍵當然還是由人工智慧專家投入時間跟資源所促成的。如此一來，愈來愈多研究人員就能從同僚那邊得到更多有關於人工智慧安全性研究的知識，知道這不但是實用的領域，而且也是有趣的課題，多得是引人入勝的數學和運算謎題，值得讓人細細思索。

當然不是所有人都會對複雜的運算式感到興趣。波多黎各研討會結束後的第二年，我們又在阿西羅瑪辦了一場技術性的研討會，讓當年獲得「未來生命研究所」提供研究獎金的團隊能夠展現各自的研究成果，在大螢幕上一張接過一張放映充滿各種數學符號的投影片。萊斯大學的人工智慧教授瓦迪（Moshe Vardi）就打趣說，他終於摸透未來生命研究所所謂建立人工智慧安全性研究的說法是怎麼回事，那就是把技術性研討會辦到令人昏昏欲睡就行了。

人工智慧安全性研究的大幅成長並不只局限在學術界，舉凡亞馬遜、DeepMind、臉書、Google、IBM和微軟也都透過產業聯盟的方式，試圖打造對人類有益的人工智慧[8]，針對人工智慧安全性研究大筆投入的新一輪贊助金，也讓這個領域裡最大的幾個非營利機構——位於柏克萊的「機器智慧研究所」（Machine Intelligence Research Institut），位於牛津的「人類未來研究所」，位於英國劍橋的「存在風險研究中心」（Centre for the Study of Existential Risk），有能力繼續拓展研究領域。另一筆一千萬美元的捐贈也啟動了更多呼籲打造對人類有益人工智慧的行動，諸如：美國劍橋的「萊弗休姆未來智慧中心」（Leverhulme Centre for the Future of Intelligence）、匹茲堡的「高蓋茨倫理與運算科技基金會」（K&L Gates Endowment for Ethics and Computational Technologies）、邁阿密的「人工智慧倫理與治理基金會」（Ethics and Governance of Artificial Intelligence Fund）等等。最後一定要提到的，則是馬斯克跟其他創業家共同投入十億美元，在舊金山成立以打造對人類有益人工智慧為目標的OpenAI。綜合來看，相信人工智慧安全性研究已經在很多領域奠定好發展基礎了。

亦步亦趨隨著研究成果爆量成長的，就是各界對人工智慧看法的公開表態，不論是來自於個人或是團體的觀點。各個人工智慧產業聯盟不停宣揚自身的宗旨，美國政府、史丹佛大學和電機電子工程師學會（IEEE，全球規模最大的專業技術組織）也在長篇報告中詳列對產業發展的各項建言，其他針對人工智慧發表的報告與評論更是多到無法勝數。[9]

在這樣的基礎上，我們非常希望能促成阿西羅瑪研討會的與會者，達成更有意義的對談，如果可能的話，更希望能在不同團體之間建立共識，培瑞（Lucas Perry）自告奮勇要把我們能找到的文件資料都讀過，從中擷取各種不同的觀點。在阿及爾帶頭下，我們未來生命研究所團隊多次透過長時間的電話視訊，把這些文件中文謅謅的官樣文章剔除，終於設法將各界近似的觀點歸類，濃縮成指引出大方針的扼要清單，其中也包含了以談話或其他非正式管道表達、非書面資料但是卻深具影響力的觀點。只是這份清單怎麼看都還是充滿模稜兩可、互相矛盾的語句，徒留讓人各說各話的空間。

圖9.3：各界頂尖人才在阿西羅瑪研討會分組探究人工智慧的發展方針。

所以在研討會開始前一個月，我們就先把清單傳給與會者過目，事先蒐集他們對於改善或更新清單版本的看法及建議，而這一群人分享的內容也讓我們做出大幅修正，以利研討會上的使用。

在阿西羅瑪研討會進行期間，這份清單又經歷了兩次的改善工程。首先是透過小組討論方式，讓與會者對自己最感興趣的議題（參見圖9.4）發表回饋意見，藉以提出文字更洗鍊的清單進行新、舊版本的比較。之後我們再向所有與會者提出諮詢，讓大家共同決定要支持哪個版本中的哪些方針。

這樣集體決策過程既費事又費神，阿及爾、美雅和我都因此忙到廢寢忘食，才能抓住有限的時間編排出可供下一階段討論的方針版本。累歸累，這個任務卻也相當具有挑戰性。與會者在詳細討論過棘手的議題，甚至有時不惜針鋒相對後，各種廣泛的回饋意見居然在最終版定稿大會上，對許多方針凝聚出高度的共識 —— 有些甚至獲得高達97%的支持度。這一點實在大大出乎我們意料之外。在高度共識的基礎上，我們就能放膽替最終版發展方針設定較高的門檻：只有獲得與會者90%以上同意票的項目，才會成為最終版的人工智慧發展方針。

雖然這代表我們到最後不得不捨棄某些同樣獲得多數支持的方針，包含我個人相當支持的方針草案在內[10]，但是這種做法也能讓絕大多數與會者放心背書所有的發展方針，並且在我們傳給禮堂中所有與會者的連署書上簽名。最終版本的人工智慧發展方針如下：

最終版人工智慧發展方針

人工智慧已經替人類日常生活的各個角落帶來許多有益的工具。隨著人工智慧科技的持續進展，藉由以下發展方針的指引，將有助於未來數十年，乃至於數世紀以後的人類擁有更美好的機會，具備更強大的實力。

研究課題

1. **研究目標**：人工智慧的研究目標，並非漫無目的創造人工智慧，而是要以有益於人類的人工智慧為念。
2. **研究經費**：人工智慧的投資應該伴隨著追求有益用途的研究經費而來，處理電腦科學、經濟、法律、倫理和社會研究等各領域的棘手課題也包含在內，例如 ——

   A. 我們如何讓未來的人工智慧系統更加可靠，在達成人類目標的過程不會碰上故障以及被入侵的問題？

B. 該怎樣透過自動化提升我們的富裕程度，同時保障所有人都不用擔心物資匱乏、人生失去目標？

C. 我們要如何翻修法律體系，使之能配合人工智慧的發展，變得更公平、更有效率，並且管控好人工智慧帶來的風險？

D. 人工智慧應服膺於哪一套價值標準？本身又應具備什麼樣的法定地位和倫理位階？

3. **科技政策支援**：人工智慧研究專家應與政策制定者建立具有建設性、健康的交流管道。

4. **研究文化**：應在人工智慧研究人員與開發者之間孕育出合作、互信、透明的文化。

5. **避免惡性競爭**：研發人工智慧系統的團隊應主動合作，避免在制定安全標準時藏私。

倫理與價值觀

6. **安全性**：人工智慧系統運作期間，應確保安全性無虞，並驗證有哪些可行的應用方式。

7. **失敗資訊公開**：凡是人工智慧系統造成了傷害，就應該要有辦法釐清問題所在。

8. **審理資訊公開**：凡是法律判決涉及自動化系統時，都應該出具可供核對並足以服人的資料，給有能力查核的主事機關進行檢視。

9. **責任感**：設計、開發先進人工智慧系統的人員，對於人工智慧系統的使用與誤用，以及人工智慧系統的行為後果，皆為能發揮道德影響的利害關係人，除了有機會發揮道德影響力，也應負起設定道德標準的責任。

10. **價值協調**：應以確保高度自動化人工智慧系統在運作期間內，目標和行為能符合人類的要求為設計原則。
11. **人本價值**：設計與運作人工智慧系統時，應設法與人類的尊嚴、權利、自由和文化多樣性等價值相輔相成。
12. **個人隱私**：任何人應有權取用、管控自己建立的資料，即令人工智慧系統能夠輕易分析、使用相關的資料。
13. **自由與隱私**：人工智慧取用個人資料時，絕不可超出比例原則，侵害當事人實質和感受到的自由。
14. **效益共享**：人工智慧科技應盡可能提升更多人的能力，讓更多人能夠分享其效益。
15. **財富共享**：應廣泛分享人工智慧創造的經濟成果，嘉惠於全體人類。
16. **人類主導**：應由人類選擇要不要，或是以什麼方式將決定權交給人工智慧，以便完成人類所選取的目標。
17. **非顛覆力量**：為了管控高度先進人工智慧而取得的權力，應尊重社會本身認定的健全社會標準，從中尋求改善的空間、而非採取顛覆性的做法。
18. **自動化武器軍備競賽**：應避免發展成致命性自動化武器系統的軍備競賽。

長期課題

19. **效能極限**：這一點尚未達成共識，是以應避免過度預設未來人工智慧的能力上限。
20. **重要性**：先進人工智慧意味著，地球生命演化歷程將產生根本性的變化，應在謹慎規劃下給予適當的關切和資源，進行良好的管理。
21. **風險度**：人工智慧系統會帶來風險，特別是災難等級、關乎物種存續的重大風險，因此應以預期影響為衡量標準，做好風險管控與調適的工作。
22. **遞迴式自我強化**：設計成會進行遞迴式自我強化或自我複製的人工智慧系統，將會以飛快的速度產生量變與質變，因此必須遵守嚴格的安全規範，進行有效的管控。
23. **追求共善**：應該唯有在為了服膺廣泛共享的倫理理想下，才發展超人工智慧，所追求的應為全體人類的福祉，而不是單一國家或組織的利益。

我們把發展方針上網後，連署人數成長得更快了，目前已經有超過一千多位人工智慧專家和很多其他領域一流的思想家加入了連署行列。如果你也願意共襄盛舉，歡迎前往以下的網址參與連署：http://futureoflife.org/ai-principles。

不只是發展方針的高度共識，方針直言不諱的程度也同樣讓我們大吃一驚。當然還是有些方針乍看之下就好像「愛與和平，母愛的光輝，這些都是可貴的」一樣讓人不知所云，但是大部分的確是一針見血，如果套用否定句型就更容易看出其中奧妙。譬如說，

「超人工智慧是不可能的！」這句話就違反了第十九條方針，而「研究如何避免人工智慧造成物種滅絕的風險根本是浪費時間！」這句話就違反了第二十一條方針。關於這兩點，你可以自行點選YouTube影片，花點時間觀看圓桌論壇的過程[11]，就會看到包括馬斯克、羅素、庫茲威爾、哈薩比斯、哈里斯（Sam Harris）、伯斯特隆姆、查莫斯、塞爾曼和塔林在內的所有與談人都一致同意，我們不但有可能發展出超人工智慧，而且人工智慧安全性研究更是不可或缺。

我希望阿西羅瑪研討會彙整出的人工智慧發展方針，能夠成為社會大眾更深入討論相關議題的起點，最終才能適切制定出人工智慧的發展策略和政策。秉持著這種倡議精神，我們「未來生命研究所」的媒體總監孔恩（Ariel Conn）帶領戴維（Tucker Davey）等團隊成員四處拜訪一流的人工智慧專家，除了詢問他們對於這份發展方針的看法，也一併請教他們會如何詮釋這些方針的內涵，而史丹利（David Stanley）帶領的「未來生命研究所」國際志工團隊則負責將發展方針翻譯成世上其他主要語言的版本。

審慎而樂觀

我在結語一開始就已經開宗明義表明，我現在對未來的生命型態的發展，比過去長期以來更樂觀。以下就用我個人的親身經歷說明其中緣由。

過去幾年以來，有兩個主要理由讓我變得愈來愈樂觀。第一，我目睹了人工智慧領域能夠團結一致，用非常具有建設性的態度面對擺在眼前的挑戰，並且理所當然地和其他領域的思想家進行跨界

圖9.4：愈來愈多有志一同的研究伙伴聚集在阿西羅瑪尋求解答。

合作。結束阿西羅瑪的研討會後，馬斯克告訴我，人工智慧安全性研究能在短短幾年內從不起眼的話題，搖身一變成為研究領域的主流，這樣的演變就連他都覺得有些不可思議，而我自己則是感到與有榮焉。現在，不僅是第三章描述的近未來已經成為阿西羅瑪研討會上舉足輕重的討論話題，就連有關於超人工智慧和物種存續風險，也都成為最終版發展方針中的一環，如果要在更早兩年的波多黎各研討會上彙整出這些方針，那是根本無法想像的事 —— 當年那封公開信上最引人側目的警語，不過也就是「弊病」兩個字而已。

我很喜歡看著人群，在阿西羅瑪研討會要結束的那個早晨，我站在禮堂外看著與會者專注聆聽人工智慧與法律的討論，突然間我莫名感受到一股無法形容的暖意流遍全身，帶給我非常深的

感動 —— 看起來，這次已經跟波多黎各那一場完全不可同日而語了！

我還記得自己在波多黎各那場研討會是用又敬又畏的眼神，看著大多數來自人工智慧領域的與會者 —— 他們不盡然會反對我們，但是關心人工智慧發展的我們，卻覺得要說服這群專家絕非易事。而這次我已經明顯感受到自己和他們是同一陣線的人了。看完這本書你應該不難發現，要怎樣運用人工智慧開創美好未來的這個問題，就連我到現在也都還回答不上來，所以看著有愈來愈多有志一同的人願意一起尋找答案，我忝為其中一員，真是覺得莫大榮幸。

第二個讓我愈來愈樂觀的理由，來自於未來生命研究所愈來愈有發揮空間的體驗。讓我在倫敦悵然落淚的原因其實很簡單：惶惶不可知的未來不斷逼近，而我們卻只能眼睜睜等著這一切陸續發生，一點辦法也拿不出來，但是接下來三年的經歷扭轉了我悲觀的宿命論 —— 如果一群不收分文雜牌軍組成的志工團隊都能發揮正面的影響力，帶來或許是我們這個年代當中最重要的一場對話，那麼，如果我們能夠團結攜手合作的話，能實現的夢想豈不更不可限量！

布林優夫森在阿西羅瑪研討會上提到兩種不同的樂觀態度，第一種是沒由來的樂觀，例如認定明天太陽一樣會從東邊升起的正面期待，另一種則是審慎而樂觀，意思是在謹慎規劃、認真投入以後，放寬心期待將來一定會產生好結果的樂觀態度 —— 也就是我現在對於未來生命型態所抱持的樂觀態度。

現在換我問你：在進入人工智慧年代後，你能對未來生命型態做出哪些正面的影響？如果你對這個議題還無法成為審慎而樂觀的人，我認為盡力讓自己變成這樣的人，就是跨出非常重要的一大步了，原因分述如下。

想要成為審慎而樂觀的人，當然要用正面的期望看待未來。當麻省理工學院的學生詢問我會給他們什麼樣的職涯建議，我通常會先問他們怎樣看待十年後的自己。如果對方的答案是「我可能已經躺在癌症病房內」，或是「應該早就出車禍掛點了」，那我就會讓他們有得受了——只用負面角度看待自己的未來，還能做出什麼高明的職涯規劃！對於疑神疑鬼、偏執妄想的人而言，盡全力別讓自己生病或出車禍稱得上是對症下藥，但是距離幸福的人生還差得遠呢。如果對方熱烈描述自己將來的目標，那就值得和他們一起討論達成目標的策略、避免掉入陷阱的方法。

布林優夫森利用賽局理論說明，正向願景是建立世界上絕大多數合作的基礎，舉凡婚姻、企業購併，再到美國當初選擇成為獨立的國家都是同樣的道理。理由很簡單，如果無法想像犧牲奉獻能換到更多，那還有誰會願意這樣做？所以我們不只應該用正面態度看待自己的未來，也應該用正面態度看待社會和人類的未來，亦即我們需要懷抱更多的希望才對！

但是正如同美雅過去提醒過我的事，不論是科學怪人還是魔鬼終結者，不論是文學創作還是電影畫面，我們對於未來的想像基本上都不外乎是失落的世界——這就表示整個社會對於未來的規劃，就跟我假設那位悲觀看待人生的學生沒什麼兩樣，也凸顯了我們為什麼需要更多審慎而樂觀的人了。所以我才會鼓勵你在看完這本書之後，多多思考什麼是你想要的未來，而不是你所恐懼的未來，好讓我們找出共同的目標，攜手努力讓夢想成真。

這本書不斷提到人工智慧既有可能帶給我們千載難逢的機會，

也有可能帶給我們揮之不去的挑戰。如果要克服人工智慧帶來的各種挑戰，靠著我們共同合作，在人工智慧接管之前先提升人類的社會，或許會是很有效的辦法。我們最好給予年輕世代優質的教育，好在人類懾服於人工智慧的強大威力之前，先行打造出可靠又有益的人工智慧；我們最好盡快翻修出能與時俱進的法律，以免科技進展讓法律顯得窒礙難行；我們最好著手解決國際上的紛爭，以免這些衝突升級成自動化武器的軍備競賽；我們最好建立能帶來均富的經濟體系，以免貧富差距惡化的苦果伴隨著人工智慧而來；我們最好處在能具體落實人工智慧安全性研究成果的社會，而不是處在輕忽以對的社會。

把目光放得更遠一點，望向超人工智慧可能帶來的挑戰時，我們最好能先對最起碼的基本倫理取得共識，才能讓將來的超人工智慧有依循的標準，否則在失序、走極端的社會裡，有權有勢的人絕對有能力和意願，利用人工智慧追求我們不樂見的目標，而想要在人工智慧科技競賽中勝出的團隊，也將更容易在壓力下選擇藏私，而不是通力合作。總而言之，如果我們能夠建立更和諧的社會，彰顯合作追求共同目標的價值，就能讓人工智慧革命的前景更加樂觀，朝著皆大歡喜的結局發展。

換句話說，你對未來生命型態做出貢獻的最佳方式之一，就是從改善明天的生活開始做起。你有許多不同的做法可以選擇，用投票結果告訴政治人物什麼是你對於教育、隱私、致命性的自動化武器、技術性失業等各議題的看法，當然是其中一種方式，但是你也不用拘泥於投下選票的那一天，大可在日常生活中做出各種表態，像是選擇買哪些商品、接收哪些新聞報導、和其他人分享些什麼資訊、會把什麼樣的楷模視為典範等等。你會希望自己是入侵他人智慧型手機，以擷取所有對話內容的那種人嗎？還是希望自己是能謹慎使用科技，進而提升自己能力的那種人？你希望自己掌握科技還是受制於科技？對你而言，在人工智慧年代下身而為人有什麼特殊意義？

請和生活周遭的親朋好友一起討論這些問題 —— 這些不只是引人入勝的話題，更會在你的生活圈內，形成一次又一次重要的對話。

只要開始著手塑造未來的人工智慧年代，你和我就都是未來生命型態的守護者。雖然我當年佇立在倫敦街頭失神落淚，但是我現在已經認定未來的發展猶在未定之天，而且也知道要做出改變並沒有想像中的那麼困難。未來並非像預言書一樣注定會發生，我們對於未來的發展也絕非束手無策 —— 未來是由我們親手創造出來的。既然如此，就讓我們攜手創立一個振奮人心的未來吧！

謝詞

在完成這本著作的過程中，真的非常感謝一路上鼓勵我、幫助我的每一個人，分別是：

家人、朋友、老師、同事，還有這幾年來支持我、啟發我的所有合作伙伴。

我的母親，是啟發我對意識、對人生的意義產生好奇的推手。

我的父親讓我學會改善世界就必須要奮鬥不懈的道理。

我的兒子菲利普（Philip）和亞歷山大（Alexander），讓我看見人類一點一滴累積智慧的奇妙過程。

這幾年來，世界各地所有我接觸到，對科技發展抱持熱衷態度的人，帶給我的種種問題、建議，都成為鞭策我將自己的想法轉為文字呈現的動力來源。

那位想方設法纏著我，直到我點頭答應寫出這本書的經紀人伯洛克曼（John Brockman）。

在交談中，針對類星體、Sphaleron重子裂解和熱力學分別帶給我許多寶貴想法的潘納（Bob Penna）、泰勒（Jesse Thaler）和英格蘭（Jeremy England）。

對本書部分草稿提供我參考建議的所有人，包括母親大人、我的兄弟裴爾（Per），還有莎巴赫（Luisa Bahet）、貝辛傑（Rob Bensinger）、伯格史東（Katerina Bergström）、布林優夫森、柴泰

（Daniela Chita）、查莫斯、德嘉妮（Nima Deghani）、林亨利、瑪姆斯柯德（Elin Malmsköld）、歐德、歐文（Jeremy Owen）、培瑞（Lucas Perry）、羅梅洛（Anthony Romero）和索爾斯（Nate Soares）等人。

更可貴的是看完整本書的草稿並提供建議的超級英雄，分別是太太美雅、父親大人、阿及爾、艾蒙德（Paul Almond）、葛拉夫斯（Matthew Graves）、賀爾畢格（Phillip Helbig）、馬拉、馬泊（David Marble）、梅辛（Howard Messing）、盧賽歐安（Luiño Seoane）、索爾賈希克（Marin Soljačić）、塔林和編輯大人法蘭克（Dan Frank）；在此謹獻上我最崇高的敬意。

最後，要感謝我至愛的繆思女神、伴隨我浪跡天涯的太座美雅，要不是她從不間斷的支持、鼓勵和提點，這本書恐怕就沒辦法呈現在各位的眼前了。

附注

第1章

1 這封公開信的標題是〈優先研究穩固可靠又有益的人工智慧〉，可以在以下網站讀到：http://futureoflife.org/ai-open-letter/。
2 後排由左至右分別是：米契爾（Tom Mitchell）、歐賀頁格塔（Seán Ó hÉigeartaigh）、普林斯（Huw Price）、山達利亞（Shamil Chandaria）、塔林（Jaan Tallinn）、羅素（Stuart Russell）、希伯德（Bill Hibbard）、阿卡斯（Blaise Agüera y Arcas）、山伯格（Anders Sandberg）、杜威（Daniel Dewey）、阿姆斯壯（Stuart Armstrong）、穆哈索爾（Luke Muehlhauser）、迪特里奇（Tom Dietterich）、奧斯伯爾（Michael Osborne）、曼一卡（James Manyika）、阿格喇沃（Ajay Agrawal）、馬拉（Richard Mallah）、張南茜（Nancy Chang）普特曼（Mattew Putman）；其他站著的人由左至右分別是：湯普生（Marilyn Thompson）、薩頓（Rich Sutton）葛羅斯（Alex Wissner-Gross）、泰勒（Sam Teller）、歐德（Toby Ord）、巴哈（Joscha Bach）、葛瑞斯（Katja Grace）、韋勒（Adrian Weller）、帕金斯（Heather Roff-Perkins）、喬治（Dileep George）、雷格（Shane Legg）、哈薩比斯（Demis Hassabis）、瓦拉赫（Wendell Wallach）、琍伊（Charina Choi）、蘇茨克維（Ilya Sutskever）、沃克（Kent Walker）、揚立（Cecilia Tilli）、伯斯特隆姆（Nick Bostrom）、布林優夫森（Erik Brynjolfsson）、克羅山（Steve Crossan）、蘇黎曼（Mustafa Suleyman）、菲尼斯（Scott Phoenix）、賈克柏斯坦（Neil Jacobstein）、山納哈（Murray Shanahan）、漢森（Robin Hanson）、羅西（Francesca Rossi）、索爾斯（Nate Soares）、馬斯克（Elon Musk）、麥克費（Andrew McAfee）、希爾曼（Bart Selman）、歐賴里（Michele Reilly）、范德梵德（Aaron VanDevender）、泰格馬克（Max Tegmark）、波頓（Margaret Boden）、格林尼（Joshua Greene）、克里斯他儂（Paul Christiano）、尤德考斯基（Eliezer Yudkowsky）、帕克斯（David Parkes）、澳詩努（Laurent Orseau）、史塔保爾（JB Straubel）、摩爾（James Moor）、雷嘎史克（Sean Legassick）、哈特曼（Mason Hartman）、雷姆沛（Howie Lempel）、弗拉戴克（David Vladeck）、史汀哈德特（Jacob Steinhardt）、瓦薩（Michael Vassar）、卡羅（Ryan Calo）、楊蘇珊（Susan Young）、伊凡斯（Owain Evans）、泰茲（Riva-Melissa Tez）、喀爾瑪（János Krámar）、安德魯斯（Geoff Anders）、文奇（Vernor Vinge）、阿及爾（Anthony Aguirre）；席地而坐的人是：哈里斯（Sam Harris）、波吉歐（Tomaso Poggio）、索爾賈希克（Marin Soljačić）、卡拉卡夫娜（Viktoriya Krakovna）、美雅（Meia Chita-Tegmark）。攝影的阿及爾是由坐在他前面那位人類水準的人工智慧用修圖程式把他弄進照片中的。

3 洛伐葛莉法（Ellie Zolfagharifard）的文章〈人工智慧：恐怕是對人類最糟糕的事〉是典型在媒體上對機器人口誅筆伐的例子，參見http://tinyurl.com/hawkingbots。

第2章

1 關於通用人工智慧一詞由來的說法: http://wp.goertzel.org/who-coined-the-term-agi。
2 莫拉維克，1998，〈電腦硬體設施什麼時候才能追得上人腦〉Hans Moravec 1998, "When will computer hardware match the human brain", Journal of Evolution and Technology, vol. 1。
3 圖中每一年運算成本的數字，在2011年之前的資料都取自庫茲威爾的著作《人工智慧的未來》，之後的年份則是透過維基百科的資料進行計算，請見：https://en.wikipedia.org/wiki/FLOPS。
4 量子電腦先驅鐸伊奇在書裡講述自己怎樣把量子運算視為平行宇宙的證據：《事實的成分》（*The Fabric of Reality*）。如果你想知道我怎樣把量子平行宇宙界定成四種多重態裡的第三層，請參閱我前一本作品：《我們的數理宇宙》（*Our Mathematical Universe*）。

第3章

1 DeepMind深度增強學習人工智慧透過自學，學會玩電動遊戲打磚塊的影片，請見：https://tinyurl.com/atariai。
2 說明DeepMind人工智慧怎樣學會玩雅達利電動遊戲的論文，請參見：http://tinyurl.com/ataripaper。
3 波士頓機械狗運動的影片，請見：https://www.youtube.com/watch?v=W1czBcnX1Ww。
4 對AlphaGo下在第五行這一手驚世創意的反應，請參見：https://www.youtube.com/watch?v=JNrXgpSEEIE。
5 人工智慧專家哈薩比斯（Demis Hassabis）描述人類棋手對AlphaGo表現的反應，請見：https://www.youtube.com/watch?v=otJKzpNWZT4。
6《紐約時報》關於機器翻譯功力近來突飛猛進的報導，請參見：http://www.nytimes.com/2016/12/14/magazine/the-great-ai-awakening.html。
7 關於威諾格拉德模式挑戰競賽，請參見：http://tinyurl.com/winogradchallenge。
8 雅利安五型火箭爆炸的影片，請參見：https://www.youtube.com/watch?v=qnHn8W1Em6E
9 調查委員會提出編號501雅利安五型火箭的失事報告，請參見：http://tinyurl.com/arianeflop。
10 美國航太總署火星氣候軌道探測船失事調查委員會第一階段報告，請參見：http://tinyurl.com/marsflop。
11 關於水手一號金星任務失敗，公認最詳盡的一份報告指出，原因出在一個錯誤的手寫數學符號（少寫了無限循環的上橫線），請參見：http://tinyurl.com/marinerflop。
12 可以在《太陽系裡的蘇聯機器人》（*Soviet Robots in the Solar System*）這本書第308頁找到關於福布斯一號火星任務失敗的詳細原因。

13 未經驗證的軟體如何在45分鐘內造成騎士資本4.4億美元的損失，請參見：http://tinyurl.com/knightflop2。
14 美國政府關於華爾街「閃崩」的調查報告，請參見：http://tinyurl.com/flashcrashreport。
15 用3D列印技術做出的大樓，請參見：https://www.youtube.com/watch?v=SObzNdyRTBs 微型機械設備請參見：(http://tinyurl.com/tinyprinter 大小介於兩者之間的物品，請參見：https://www.youtube.com/watch?v=xVU4FLrsPXs。
16 登錄在Google地圖上的無工廠實驗室社群，請參見：https://www.fablabs.io/labs/map。
17 威廉斯被工業機器人殺害的報導，請參見：http://tinyurl.com/williamsaccident。
18 浦田健二被工業機器人殺害的報導，請參見：http://tinyurl.com/uradaaccident。
19 福斯車廠工人被工業機器人殺害的報導，請參見：http://tinyurl.com/baunatalaccident。
20 美國政府職災統計報告，請參見：https://www.osha.gov/dep/fatcat/dep_fatcat.html。
21 死亡車禍統計報告，請參見：http://tinyurl.com/roadsafety3。
22 特斯拉第一起自動駕駛模式導致死亡車禍的報導及美國政府的調查報告，請參見：http://tinyurl.com/teslacrashreport。
23 惠特漢在《揹黑鍋的機器》（*The Blame Machine*）一書中，記述了自由企業先驅號（Herald of Free Enterprize）船難過程。
24 關於法航447號班機空難的記錄片，請參見：https://www.youtube.com/watch?v=dpPkp8OGQFI 意外調查報告，請參見：http://tinyurl.com/af447report 外部調查的事件分析，請參見：http://tinyurl.com/thomsonarticle。
25 2003年美加兩國大停電的官方報告，請參見：http://tinyurl.com/uscanadablackout。
26 三哩島核災事件最終版本的總統委員會調查報告，請參見：http://www.threemileisland.org/downloads/188.pdf。
27 荷蘭的研究顯示，人工智慧依照核磁共振影像診斷前列腺癌的表現並不遜於人類的放射科醫師，請參見：http://tinyurl.com/prostate-ai。
28 史丹佛大學研究顯示人工智慧在診斷肺癌的表現優於人類的病理學家請參見：http://tinyurl.com/lungcancer-ai。
29 Therac-25放射治療器的意外調查報告，請參見：http://tinyurl.com/theracfailure。
30 巴拿馬因為使用者介面設計不良導致患者遭受過量輻射而致命的調查報告，請參見：http://tinyurl.com/cobalt60accident。
31 針對機器人操刀外科手術而導致意外的研究報告，請參見：https://arxiv.org/abs/1507.03518。
32 不良醫療品質導致死亡人數的統計報導，請參見：http://tinyurl.com/medaccidents。
33 雅虎坦承數十億筆使用者帳戶資料外洩後，宣佈將針對「大型駭客攻擊」採行新的資安標準，請參見：https://www.wired.com/2016/12/yahoo-hack-billion-users/。
34《紐約時報》針對3K黨殺人兇手從原本無罪判決到之後俯首認罪的報導，請參見：http://tinyurl.com/kkkacquittal。
35 丹吉傑等人在2011年的研究指出，空腹法官的判決會比較嚴苛，請參見：http://www.pnas.org/content/108/17/6889.full，隨後韋恩蕭馬傑拉、約翰莎帕兩人指出研究方法有誤，請參見：http://www.pnas.org/content/108/42/E833.full，不過丹吉傑等人堅持自己的說法並沒有問題，請參見：http://www.pnas.org/content/108/42/E834.full。

36 非盈利新聞媒體ProPublica的報導提到預測再犯的軟體帶有的種族偏誤，請參見：http://tinyurl.com/robojudge。

37 雖然有些研究團隊聲稱，使用功能性核磁共振造影或其他腦部掃描技術準確率超過九成，但是做為審判依據的爭議程度之高，並不下於技術本身的準確度，請參見：http://journal.frontiersin.org/article/10.3389/fpsyg.2015.00709/full。

38 美國公共電視網製播的「拯救世界的人」(*The Man Who Saved the World*)這支影片中，記述了阿克菲波夫力排眾議，避免蘇聯引發核子戰爭的這起事件，請參見：https://www.youtube.com/watch?v=4VPY2SgyG5w。

39 關於彼得羅夫如何把美國核子飛彈來襲的警報，判斷成是系統故障的情節，已經拍成記錄片「世界存亡一指間」(影片英文名稱和前一註解相同)，而彼得羅夫本人也受到聯合國高度推崇，獲頒世界公民獎，請參見：https://www.youtube.com/watch?v=IncSjwWQHMo。

40 致人工智慧與機器人專家一封關於自動化武器的公開信Open letter from AI & robotics researchers about autonomous weapons: http://futureoflife.org/open-letter-autonomous-weapons/。

41 美國官方似乎對人工智慧的軍備競賽抱持樂觀其成的態度，請參見：http://tinyurl.com/workquote。

42 美國自1913年起針對財富分配不均的研究報告，請參見：http://gabriel-zucman.eu/files/SaezZucman2015.pdf。

43 非政府組織樂施會對於全球財富分配不均的調查報告，請參見：http://tinyurl.com/oxfam2017。

44 圖中數據取自阿瓦雷多(F. Alvaredo)、阿特金森(A. Atkinson)、皮凱提(T. Piketty)、賽斯(E. Saez)和祖克曼(G. Zucman)等人彙編的《全球財富與所得資料庫》(*The World Wealth and Income Database*)，資本利得也算在內，請參見：http://www.wid.world, 31/10/2016。

45 如要更進一步了解科技導致分配不均的完整假設，參見布林優夫森和麥克費合著的《第二次機器時代：智慧科技如何改變人類的工作、經濟與未來？》一書。

46《大西洋》月刊中有關教育程度低落導致待遇縮水的文章，請參見：http://tinyurl.com/wagedrop。

47 曼宜卡的簡報指出收入從勞動階級流向資本階級的現象，請參見：http://futureoflife.org/data/PDF/james_manyika.pdf。

48 牛津大學對於未來工作自動化的預測，請參見：http://tinyurl.com/automationoxford) 麥肯錫顧問公司對於未來工作自動化的預測，請參見：http://tinyurl.com/automationmckinsey。

49 機器人掌廚的影片：Video of robotic chef: https://www.youtube.com/watch?v=fE6i2OO6Y6s。

50 索爾賈希克在2016年「抓不住的電腦：人工智慧發展對社會的衝擊與啟示」研習營上分析了各種選項的影響，請參見：http://futureoflife.org/2016/05/06/computers-gone-wild/。

51 麥克費關於創造優質工作的建議，請參見：http://futureoflife.org/data/PDF/andrew_mcafee.pdf。

52 除了有許多學術論文論證技術性失業「這一次真的不一樣」了之外，「人類不用再投履歷了」這支影片也一針見血點出同樣的問題，請參見：https://www.youtube.com/watch?v=7Pq-S557XQU。

53 美國勞工統計局的統計資料，請參見：http://www.bls.gov/cps/cpsaat11.htm。

54 皮斯托諾在《機器人即將搶走你的工作》一書中提出的論點，與技術性失業將導致「這一次真的不一樣」有所不同。請參見：http://robotswillstealyourjob.com。

55 美國馬匹數量的演變，請參見：http://tinyurl.com/horsedecline。

56 盧曼等人在《人格與社會心理學期刊》中，以〈在生命不同階段中，主觀認定的幸福：綜合文獻分析〉為題，分析了失業對個人幸福的影響，請參見：https://www.ncbi.nlm.nih.gov/pmc/articles/PMC3289759。

57 達克沃斯（A. Duckworth）、史汀（Tracy Steen）和塞利格曼（Martin Seligman）在2005年以什麼促使人們感受到幸福為題，發表〈正向心理學臨床實務〉的研究報告，請參見：http://tinyurl.com/wellbeingduckworth。黃蔚婷（Weiting Ng，音譯）和迪納（Ed Diener）兩人也在《人格與社會心理學期刊》上發表了〈窮與富之間，什麼才是重要的？世界各地對於主觀幸福、財務滿足和後物質主義的需求〉，請參見http://psycnet.apa.org/journals/psp/107/2/326。另外還可以參考克絲汀．魏爾（Kirsten Weir）發表於2013的文章〈超越工作的滿足感〉，請參見：http://www.apa.org/monitor/2013/12/job-satisfaction.aspx。

58 總計10^{11}個神經元，每個神經元共10^{4}連接點，再假定每個神經元每秒鐘反應一次（10^{0}），相乘後可得出每秒鐘一拍（10^{15}）次的浮點運算，已經接近模擬人腦的水準。但是這種估算方式忽略太多我們還不甚了解的複雜問題，像是神經元實際的反應時間，以及是否從小範圍神經元與突觸的結構開始模擬起的必要性等。IBM電腦科學家達摩德哈認為，每秒鐘起碼要達38拍次的浮點運算才足以模擬人腦，請參見：http://tinyurl.com/javln43。而神經科學家馬克拉姆卻認為，每秒鐘起碼要超過一千拍次的浮點運算才夠模擬人腦，請參見：http://tinyurl.com/6rpohqv。人工智慧專家葛瑞斯（Katja Grace）和克利斯提雅諾（Paul Christiano）則是認為，模擬人腦的關鍵不在於神經元的運算能力，而是在於神經元的互動模式，不過上述各種估算方式都不脫當今最頂級超級電腦可以負擔的範圍，請參見：http://aiimpacts.org/about。

59 莫拉維克1998年在《演化與科技期刊》（*Journal of Evolution and Technology*）第一卷上發表〈電腦硬體設施什麼時候才能追得上人腦〉這篇論文中，提到估算人腦運算效能的有趣方法。

第4章

1 第一隻機械鳥的影片，請參見：https://www.ted.com/talks/a_robot_that_flies_like_a_bird。

第5章

1 關於人工智慧會尊重人類的說法，引述自庫茲威爾所著《奇點臨近》一書。

2 格策爾對「人工智慧保母」（Nanny AI）的描述，請參見：https://wiki.lesswrong.com/wiki/Nanny_AI。

3 人類與機器之間是什麼關係、機器是我們人類奴隸的相關文章，請參見：http://tinyurl.com/aislaves。

4 伯斯特隆姆除了在《超智慧》一書中提過，要將這種念頭等同於犯罪的緣由，最近也在2016年和達佛（Allan Dafoe）、弗林恩（Carrick Flynn）等人共同發表的論文〈超人工智慧發展配套的政策想望〉中，進行了相關的細部分析，請參見：http://www.nickbostrom.com/papers/aipolicy.pdf。

5 東德特務頭子的回憶錄，請參見：http://www.mcclatchydc.com/news/nation-world/national/article24750439.html。

6 想要更深入省思，人類為什麼會受引誘而促使沒人樂見的結果發生，我推薦〈摩洛神到底是何方神聖〉這篇文章：http://slatestarcodex.com/2014/07/30/meditations-on-moloch。

7 因意外使得核戰一觸即發的時間軸記錄，請參見：http://tinyurl.com/nukeoops。

8 美國核武器試爆受害者的賠償金額，請參見：https://www.justice.gov/civil/awards-date-04242015。

9 美國電磁脈衝威脅委員會的報告，請參見：http://www.empcommission.org/docs/A2473-EMP_Commission-7MB.pdf。

10 美蘇兩國科學家對雷根與戈巴契夫提出有關於核戰寒冬的獨立研究報告列舉如下：
Crutzen, P. J. & Birks, J. W. 1982, "The atmosphere after a nuclear war: Twilight at noon", *Ambio*,11
Turco, R. P., Toon, O. B., Ackerman, T. P., Pollack, J. B. & Sagan, C. 1983, "Nuclear winter: Global consequences of multiple nuclear explosions", *Science*, 222, 1283-1292

Aleksandrov, V. V. & Stenchikov, G. L. 1983, "On the modeling of the climatic consequences of the nuclear war", *Proceeding on Applied Mathematics*, 21: Computing Centre of the USSR Academy of Sciences, Moscow.

Robock, A. 1984, "Snow and ice feedbacks prolong effects of nuclear winter", Nature, 310, 667-670.

11 全球核戰對氣候影響的估算取自這篇研究報告：Robock A., Oman, L. & Stenchikov, L. 2007, "Nuclear winter revisited with a modern climate model and current nuclear arsenals: Still catastrophic consequences" , *J. Geophys. Res*., 12, D13107。

第6章

1 桑伯格（Anders Sandberg）彙整的戴森球資訊，請參見：http://tinyurl.com/dysonsph。

2 戴森討論與他同名的這個生物圈的論文，深入淺出充滿創見，請參見：Freeman Dyson 1959, "Search for Artificial Stellar Sources of Infrared Radiation", *Science*, vol. 131, 1667-1668。

3 克蘭和威斯慕蘭所設想的黑洞引擎，請參見：http://arxiv.org/pdf/0908.1803.pdf。

4 歐洲粒子物理研究中心用來說明各種基本粒子的圖示請參見：http://tinyurl.com/cernparticles。

5 這段難能可貴的影片透過非核子動力的獵戶座計畫原型機，說明如何用原子彈提供火箭推進動力的方式，請參見：https://www.youtube.com/watch?v=E3Lxx2VAYi8。

6 光帆的操作指引參見：http://www.lunarsail.com/LightSail/rit-1.pdf。
7 奧爾森針對文明在宇宙中擴張的分析，請參見：http://arxiv.org/abs/1411.4359。
8 戴森於1979年在《現代物理評論》中以論文〈無止境的時間：宇宙中物理與生物學的開放式結局〉提出第一份關於宇宙未來全面性科學分析，參見：http://tinyurl.com/dysonfuture。
9 前文提到羅伊德的算式顯示，在時間t內執行運算要消耗的能量$E \geqq h/4t$，其中h代表普朗克常數，如果我們想要在時間T內逐一（按照順序）執行完N個運算，則$t = T/N$，而$E/N \geqq hN/4T$，反過來說，我們可以在時間T內以能量E執行$N \leqq 2\sqrt{ET/h}$個連續運算，代表時間T跟能量E都是和運算次數呈正相關、多多益善的資源。如果把能量拆解執行n個平行運算，套用$N \leqq 2\sqrt{ETn/h}$的算式，代表執行比較緩慢的運算效率更高。根據伯斯特隆姆的估算，模擬人腦運作一百年所需的運算次數為$N = 10^{27}$。
10 如果想更深入了解，為什麼生命的源頭是奇蹟中的奇蹟，且距離我們最近的文明體系起碼超過10^{1000}公尺的原因，我推薦普林斯頓大學物理暨天文生物學家透納（Edwin Turner）製作的這支影片：https://www.youtube.com/watch?v=Bt6n6Tu1beg。
11 芮斯那篇關於搜尋外星高等智慧生物的論文，請參見：https://www.edge.org/annual-question/2016/response/26665。

第7章

1 英格蘭那篇膾炙人口的論文〈消耗能源導向的調適行為〉可參見連結：https://www.scientificamerican.com/article/a-new-physics-theory-of-life/；另外也可以在普里高津（Ilya Prigogine）和史騰潔絲（Isabelle Stengers）合著的《源自混沌的秩序：和自然展開新的對話》（*Order Out of Chaos*）一書中，找到許多論證基礎。
2 關於感覺和其心理學上根源的參考著作如下：
Principles of Psychology, William James 1890, Henry Holt & Co.
Evolution of Consciousness: The Origins of the Way We Think, Robert Ornstein 1992, Simon & Schuster
Descartes' Error: Emotion, Reason, and the Human Brain, António Damásio 2005, Penguin
Self Comes to Mind: Constructing the Conscious Brain, António Damásio 2012, Vintage
3 尤德考斯基提到，友善的人工智慧協調的並不是我們當前的目標，而是我們據以「持續推斷的意志」（Coherent Extrapolated Volition）。用比較淺顯的方式來講，他指的是當我們知道的愈多、思考得更快、朝希望的目標發展時，友善的人工智慧的理想版本。尤德考斯基在2004年發表相關論文（請參考：http://intelligence.org/files/CEV.pdf），之後不久開始批判「持續推斷的意志」，不只難以執行，也不確定這個論點最終會不會收斂到任何定義明確的事項。
4 「逆向增強式學習」的核心概念，是要求人工智慧不是讓自己的目標滿意度極大化，而是要達到人類主人的目標滿意度，這會讓人工智慧遇上不知道人類主人真正想法時保持警覺，並設法找出答案。而且如果人類主人要把人工智慧關機也不是問題，因為這代表人工智慧已經誤解人類主人真正的想法。

5 奧姆亨卓關於人工智慧衍生目標的論文，請參見：http://tinyurl.com/omohundro2008。

6 想知道在智慧習慣於盲目遵守命令，完全不質疑命令的道德基礎時，究竟會發生什麼事，可以參見發人深省的著作：漢娜．鄂蘭的《平庸的邪惡》。德雷克斯先前也對「把超人工智慧拆解成許多簡化的結構，讓各部分都無法掌握全貌」這種控制手法其中的兩難處，提出看法，請參見：http://www.fhi.ox.ac.uk/reports/2015-3.pdf。如果分割的手法真的可行，那是再次製造出完全不受道德約束，卻功能無比強大的工具，會毫無罣礙遂行其所有人的任何指示，類似的情境不禁讓人想到在極權統治下，受極度分割的官僚體系如何不自覺造成無法挽回的後果：其中一個單位負責生產武器，但是不知道這些武器會怎樣派上用場，另一個負責處死受刑人的單位，卻不曉得這些人犯了什麼罪。

7 羅爾斯（John Rawls）替推己及人的金科玉律進行現代化的詮釋：當假設狀態下的任何人都不知道自己將來會是什麼人，而且也沒有人想要做出調整的話，這個假設狀態就符合公平的原則。

8 譬如說，在希特勒的納粹政府裡，高階官員的智商普遍都相當高，請參見：http://tinyurl.com/nurembergiq。

第8章

1 由蘇瑟蘭（Stuart Sutherland）編撰的這本《心理學詞典》（*Macmillan Dictionary of Psychology*）中，意識這個條目寫得頗為幽默。

2 堪稱為量子力學之父的薛丁格，在《生命是什麼》一書中提到，上述戲劇的比喻是指過去的歷史，在描述具有意識的生命如果一開始沒有進入演化過程，接下來會發生的情形。換個角度來看，人工智慧的崛起在邏輯上，也可能讓我們的宇宙最終成為沒有觀眾的戲碼。

3 《史丹佛哲學百科全書》（*The Stanford Encyclopedia*）針對「意識」一詞不同的定義與使用方式，進行過廣泛的調查，請參閱：http://tinyurl.com/stanfordconsciousness。

4 參見哈拉瑞所著《人類大命運》第131頁。

5 有關「系統一」和「系統二」的差異，此研究領域先驅康納曼所著的《快思慢想》是絕佳的入門書。

6 參見柯霍（Christof Koch）所著《探究意識：從神經生物學的觀點出發》（*The Quest for Consciousness: A Neurobiological Approach*）一書。

7 人類每秒鐘只能清楚掌握大腦內非常低比率的資訊（大概介於10到50位元而已）；參見庫夫穆勒（K Küpfmüller）所著《人類資訊處理的模式》（*Nachrichtenverarbeitung im Menschen*）一書，以及諾瑞錢德（T. Nørretranders）所著《使用者的錯覺》（*The User Illusion*）一書。

8 相關實驗跡象來源包括：

"*The Future of the Mind: The Scientific Quest to Understand, Enhance*, and Empower the Mind", Michio Kaku 2014, Doubleday.

"*On Intelligence*", Jeff Hawkins & Sandra Blakeslee 2007, Times Books.

"*A Neuronal Model Of a Global Workspace in Effortful Cognitive Tasks*", Stanislas Dehaene, Michel

Kerszberg & Jean-Pierre Changeux 1998, Proceedings of the National Academy of Sciences, 95, 14529-14534.

9 彭菲爾得著名「我聞到吐司烤焦了」實驗的影片，請參見：https://www.youtube.com/watch?v=mSN86kphL68。另外亦可參見：Sensorimotor cortex details: *Anatomy & Physiology*, 3rd Ed., Elaine Marieb & Katja Hoehn 2008, Pearson, p391395。

10 近年來，「意識的神經基礎」研究成為神經科學界的顯學，相關出版如下：
"Neural correlates of consciousness in humans", Geraint Rees, Gabriel Kreiman & Christof Koch 2002, *Nature Reviews Neuroscience*, 3, 261–270。
Neural correlates of consciousness: Empirical and conceptual questions, Thomas Metzinger 2000, MIT press。

11「連續閃動抑制術」的原理，請參見下方資料：
The Quest for Consciousness: A Neurobiological Approach, Christof Koch 2004, W.H. Freeman
"Continuous flash suppression reduces negative afterimages", Christof Koch & Naotsugu Tsuchiya 2005, *Nature Neuroscience*, 8, 1096-1101。

12 相關的研究，請參見："Neural correlates of consciousness: progress and problems", Christof Koch, Marcello Massimini, Melanie Boly & Giulio Tononi 2016, *Nature Reviews Neuroscience*, 17, 307。

13 參見柯霍所著《探究意識》(*The Quest for Consciousness*）一書，另外亦可參考《史丹佛哲學百科全書》上更進一步的討論，請參見：http://tinyurl.com/consciousnessdelay.14。

14 有關於統整感受形成意識的說法，參見：伊葛門著《大腦解密手冊》。

15 參見利貝特（Benjamin Libet）所著《心靈時刻》(*Mind Time*）一書，以及孫俊祥等人發表於《自然神經科學》上的論文〈人腦內自主決定的無意識因子〉：http://www.nature.com/neuro/journal/v11/n5/full/nn.2112.html。

16 近來有關意識理論的著作列舉如下：
Consciousness explained, Daniel Dennett 1992, Back Bay Books
In the Theater of Consciousness: The Workspace of the Mind, Bernard Baars 2001, Oxford Univ. Press.
The Quest for Consciousness: A Neurobiological Approach, Christof Koch 2004, Roberts
A Universe Of Consciousness How Matter Becomes Imagination, Gerald Edelman & Giulio Tononi 2008, Hachette.
Self Comes to Mind: Constructing the Conscious Brain, António Damásio 2012, Vintage
Consciousness and the Brain: Deciphering How the Brain Codes Our Thoughts, Stanislas Dehaene 2014, Viking.
"A neuronal model of a global workspace in effortful cognitive tasks", Stanislas Dehaene, Michel Kerszberg & Jean-Pierre Changeux 1998, *Proceedings of the National Academy of Sciences*, 95, 14529-14534.
"Toward a computational theory of conscious processing", Stanislas Dehaene, Lucie Charles, Jean-Rémi King & Sébastien Marti 2014, *Current opinion in neurobiology*, 25, 760-84.

17 關於「突現」在物理學和哲學上不同用法的完整討論，參見查莫斯的論文：

http://cse3521.artifice.cc/Chalmers-Emergence.pdf。

18 我過去對於「意識是資訊依照特定方式處理所形成的感受」的主張，參見：https://arxiv.org/abs/physics/0510188、https://arxiv.org/abs/0704.0646，以及我的書《我們的數理宇宙》。查莫斯在1996年的著作《意識心智》（*The Conscious Mind*）中，也表達類似的想法：「體驗源自於內在資訊產生的感受，物理則是外界資訊運作的模式。」

19 參見卡薩利（Adenauer Casali）等人發表於《轉譯醫學》上的論文〈意識指標在理論上與感測過程及實際行為無關〉：http://tinyurl.com/zapzip。

20 關於整合資訊論不適用於連續變動物理體系的討論，請參見：
https://arxiv.org/abs/1401.1219；
http://journal.frontiersin.org/article/10.3389/fpsyg.2014.00063/full；
https://arxiv.org/abs/1601.02626。

21 韋爾林的專訪影片：「只有三十秒短暫記憶的男人」，請參見：https://www.youtube.com/watch?v=WmzU47i2xgw。

22 艾隆森對資訊整合論的批評，請參見：http://www.scottaaronson.com/blog/?p=1799。

23 克魯洛（Michael A. Cerullo）對資訊整合論提出整合並非形成意識之充分條件的批評，參見：http://tinyurl.com/cerrullocritique。

24 資訊整合論認為模擬人腦會成為活死人的預測，請參見：
http://rstb.royalsocietypublishing.org/content/370/1668/20140167。

25 沙納漢對資訊整合論的批評，請參見：http://arxiv.org/ftp/arxiv/papers/1504/1504.05696.pdf。

26 有關於盲視，請參見：Blindsight: http://tinyurl.com/blindsight-paper。

27 人類每秒鐘只能清楚掌握大腦內非常低比率的資訊（大概介於10到50位元）；參見庫夫穆勒（K. Küpfmüller）所著《人類資訊處理的模式》（*Nachrichtenverarbeitung im Menschen*），以及諾瑞錢德所著《使用者的錯覺》（*The User Illusion*）。

28 關於「無法喚起的意識」正反兩面的論述，請參見拉姆（Victor Lamme）發表於《認知神經科學》上的論文〈神經科學將如何改變我們對意識的看法〉：http://www.tandfonline.com/doi/abs/10.1080/17588921003731586。

29 想知道自己會不會心不在焉到視而不見？這段影片可以供你自我檢驗：
https://www.youtube.com/watch?v=vJG698U2Mvo。

30 關於「無法喚起的意識」正反兩面的論述，參見拉姆發表於《認知神經科學》上的論文〈神經科學將如何改變我們對意識的看法〉：http://www.tandfonline.com/doi/abs/10.1080/17588921003731586。

31 更多關於類似課題的詳細探討，參見丹尼特（Daniel Dennett）所著《意識說了算》（*Consciousness Explained*）。

32 有關「系統一」和「系統二」的差異，此研究領域先驅康納曼（*Daniel Kahneman*）所著的《快思慢想》是絕佳的入門書籍。

33 在《史丹佛哲學百科全書》中，自由意志被界定為充滿爭議的詞彙，請參見：
https://plato.stanford.edu/entries/freewill。

34 羅伊德解釋為什麼人工智慧會擁有自由意志的影片，請參見：https://www.youtube.com/watch?v=Epj3DF8jDWk。

35 參見溫伯格所著《夢境裡的最終理論》(*Dreams of a Final Theory*)一書。

36 戴森於1979年在《現代物理評論》中以〈無止境的時間：宇宙中物理與生物學的開放式結局〉這篇論文提出第一份關於宇宙未來全面性科學分析，請參見：http://tinyurl.com/dysonfuture。

結語

1 後排由左至右分別是：林派克(Patrick Lin)、韋爾德(Daniel Weld)、孔恩(Ariel Conn)、張南西(Nancy Chang)、米契爾(Tom Mitchell)、庫茲威爾(Ray Kurzweil)、德威((Daniel Dewey)、波頓(Margaret Boden)、諾米格(Peter Norvig)、海伊(Nick Hay)、瓦迪(Moshe Vardi)、薩斯金德(Scott Siskind)、伯斯特隆姆(Nick Bostrom)、羅西(Francesca Rossi)、雷格(Shane Legg)、維羅索(Manuela Veloso)、馬泊(David Marble)、葛瑞斯(Katja Grace)、貝里澤(Irakli Beridze)、提納勃(Marty Tenenbaum)、普萊特(Gill Pratt)、芮斯(Martin Rees)、格林尼(Joshua Greene)、舍爾(Matt Scherer)、凱恩(Angela Kane)、安潔麗卡(Amara Angelica)、莫爾(Jeff Mohr)、蘇雷曼(Mustafa Suleyman)、奧姆亨卓(Steve Omohundro)、克勞佛(Kate Crawford)、布特林(Vitalik Buterin)、松尾豐(Yutaka Matsuo)、兒猛(Stefano Ermon)、韋爾曼(Michael Wellman)、斯圖內布林克(Bas Steunebrink)、瓦拉赫(Wendell Wallach)、達佛(Allan Dafoe)、歐德(Toby Ord)、德特里奇(Thomas Dietterich)、康納曼(Daniel Kahneman)、埃莫迪(Dario Amodei)、卓斯勒(Eric Drexler)、波吉歐(Tomaso Poggio)、史密特(Eric Schmidt)、奧提嘉(Pedro Ortega)、李克(David Leake)、歐賀頁格塔(Seán Ó hÉigeartaigh)、伊凡斯(Owain Evans)、塔林(Jaan Tallinn)、德拉甘(Anca Dragan)、雷嘎史克(Sean Legassick)、渥許(Toby Walsh)、阿薩洛(Peter Asaro)、佛斯-巴特菲爾德(Kay Firth-Butterfield)、沙伯斯(Philip Sabes)、馬羅拉(Paul Merolla)、塞爾曼(Bart Selman)、戴維(Tucker Davey)、?、史汀哈德特(Jacob Steinhardt)、陸克斯(Moshe Looks)、坦鮑姆(Josh Tenenbaum)、格魯伯(Tom Gruber)、吳恩達(Andrew Ng)、阿尤布(Kareem Ayoub)、卡爾霍恩(Craig Calhoun)、梁珀西(Percy Liang)、通娜(Helen Toner)、查莫斯(David Chalmers)、薩頓(Richard Sutton)、費雷拉(Claudia Passos-Ferriera)、克拉瑪(János Krámar)、馬卡斯基爾(William MacAskill)、尤德考斯基(Eliezer Yudkowsky)、施巴(Brian Ziebart)、普林斯(Huw Price)、舒曼(Carl Shulman)、羅倫斯(Neil Lawrence)、馬拉(Richard Mallah)、施密德胡伯(Jurgen Schmidhuber)、喬治(Dileep George)、J. 羅斯柏格(Jonathan Rothberg)、N. 羅斯柏格(Noah Rothberg)；前排：阿及爾(Anthony Aguirre)、賽克斯(Sonia Sachs)、培瑞(Lucas Perry)、薩克斯(Jeffrey Sachs)、康尼策(Vincent Conitzer)、古斯(Steve Goose)、卡拉卡夫娜(Victoria Krakovna)、卡騰-巴瑞特(Owen Cotton-Barratt)、魯斯(Daniela Rus)、哈德菲爾德-梅內爾(Dylan Hadfield-Menell)、哈定(Verity Harding)、茲利斯(Shivon Zilis)、澳詩努(Laurent Orseau)、庫瑪(Ramana Kumar)、索爾斯(Nate Soares)、麥克費(Andrew McAfee)、克拉克(Jack Clark)、薩拉蒙(Anna Salamon)、歐陽

龍（Long Ouyang）、克理奇（Andrew Critch）、克里斯他儂（Paul Christiano）、班吉歐（Yoshua Bengio）、史丹佛（David Sanford）、奧爾松（Catherine Olsson）、泰勒（Jessica Taylor）、昆鷹（Martina Kunz）、索瑞森（Kristinn Thorisson）、阿姆斯壯（Stuart Armstrong）、勒丘恩（Yann LeCun）、陶馬（Alexander Tamas）、揚波爾斯基（Roman Yampolskiy）、索爾賈希克（Marin Soljačić）、克勞思（Lawrence Krauss）、羅素（Stuart Russell）、布林優夫森（Eric Brynjolfsson）、卡羅（Ryan Calo）、薛曉嵐（ShaoLan Hsueh）、美雅（Meia ChitaTegmark）、沃克（Kent Walker）、羅夫（Heather Roff）、惠特克（Meredith Whittaker）、鐵馬克（Max Tegmark）、韋勒（Adrian Weller）、埃爾南帝斯-歐賴羅（Jose Hernandez-Orallo）、梅納德（Andrew Maynard）、赫林（John Hering）、丹姆斯基（Abram Demski）、伯格魯恩（Nicolas Berggruen）、伯內（Gregory Bonnet）、哈里斯（Sam Harris）、黃蒂姆（Tim Hwang）、施耐德-比蒂（Andrew Snyder-Beattie）、哈利納（Marta Halina）、法庫哈（Sebastian Farquhar）、凱夫（Stephen Cave）、雷克（Jan Leike）、麥考萊（Tasha McCauley）、高登-李維（Joseph Gordon-Levitt）；來不及加入大合照的人則有：巴納瓦（Guru Banavar）、哈薩比斯（Demis Hassabis）、卡罕帕地（Rao Kambhampati）、馬斯克（Elon Musk）、佩吉（Larry Page）和羅梅洛（Anthony Romero）。

2 這封公開信（參見http://futureoflife.org/ai-open-letter/）是波多黎各研討會的產物，主張讓人工智慧系統變得更可靠、有益的研究不但重要，而且也有急迫性，並提出了今後具體的研究方向，比方說以下這份研究順位的文件：http://futureoflife.org/data/documents/research_priorities.pdf。

3 我專訪馬斯克談論人工智慧安全性研究的影片，請參見：https://www.youtube.com/watch?v=rBw0eoZTY-g。

4 下面這段精彩的影片幾乎把SpaceX每一次嘗試著陸的過程都收納進來了，包含第一次在海面平台上順利著陸的過程：https://www.youtube.com/watch?v=AllaFzIPaG4。

5 馬斯克在推文中談到要出資贊助人工智慧安全性研究的大獎賽，請參見：https://twitter.com/elonmusk/status/555743387056226304。

6 批評媒體居然拿著我們公開信散播恐懼的嘲諷文章，請參見：http://www.popsci.com/open-letter-everyone-tricked-fearing-ai。

7 馬斯克在推文中表明要支持我們，並且會提供研究獎金給來自全世界的人工智慧安全性研究領域的專家，請參見：https://twitter.com/elonmusk/status/555743387056226304。

8 為追求人工智慧有益於人類社會的產業聯盟，請參見：https://www.partnershiponai.org。

9 列舉近來在報告中表露出對人工智慧想法的例子如下：
史丹佛百年AI研究：http://tinyurl.com/stanfordai。
白宮對未來AI的報告：http://tinyurl.com/obamaAIreport。
白宮對AI與工作的報告：http://tinyurl.com/AIjobsreport。
IEEE對AI及人類安康的報告：http://standards.ieee.org/develop/indconn/ec/ead_v1.pdf。
美國機器人公路圖：http://tinyurl.com/roboticsmap。

10 我個人最青睞、最後卻沒能入選的方針如下：「意識極限：這一點尚未達成共識，是以應避免過度預設先進人工智慧是否擁有，或是必須具備意識感受的立場。」這個方針其實通過好幾輪的篩選，在進入最終版討論時，還特別把「意識」這個比較爭議的詞彙，替換成「主觀體驗」—— 只可惜這項方針最終只獲得88%的選票支持，距離90%過關的門檻就差那麼一點點而已。

11 在圓桌論壇中，以馬斯克為首的頂尖人士談論超人工智慧的影片，請參見：http://tinyurl.com/asilomarAI。

閱讀筆記

科學文化 181

Life 3.0：
人工智慧時代，人類的蛻變與重生
Life 3.0: Being Human in the Age of Artificial Intelligence

原著 — 鐵馬克（Max Tegmark）
譯者 — 陳以禮
科學文化叢書策劃群 — 林和、牟中原、李國偉、周成功

總編輯 — 吳佩穎
編輯顧問 — 林榮崧
責任編輯 — 林文珠、周鼎展（特約）
封面構成暨版型設計 — 江儀玲

出版者 — 遠見天下文化出版股份有限公司
創辦人 — 高希均、王力行
遠見・天下文化 事業群榮譽董事長 — 高希均
遠見・天下文化 事業群董事長 — 王力行
天下文化社長 — 林天來
國際事務開發部兼版權中心總監 — 潘欣
法律顧問 — 理律法律事務所陳長文律師
著作權顧問 — 魏啟翔律師
社址 — 台北市 104 松江路 93 巷 1 號 2 樓
讀者服務專線 — 02-2662-0012 ｜ 傳真 — 02-2662-0007, 02-2662-0009
電子郵件信箱 — cwpc@cwgv.com.tw
直接郵撥帳號 —1326703-6 號 遠見天下文化出版股份有限公司

排版廠 — 立全電腦印前排版有限公司
製版廠 — 東豪印刷事業有限公司
印刷廠 — 祥峰印刷事業有限公司
裝訂廠 — 台興印刷裝訂股份有限公司
登記證 — 局版台業字第 2517 號
總經銷 — 大和書報圖書股份有限公司 電話／02-8990-2588
出版日期 — 2018 年 3 月 31 日第一版第 1 次印行
2023 年 9 月 1 日第一版第 9 次印行

國家圖書館出版品預行編目 (CIP) 資料

Life 3.0：人工智慧時代，人類的蛻變與重生 / 鐵馬克 (Max Tegmark) 著；陳以禮譯. -- 第一版. -- 臺北市：遠見天下文化，2018.03
面； 公分. -- (科學文化；181)
譯自：Life 3.0 : being human in the age of artificial intelligence
ISBN 978-986-479-409-6(平裝)

1. 人工智慧 2. 資訊社會

312.83 107004442

定價 — NTD550 元
書號 — BCS181
ISBN — 978-986-479-409-6
天下文化官網 — bookzone.cwgv.com.tw

天下文化

BELIEVE IN READING